全国普通高等学校机械类"十二五"规划系列教材

机械制造工程实训

编　著　袁梁梁　孙奎洲　庄曙东
主　审　周金宇

华中科技大学出版社
中国·武汉

内 容 简 介

本书主要介绍了金工实习入门知识、铸造实训、锻压实训、焊工实训、钳工实训、车工实训、铣工实训、刨工实训、磨工实训、数控加工实训、特种加工与精密加工，突出机械加工技术应用能力的培养及基本操作技能的训练。

本书可作为普通高等学校和高等职业院校机械类和近机类专业工程实训课程的教材，也可作为制造企业员工岗前培训的教材。

图书在版编目(CIP)数据

机械制造工程实训/袁梁梁　孙奎洲　庄曙东　编著.—武汉：华中科技大学出版社,2013.9(2023.7 重印)
ISBN 978-7-5609-9331-7

Ⅰ.机…　Ⅱ.①袁…　②孙…　③庄…　Ⅲ.机械制造工艺-高等学校-教材　Ⅳ.TH16

中国版本图书馆 CIP 数据核字(2013)第 193472 号

机械制造工程实训　　　　　　　　　　袁梁梁　孙奎洲　庄曙东　编著

策划编辑：万亚军
责任编辑：刘　勤
封面设计：范翠璇
责任校对：张　琳
责任监印：张正林
出版发行：华中科技大学出版社(中国·武汉)　　　电话：(027)81321913
　　　　　武汉市东湖新技术开发区华工科技园　　　邮编：430223
录　　排：武汉楚海文化传播有限公司
印　　刷：武汉邮科印务有限公司
开　　本：787mm×1092mm　1/16
印　　张：17.75
字　　数：475 千字
版　　次：2023 年 7 月第 1 版第 5 次印刷
定　　价：35.00 元

全国普通高等学校机械类 "十二五" 规划系列教材

编审委员会

顾　问：李培根　华中科技大学
　　　　林萍华　华中科技大学

主　任：吴昌林　华中科技大学

副主任：（按姓氏笔画顺序排列）

王生武	邓效忠	轧　钢	庄哲峰	杨家军	杨　萍
吴　波	何岭松	陈　炜	竺志超	高中庸	谢　军

委　员：（排名不分先后）

许良元	程荣龙	曹建国	郭克希	朱贤华	贾卫平
丁晓非	张生芳	董　欣	庄哲峰	蔡业彬	许泽银
许德璋	叶大鹏	李耀刚	耿　铁	邓效忠	宫爱红
成经平	刘　政	王连弟	张庐陵	张建国	郭润兰
张永贵	胡世军	汪建新	李　岚	杨术明	杨树川
李长河	马晓丽	刘小健	汤学华	孙恒五	聂秋根
赵　坚	马　光	梅顺齐	蔡安江	刘俊卿	龚曙光
吴凤和	李　忠	罗国富	张　鹏	张禹君	柴保明
孙　未	何　庆	李　理	孙文磊	李文星	杨咸启

秘　书：

　　　　俞道凯　万亚军

全国普通高等学校机械类"十二五"规划系列教材

序

　　"十二五"时期是全面建设小康社会的关键时期,是深化改革开放、加快转变经济发展方式的攻坚时期,也是贯彻落实《国家中长期教育改革和发展规划纲要(2010—2020 年)》的关键五年。教育改革与发展面临着前所未有的机遇和挑战。以加快转变经济发展方式为主线,推进经济结构战略性调整、建立现代产业体系,推进资源节约型、环境友好型社会建设,迫切需要进一步提高劳动者素质,调整人才培养结构,增加应用型、技能型、复合型人才的供给。同时,当今世界处在大发展、大调整、大变革时期,为了迎接日益加剧的全球人才、科技和教育竞争,迫切需要全面提高教育质量,加快拔尖创新人才的培养,提高高等学校的自主创新能力,推动"中国制造"向"中国创造"转变。

　　为此,近年来教育部先后印发了《教育部关于实施卓越工程师教育培养计划的若干意见》(教高〔2011〕1 号)、《关于"十二五"普通高等教育本科教材建设的若干意见》(教高〔2011〕5 号)、《关于"十二五"期间实施"高等学校本科教学质量与教学改革工程"的意见》(教高〔2011〕6 号)、《教育部关于全面提高高等教育质量的若干意见》(教高〔2012〕4 号)等指导性意见,对全国高校本科教学改革和发展方向提出了明确的要求。在上述大背景下,教育部高等学校机械学科教学指导委员会根据教育部高教司的统一部署,先后起草了《普通高等学校本科专业目录机械类专业教学规范》、《高等学校本科机械基础课程教学基本要求》,加强教学内容和课程体系改革的研究,对高校机械类专业和课程教学进行指导。

　　为了贯彻落实教育规划纲要和教育部文件精神,满足各高校高素质应用型高级专门人才培养要求,根据《关于"十二五"普通高等教育本科教材建设的若干意见》文件精神,华中科技大学出版社在教育部高等学校机械学科教学指导委员会的指导下,联合一批机械学科办学实力强的高等学校、部分机械特色专业突出的学校和教学指导委员会委员、国家级教学团队负责人、国家级教学名师组成编委会,邀请来自全国高校机械学科教学一线的教师组织编写全国普通高等学校机械类"十二五"规划系列教材,将为提高高等教育本科教学质量和人才培养质量提供有力保障。

　　当前经济社会的发展,对高校的人才培养质量提出了更高的要求。该套教材在编写中,应着力构建满足机械工程师后备人才培养要求的教材体系,以机械工程知识和能力的培养为根本,与企业对机械工程师的能力目标紧密结合,力求满足学科、教学和社会三方面的需求,在结构上和内容上体现思想性、科学性、先进性,把握行业人才要求,突出工程教育特色。同时注意吸收教学指导委员会教学内容和课程体系改革的研究成果,根据教学指导委员会颁布的各课程教学专业规范要求编写,开发教材配套资源(习题、课程设计和实践教材及数字化学习资源),适应新时期教学需要。

　　教材建设是高校教学中的基础性工作,是一项长期的工作,需要不断吸取人才培养模式和教学改革成果,吸取学科和行业的新知识、新技术、新成果。本套教材的编写出版只是近年来各参与学校教学改革的初步总结,还需要各位专家、同行提出宝贵意见,以进一步修订、完善,不断提高教材质量。

　　谨为之序。

国家级教学名师

华中科技大学教授、博导

2012 年 8 月

前　　言

近年来,我国高等教育的规模迅速扩大,特别是高等职业教育呈现出前所未有的发展势头,办学理念上,"以就业为导向"成为高等职业教育改革和发展的主旋律,这意味着高等教育必须树立面向市场的理念,探索全新的教学模式。近两年来,教育部召开了三次产学研交流会,并启动四个专业的"国家技能型紧缺人才培养项目",同时选定了 35 所示范性高等职业技术学院进行高等职业教育两年制教学改革试点。这些举措都表明,高等教育人才培养正在向深层次发展,以期实现新的突破。

本书力求体现国家倡导的"以就业为导向,以能力为本位"的高等职业教育人才培养精神,以教育部颁布的《普通高等学校工程材料及机械制造基础课程教学基本要求》和《重点高等工科院校工程材料及机械制造基础系列课程改革指南》中金工实习课程改革参考方案为依据进行编写,在此基础上,从现代机械制造业的实际要求出发,总结机械加工专业人才培养的教学经验,对传统机械加工技术的实训内容进行了改革,加强了技能训练,并结合大量的实例进行操作训练。

目前,随着现代制造技术的迅猛发展,机械加工各工种之间的联系也越来越密切。机械制造中有相当一部分中小型零件采用冷挤压、精密铸造等方法制造,但绝大部分大中型零件仍然需要机械加工(金属切削加工)。一般机械厂都配备有铸工、锻工、焊工、车工、铣工、刨工、磨工、钳工和热处理等工种。

本书突出机械加工技术应用能力培养及基本操作技能训练,简明扼要、图文并茂。教材内容统筹规划,合理安排知识点、技能点,避免重复,语言生动活泼,符合高等院校学生的认知规律。

全书每章均包括学习目标、能力目标、内容概要、知识链接等内容,书后还附有综合实训,这都是本书的创新点;在每节的任务实施中,大部分内容适合实景化教学模式,模仿企业实际工作场景。作者担任实践性教学工作十五年,曾指导学生在省市级大赛中多次获奖,任务实施中的很多操作都是作者经验的总结。为了方便教学,本书还配有电子课件,电子课件包含综合练习的答案、教学大纲及制作精细的视频资料。

本书既可作为高等学校本科工程类专业教材,也可作为高等职业院校、高等专科学校相关专业教材,或者作为企业工人和工程技术人员的岗前培训教材。

　　本书由江苏城市职业学院武进学院袁粱粱、江苏理工学院孙奎洲、河海大学庄曙东编著，分工如下：袁粱粱编写第 1、5、6、7、10 章，孙奎洲编写第 2、3、4 章，庄曙东编写第 8、9、11 章；金工实训报告由相应章节的作者负责编写。全书由江苏理工学院周金宇教授审阅，在此表示感谢。

　　由于编者学识有限，加之时间仓促，书中难免有错误之处，敬请广大读者批评、指正。

编　者

2013 年 5 月

目 录

第1章 机械制造入门知识

【学习目标】

(1) 掌握工件的加工工艺过程。

(2) 了解各种生产类型的工艺特征。

(3) 合理选择定位基准,包括粗加工、半精加工、精加工的基准。

(4) 能制订简单工艺路线,懂得加工顺序的安排。

(5) 了解常用金属材料的性能。

(6) 明确常用金属材料牌号的含义。

【能力目标】

(1) 掌握游标卡尺的测量以及读数方法。

(2) 掌握千分尺的测量以及读数方法。

(3) 掌握普通工件长度的测量与检验方法。

(4) 掌握一般热处理的方法。

(5) 了解各类机床加工中的运动分类。

(6) 分析和掌握切削加工时形成的不同加工表面。

【内容概要】

一个国家要实现工业、农业、国防、科学技术现代化,必须具有强大的机械制造业。本章主要介绍机械加工一般过程及基本知识,通过本章的学习,可增强对机械制造业的兴趣,理解机械加工一般理论知识。

1.1 常用金属材料与热处理

金属材料是现代机械制造业的基本原材料,常用来制造工业和生活用品。金属材料之所以获得广泛的应用,是因为它具有许多良好的性能。在机械制造中,为了达到既保证产品质量又发挥金属材料性能潜力的目的,需要掌握金属材料的性能,合理选择金属材料。

(1) 常用金属材料 金属材料分为黑色金属和有色金属两大类。黑色金属包括碳素钢、合金钢、铸铁等。

(2) 金属材料的热处理 包括金属材料的性能、金属的塑性变形与再结晶、合金的结构与结晶、铁碳合金相图和碳钢、钢的热处理、合金结构钢、特殊性能钢、工具钢、粉末冶金与硬质合金、铸铁、非铁合金、非金属材料及热处理方面的基本知识。

1.1.1 常用金属材料

1. 碳素钢

碳素钢简称碳钢,是指碳的质量分数小于2.11%的铁碳合金。由于其价格低廉,冶炼方便,工艺性能良好,并且在一般情况下能满足使用性能要求,因而在机械制造、建筑、交通运输及其他工业行业中得到了广泛的应用。

碳素钢的分类很多,常用的分类如下,按碳的质量分数可分为:

(1) 低碳钢　碳的质量分数小于 0.25% 的钢;

(2) 中碳钢　碳的质量分数在 0.25%～0.60% 之间的钢;

(3) 高碳钢　碳的质量分数大于 0.60% 的钢。

按质量可分为:

(1) 普通碳素钢　硫、磷的质量分数较高;

(2) 优质碳素钢　硫、磷的质量分数较低;

(3) 高级优质碳素钢　硫、磷的质量分数很低;

(4) 特级质量碳素钢　硫、磷的质量分数非常低。

按用途可分为:

(1) 碳素结构钢　主要用于制造各种工程构件和机器零件,一般属于低碳钢和中碳钢;

(2) 碳素工具钢　主要用于制造各种刃具、量具、模具等,这类钢一般属于高碳钢。

2. 合金钢

合金钢就是在碳钢的基础上,为了改善组织和性能,有目的地加入一些元素而制成的钢,加入的元素称为合金元素。常用合金元素有硅、锰、铬、镍、钨、钒、钼、钛等。

1) 合金钢的分类

合金钢的分类有多种,按用途可分为:

(1) 合金结构钢　指用于制造各种机械零件和工程结构的钢;

(2) 合金工具钢　指用于制造各种工具的钢;

(3) 特殊性能钢　指具有某种特殊的物理、化学性能的钢。

按照合金元素的总含量可分为:

(1) 低合金钢　其合金元素的质量分数小于 5%;

(2) 中合金钢　其合金元素的质量分数在 5%～10% 以内;

(3) 高合金钢　其合金元素的质量分数大于 10%。

2) 合金钢的编号

(1) 合金结构钢　合金结构钢的牌号用"两位数字＋元素符号＋数字"表示。如 60Si2Mn (60 硅 2 锰)表示平均碳的质量分数为 0.6%,硅的质量分数为 2.1%,锰的质量分数小于 1.5%。

(2) 合金工具钢　合金工具钢的碳的质量分数比较高(0.8%～1.5%)。如 9Mn2V 表示碳的平均质量分数为 0.9%,锰的质量分数为 2%,钒的质量分数小于 1.5%。

(3) 特殊性能钢　特殊性能钢的牌号表示方法与合金工具钢的基本相同。如 2Gr13 表示碳的质量分数为 0.2%,铬的质量分数为 13% 的不锈钢。

3. 铸铁

铸铁是一系列主要由铁、碳和硅组成的合金的总称。铸铁具有优良的铸造性能、切削加工性能、耐磨性能及减振性能,而且熔炼铸铁的工艺与设备简单,成本低廉,是制造各种铸件的常用材料。

根据碳在铸铁中的存在形式和形态的不同,铸铁可分为以下四种。

(1) 白口铸铁　碳除少量熔于铁素体外,其余的碳都以渗碳体的形式存在于铸铁中,其断口呈银白色,故称白口铸铁,这类铸铁硬而脆,很难切削加工,所以很少直接用来制造各种零件。

（2）灰铸铁　铸铁中的碳大部分以片状石墨形式存在，其断口呈暗灰色，故称灰铸铁，这类铸铁力学性能不高，但生产工艺简单，价格低廉。

（3）球墨铸铁　铸铁中的碳绝大部分以球状石墨存在，故称球墨铸铁。这类铸铁力学性能比灰铸铁好，且通过热处理后可以进一步提高。

（4）可锻铸铁　铸铁中碳主要以团絮状石墨的形态存在于铸铁中，它在薄壁复杂铸铁件中应用较多。

4. 有色金属及其合金

工业上常用的金属材料中，通常称铁及其合金（钢铁）为黑色金属，其他的非铁金属及其合金称为有色金属。如铝、镁、钛、铜、锡、铅、锌等金属及其合金是常用的有色金属，它们具有许多良好的特殊性能，成为现代工业中不可缺少的材料。

1）铝及铝合金

（1）工业纯铝　工业纯铝是银白色的轻金属，其熔点为 660 ℃，具有良好的导电、导热性。工业纯铝的主要用途是制作电线、电缆及强度要求不高的器皿。

（2）常用的铝合金　纯铝的强度很低，不适于作为结构零件的材料，在铝中加入铜、锰、硅、镁等合金元素即可成为铝合金，其力学性能大大提高，且具有密度小、耐腐蚀的优点。根据铝合金的成分及生产工艺特点，可分为变形铝合金和铸造铝合金两大类：变形铝合金塑性好，可由冶金厂加工成各种型材产品；铸造铝合金塑性较差，一般只用于成形铸造。

2）铜及铜合金

（1）工业纯铜　纯铜因其外观呈紫红色又称紫铜，其熔点为 1 083 ℃，具有良好的塑性、导电性、导热性和耐蚀性，广泛用于制造电线、电缆、铜管以及配置铜合金。我国工业纯铜的代号有 T1、T2、T3 三种，顺序号越大，纯度越低。

（2）常用铜合金　在铜中加入锌、锡、镍、铝和铅等合金元素即可成为铜合金。铜合金按其化学成分分为黄铜、青铜和白铜等。

1.1.2　金属材料的热处理

金属材料的热处理是将金属材料在固态下，通过加热、保温和冷却的方法来改变其内部组织，从而获得所需性能的一种工艺方法，其曲线如图 1-1 所示。

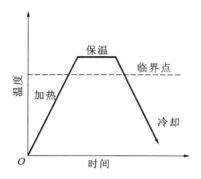

图 1-1　金属材料的热处理过程

1. 热处理的种类

1）退火

把钢加热到一定温度并在此温度下进行保温，然后缓慢地冷却到室温，这一热处理工艺称为退火。常用的退火方法如下。

（1）完全退火　将钢加热到预定温度，保温一定时间，然后随炉缓慢冷却的热处理方法，其目的是降低钢的硬度，消除钢中的不均匀组织和内应力。

（2）球化退火　将钢加热到 750 ℃左右，保温一段时间，然后缓慢冷却至 500 ℃以下，最后在空气中冷却的热处理方法，其目的是降低钢的硬度，改善切削加工性能，主要用于高碳钢。

（3）去应力退火　把钢加热到 500～600 ℃，保温一段时间后，随炉温缓冷至 300 ℃以下出炉的热处理方法。它主要用于消除材料的内应力。

2）正火

将钢加热到一定温度，保温一段时间，然后在空气中冷却的方法称为正火。正火与退火的目的基本相同，但正火可以得到较细的组织，其硬度、强度均较退火的高。

3）淬火

将钢加热到一定温度，经保温后快速在水（或油）中冷却的热处理方法。它是提高材料的强度、硬度、耐磨性的重要热处理方法。常用的淬火方法有以下几种。

（1）单介质淬火法　将加热保温后的钢放入一种淬火介质中，冷却至一定温度结束，此法称单介质淬火法。

（2）双介质淬火法　淬火时，先将加热保温后的钢件放入水中急冷，冷却到一定温度再放入油中冷却，此法称为双介质淬火法。

（3）分级淬火　是将加热保温后的钢件直接放入温度为 150～260 ℃的盐液或碱液内淬火，在该温度下，停留一定时间，然后取出在空气中冷却的一种方法。

4）回火

将淬火后的钢重新加热到某一温度，并保温一定时间，然后以一定的方式冷却至室温，这种热处理方法称回火。回火是淬火的继续，经淬火的钢件须进行回火处理，其目的是减小或消除工件淬火时产生的内应力，调整钢的强度和硬度，使工件获得所需要的力学性能及稳定组织。常见的"调质处理"即"淬火＋高温回火"。

5）表面淬火

通过快速加热，使工件表层迅速达到淬火温度，不等到热量传到心部就立即冷却的热处理方法，可使工件获得高硬度的表层和高韧度的心部。

6）化学热处理

将工件置于化学介质中加热保温，改变表层的化学成分和组织，从而改变表层性能的热处理工艺。常见的化学热处理有以下几种。

（1）渗碳　将钢件放入含碳的介质中，并加热到 900～950 ℃高温下保温，使钢件表面碳含量提高，这一工艺称渗碳。

（2）渗氮　将氮渗入钢件表层的过程称为渗氮，其目的是提高零件表面的硬度和耐磨性。

（3）液体碳氮共渗　碳氮共渗是向钢的表面同时渗入碳和氮的过程。

2. 加热温度的判定

在热处理工艺过程中，加热温度应使用仪器测定。在锻造炉中加热时，钢件的温度与退火颜色之间的对照关系如表 1-1 所示。

表 1-1　退火颜色、温度对照表

色　标	温度/℃	色　标	温度/℃
暗褐	550	正红	900
褐红	630	桔红	950
暗红	680	鲜桔红	1 000
暗樱桃红	740	黄	1 100
樱桃红	780	鲜黄	1 200
鲜樱桃红	810	黄白	1 300 及以上
淡红	850	—	—

1.1.3　简单热处理任务实施

1. 常用工具的简单热处理

1) 錾子的淬火过程

淬火前先做好以下准备工作:确定錾子的钢号(通常使用 T7 或 T8),磨好刃口,准备好冷却液(水),然后按下列步骤进行淬火,如图 1-2 所示。

(1) 加热　在锻炉中加热时,錾子的加热长度约为 30 mm。加热温度为 760~780 ℃(呈樱桃红)时,取出錾子。

(2) 第一次冷却　将取出的錾子立即垂直插入水中(入水深度为 3~4 mm),并缓慢移动和上下窜动进行冷却。

(3) 回火　当錾子在水面上部的红色退去后,将其从水中取出,并立即去掉錾子上的氧化皮,利用錾子上部的余热进行回火。回火时,錾子刃部的颜色逐渐变化,由白变黄,由黄变紫,由紫变蓝。

(4) 第二次冷却　当錾子刃部出现紫蓝色时,急速将其加热部分全部浸入水中冷却,使其颜色不再变化,从而得到所需的硬度。

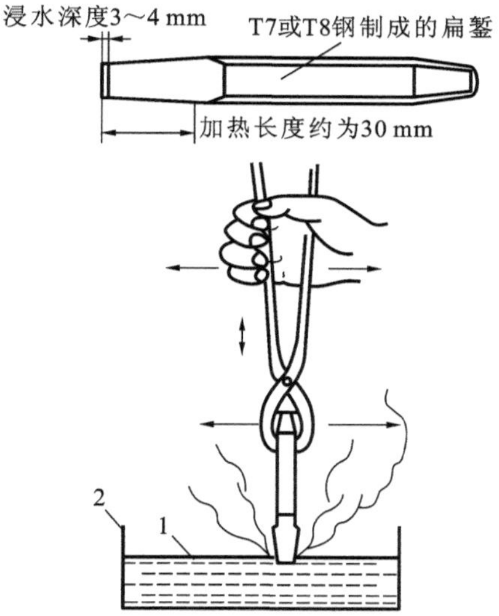

图 1-2　扁錾热处理
1—水;2—淬水剂溶盆

2) 刮刀的淬火过程

刮刀通常选用优质碳素钢(T12A)制作,淬火过程与錾子基本相同,但因选用的钢材和需要淬火的硬度不同,因此,选用的冷却液和确定的回火温度有所区别。冷却液可选用浓度为 10 % 的盐水,也可先在水中冷却后再在油水中冷却。淬火温度为 780~800 ℃,刮刀加热长度为 25 mm 左右,入水长度为 8~10 mm,如图 1-3 所示。

3) 手锤的热处理

手锤一般选用碳素工具钢(T7 或 T8)制成。用锻造方法制作的手锤毛坯件应经过退火和正火处理后再进行加工制作。手锤的淬火过程与錾子淬火过程基本相同,但冷却时,锤顶部和锤底部应交替冷却,翻转要迅速。冷却液用水和油,如图 1-4 所示。

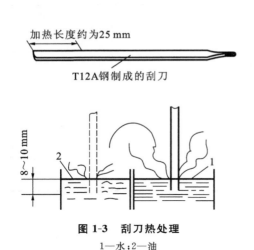

图 1-3　刮刀热处理
1—水；2—油

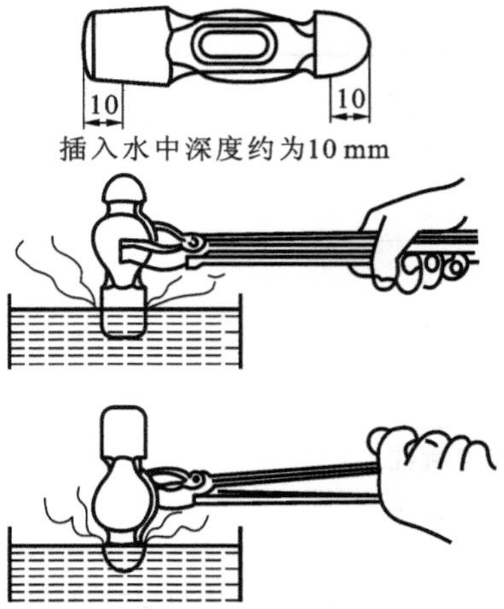

图 1-4　手锤热处理

2. 淬火中的注意事项

（1）冷却液必须洁净。

（2）冷却液的温度不能过高或过低，一般保持在 15～25 ℃。

（3）炉火不旺时，不要加热。

（4）淬火时，光线应适宜。

【知识链接】

碳素钢的牌号与应用简介如下。

1. 碳素结构钢

这类碳钢中碳的质量分数一般在 0.06%～0.38% 范围内，钢中有害杂质相对较多，但价格便宜，大多用于要求不高的机械零件和一般工程构件。通常，轧制成钢板或各种型材供应市场。

碳素结构钢的牌号表示方法是由表示"屈服强度"的字母 Q、屈服强度数值、质量等级符号、脱氧方法等四个部分按顺序组成。例如，Q235-AF 表示碳素结构钢中屈服强度为 235 MPa 的 A 级沸腾钢。

2. 优质碳素结构钢

这类钢因有害杂质较少，其强度、韧度均比碳素结构钢的高，塑性比碳素结构钢的好，主要用于制造较重要的机械零件。

优质碳素结构钢的牌号用两位数字表示，如 08、10、45 等，数字表示钢中平均碳质量分数的万倍。如上述牌号分别表示其碳的平均质量分数为 0.08%、0.1%、0.45%。

3. 碳素工具钢

碳素工具钢因碳含量比较高，硫、磷杂质含量较少，经淬火、低温回火后硬度比较高，耐磨性好，但塑性较差。主要用于制造各种低速切削刀具、量具和模具。

碳素工具牌的牌号由代号"T"后加数字组成。如 T8 钢，表示碳的平均质量分数为 0.8% 的优质碳素工具钢。

4. 铸造碳钢

生产中有许多形状复杂、力学性能要求高的机械零件，通常用铸造碳钢制造。铸造碳钢中碳的质量分数一般在 0.15%～0.6% 范围内。铸造碳钢的牌号是用"铸"、"钢"两字的汉语拼音的首字母"ZG"后面加两组数字组成,第一组数字代表屈服强度值,第二组数字代表抗拉强度值。如 ZG270-500 表示屈服强度为 270 MPa、抗拉强度为 500 MPa 的铸造碳钢。

1.2　金属切削与刀具基本知识

利用刀具和工件的相对运动来改变毛坯的尺寸、形状,使之成为符合图样要求的合格工件,这种加工方法称为金属切削。

（1）金属切削的基本知识　金属切削加工作为一种机械加工方法,是不可替代的。与此同时,生产实际也给金属切削研究者带来了许多急需解决的问题,例如刀具的耐用度、加工表面质量、切屑的排除等。

（2）金属切削过程及切削液　在切削过程中伴随有切削力、切削热、刀具磨损、加工表面硬化等现象。为了提高切削加工效果而使用的液体称为切削液。

1.2.1　金属切削的基本知识

1. 切削加工时工件上形成的表面

切削加工过程中,工件形成三个表面,以车削、铣削和刨削为例,如图 1-5 所示。

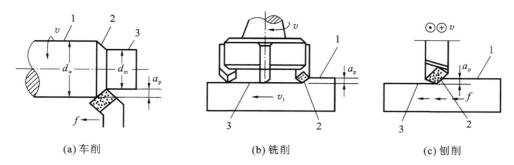

(a) 车削　　　　　　　　　　(b) 铣削　　　　　　　　　　(c) 刨削

图 1-5　工件上的三个表面

1—待加工表面；2—加工表面；3—已加工表面

（1）待加工表面　工件上即将被切去金属层的表面。

（2）加工表面　工件上正被切削的表面。

（3）已加工表面　工件上已被切去金属层的表面。

2. 切削用量

切削用量包括三个要素,是衡量切削运动大小的参数。切削用量包括切削深度、进给量和切削速度,如图 1-6 所示。

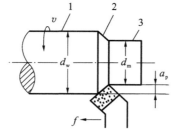

图 1-6　车削外圆时的切削用量

1—待加工表面；2—加工表面；3—已加工表面

（1）切削深度（a_p）　工件上待加工表面与已加工表面之间的垂直距离，称为切削深度。车削外圆时，切削深度计算公式为

$$a_p = \frac{d_w - d_m}{2}$$

式中：a_p 为切削深度，mm；d_w 为待加工表面直径，mm；d_m 为已加工表面直径，mm。

（2）进给量（f）　在主运动的一个工作循环内，刀具与工件沿进给运动方向的相对位移称为进给量。如车削时的进给量为工件转一圈车刀沿进给方向移动的距离，单位是 mm/r。

（3）切削速度（v）　刀具主切削刃上的某一点相对于工件待加工表面在主运动方向的瞬间速度（即主运动的线速度），单位是 m/min。

车削时，切削速度的计算式为

$$v = \frac{n\pi d_w}{1\,000}$$

式中：v 为切削速度，m/min；n 为车床主轴转数，r/min；d_w 为工件待加工表面直径，mm。

1.2.2　金属切削过程及切削液

1. 金属切削过程

如图 1-7 所示，工件上多余的金属层，在刀具切削刃的切割、前刀面的推挤下，产生滑移变形而成为切屑的过程，称为金属切削过程。

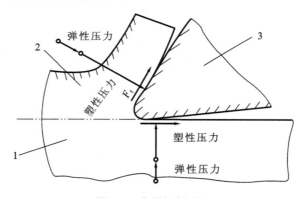

图 1-7　金属切削过程
1—工件；2—切削层；3—刀具

1）切屑的种类

（1）带状切屑　当选择较高的切削速度、较小的切削厚度切削塑性材料时，易产生内表面光滑、外表面毛茸状的带状切屑，如图 1-8(a)所示。

（2）节状切屑　当选用较低的切削速度、较大切削厚度切削塑性材料时，易生成内表面有裂纹、外表面呈齿状的挤裂切屑，即节状切屑，如图 1-8(b)所示。

（3）粒状切屑　当切削条件变化，节状切屑的裂缝贯穿切屑时，得到粒状切屑，如图 1-8(c)所示。

（4）崩碎切屑　切削铸铁、黄铜等脆性材料时，切削层来不及变形就已经崩碎，呈现出不规则的粒状切屑，称为崩碎切屑，如图 1-8(d)所示。

2）切削力

切削时，工件材料抵抗刀具切削所产生的阻力，称为切削力。切削力来源于工件切削层切

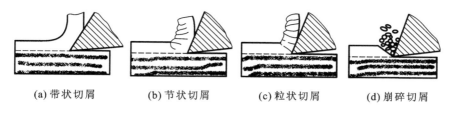

|(a) 带状切屑|(b) 节状切屑|(c) 粒状切屑|(d) 崩碎切屑|

图 1-8　切削的种类

屑的弹性变形与塑性变形,以及切屑、工件与刀具的摩擦。切削力一般指材料变形阻力和摩擦阻力的合力,其力的分解如图 1-9 所示。

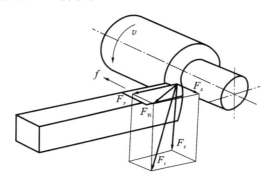

图 1-9　切削力的分解

（1）切削力的分解。

① 主切削力 F_z　作用于切削速度方向的分力。它是分力中最大的,占总切削力的 90% 左右,是计算切削所需功率、刀具强度和选择切削用量的主要依据。

② 径向力 F_y　作用于切削深度方向的分力。它使工件在水平面内弯曲,容易引起振动,因而影响工件精度。增大主偏角可减少径向力。

③ 轴向力 F_x　作用于进给方向的分力。它是计算机床进给机构强度的依据。

切削力总的合力为

$$F_r = \sqrt{F_x{}^2 + F_y{}^2 + F_z{}^2}$$

式中：F_r 为切削力,N；F_z 为主切削力,N；F_x 为轴向力,N；F_y 为径向力,N。

（2）影响切削力的因素很多,最基本的因素如下。

① 工件材料　工件材料的硬度、强度越高,其切削力就越大。切削脆性材料比切削塑性材料的切削力小。

② 切削用量　切削用量中对切削力影响最大的是切削深度,其次是进给量,而影响最小的是切削速度。

③ 刀具几何角度　刀具几何角度中,对切削力影响最大的是前角、主偏角和刃倾角。

3）切削热与切削温度

切削热与切削温度是金属切削过程中的重要物理现象之一。切削热的来源及影响因素和切削力基本相同。凡是能使切削力增大的,均能使切削热增加。

2. 切削液

1）切削液的作用

（1）冷却作用　切削液可带走切削时产生的大量热量,以改善切削条件,起到冷却工件和刀具的作用。

（2）润滑作用　切削液可以渗透到工件表面与刀具后刀面之间及前刀面与切屑之间的微小间隙中,以减小工件、切屑与刀具的摩擦。

（3）清洗作用　切削液有一定的压力和流量,可把附着在工件和刀具上的细小切屑冲掉,以防止拉毛工件,起到清洗作用。

（4）防锈作用　切削液中加入防锈剂,可保护工件、刀具和机床免受腐蚀,起到防锈作用。

2）切削液的种类

工厂中常用的切削液有乳化液和切削油两种。

（1）乳化液　这是把乳化油加 15～20 倍的水稀释而获得的。它的特点是比热容大、黏度小和流动性好,可吸收切削区中的大量热量,主要起冷却作用。

（2）切削油　起润滑作用的切削油主要特点是比热容小、黏度大和流动性差。

在金属切削过程中,应根据工件材料、刀具材料、加工性质和工艺要求合理选择切削液。

1.2.3　金属切削任务实施

1. 切削运动

切削时,刀具和工件的相对运动,称为切削运动。通常把切削运动分为主运动和进给运动。

（1）主运动　将切屑切下所必需的基本运动称为主运动。

（2）进给运动　使新的金属继续投入切削的运动,称为进给运动。

这两种运动在不同加工形式中是不同的。如图 1-10 所示,车削时,工件旋转是主运动,刀具的纵向或横向运动是进给运动（见图 1-10(a)）;铣削时,铣刀的旋转是主运动,工件的移动是进给运动（见图 1-10(b)）;刨削时,在龙门刨床上,工件的直线往复运动是主运动,刨刀的移动是进给运动（见图 1-10(c)）;钻削时,钻头或工件的旋转是主运动,钻头的轴向移动是进给运动（见图 1-10(d)）;磨削外圆时,砂轮的旋转是主运动,工件的轴向移动和旋转都是进给运动（见图 1-10(e)）。

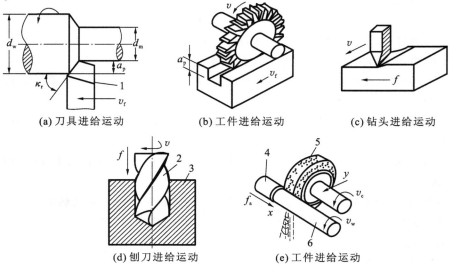

(a) 刀具进给运动　　　　　(b) 工件进给运动　　　　　(c) 钻头进给运动

(d) 刨刀进给运动　　　　　(e) 工件进给运动

图 1-10　几种切削加工的运动

1—刀;2—钻头;3—工件;4—待磨面;5—砂轮;6—已磨面

切削加工时,主运动只有一个,通常是速度最高、消耗功率最大的运动。进给运动可以是一个或多个,进给运动速度较低,消耗功率较小。

2. 如何控制切削温度升高

研究切削过程中切削热与切削温度的目的就是要严格控制切削区的温度(切削温度过高,将影响刀具切削性能、加工精度及表面质量)。为防止切削温度的升高,可采取以下措施。

(1) 在刀具强度允许的条件下,应尽量增大刀具的前角。

(2) 改善刀具散热条件,在机床、工件、刀具系统刚性较好时,可尽量减小主偏角。

(3) 粗加工时,应尽可能取较大的切削深度,其次取较大的进给量,最后选取较小切削速度。

(4) 提高刀具前刀面和后刀面的刃磨质量,减小摩擦力。

(5) 合理地选用切削液。

【知识链接】

1. 刀具磨损

刀具磨损是由机械摩擦和切削热两个方面的因素造成的。刀具磨损一般分为以下三个阶段,如图 1-11 所示。

(1) 初期磨损阶段(OA 线段)　刃磨后的刀具,由于表面粗糙度值较大,表层组织不耐磨,因此此阶段刀具磨损较快。

(2) 正常磨损(AB 线段)　刀具经过初期磨损后,很快在后刀具面上形成一条磨损带,使接触面增大,磨损速度减慢,这是刀具的有效工作期间。

(3) 急剧磨损阶段(BC 线段)　刀具正常磨损后,如不及时刃磨,刀具和工件的接触情况就会恶化,使摩擦加剧,温度上升,磨损急剧增大。

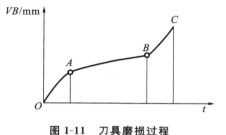

图 1-11　刀具磨损过程

2. 刀具寿命

刀具寿命是指刀具从开始切削一直到磨损量达到磨损标准为止的纯切削时间。

学生通过机械加工工艺理论和实践基本知识的学习,一方面能够提高学习专业课的积极性,另一方面能够熟练使用各种量具、刀具、刃具,以此对工件进行加工和测量,对机械加工的基本知识也有初步的了解。

1.3　常用量具及测量练习

为了确保零件和产品的质量,就必须使用量具。用来测量、检验零件及产品尺寸和形状的工具称为量具。

(1) 测量概述　测量的实质是被测量的参数与一标准量进行比较的过程。因此,必须有一个精密准确的基准,即长度单位基准。目前,国际上把光在真空中 1/299 792 458 秒时间间隔内所经过的行程作为量度长度的标准,称为米。根据 GB 3100 3102—1993 规定,我国的法定计量单位包括:国际单位制的基本单位;国际单位制的辅助单位;国际单位制中具有专门名称的导出单位;国家选定的非国际单位制单位;由以上单位构成的组合形式的单位;由词头和以上单位所构成的十进倍数和分数单位。

（2）钳工常用的量具　钳工使用的量具可以说是最为全面的,包括:直角尺,V形架,高度尺,百分表,千分尺,深度千分尺,万能量角器,塞规,环规,螺纹塞规,锥度塞规,块规,卡规,塞尺,角度块规,正弦规刀口尺,水平仪等。维护保养量具时应注意,不能用硬物损伤测量面,禁止随意拆卸,不要用手去触摸测量面和刻线,以免造成腐蚀,不要将量具放在磁场附近,禁止将量具当其他工具使用,量具使用完毕应擦拭后上油装入盒内,注意防尘,精密量具在不使用时要妥善保管。

1.3.1　测量概述

目前,我国法定的长度单位名称和代号如表1-2所示。

表1-2　长度计量单位

单位名称	符号	对基准单位的比
米	m	基准单位
分米	dm	1.0 m(0.1 m)
厘米	cm	10 m(0.01 m)
毫米	mm	10 m(0.001 m)
（丝米）[①]	dmm	10 m(0.000 1 m)
（忽米）[①]	cmm	10 m(0.000 01 m)
微米	μm	10 m(0.000 001 m)

注:①丝米、忽米不是法定计量单位,工厂里有时采用。

在实际工作中,有时还会遇到寸制尺寸,常用的有 ft(英尺)、in(英寸)等,其换算关系为 1 ft=12 in。寸制尺寸常以英寸为单位。

为了工作方便,可将寸制尺寸换算成米制尺寸,1 in=25.4 mm,如 5/16 in 换算成米制尺寸为:25.4 mm×5/16≈7.938 mm。

1.3.2　常用量具及其使用

1. 游标卡尺

游标卡尺是一种中等精度的量具,可以用来测量工件的外径、孔径、长度、宽度、深度和孔距等尺寸。

1）游标卡尺的结构

游标卡尺由尺身(主尺)、游标(副尺)、固定卡脚、活动卡脚、止动螺钉等组成,精度有 0.1 mm、0.05 mm 和 0.02 mm 三种,如图 1-12 所示。其中,0.02 mm 的游标卡尺最为常用。按构造分,游标卡尺有带微调游标卡尺、带表盘游标卡尺和电子数字显示的游标卡尺等。

2）游标卡尺的刻线原理

0.05 mm 的游标卡尺的刻线原理:主尺上每格长度为 1 mm;副尺总长为 39 mm,并等分为 20 格,每格长度为 39/20 mm=1.95 mm,则主尺 2 格和副尺 1 格长度之差为(2−1.95)mm=0.05 mm,所以它的精度为 0.05 mm。0.05 mm 游标卡尺的刻线原理如图 1-13 所示。

0.02 mm 的游标卡尺刻线原理是:主尺上每一格长度为 1 mm,副尺总长度为 49 mm,并等

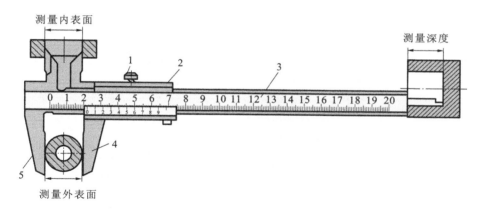

图 1-12　游标卡尺

1—螺钉；2—副尺；3—主尺；4—活动卡脚；5—固定卡脚

分为 50 格，每格长度为 $49/50$ mm＝0.98 mm，则主尺 1 格和副尺 1 格长度之差为（$1-0.98$）mm＝0.02 mm，所以它的精度为 0.02 mm。0.02 mm 游标卡尺的刻线原理如图 1-14 所示。

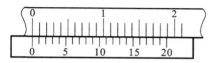

图 1-13　0.05 mm 游标卡尺刻线原理

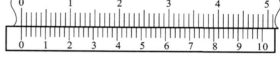

图 1-14　0.02 mm 游标卡尺刻线原理

3）注意事项

（1）测量前应将游标卡尺擦干净，检查量爪贴合后主尺与副尺的零刻度线是否对齐。

（2）测量时，所用的推力应使两量爪紧贴接触工件表面，力量不宜过大。

（3）测量时，不要使游标卡尺倾斜。

（4）在游标上读数时，要正视游标卡尺，避免视线误差的产生。

2. 千分尺

千分尺是一种精密的测微量具，用来测量精度要求较高的尺寸，主要有外径千分尺和内径千分尺两种。普通外径千分尺的测量精确度为 0.01 mm，其种类主要如图 1-15 所示。

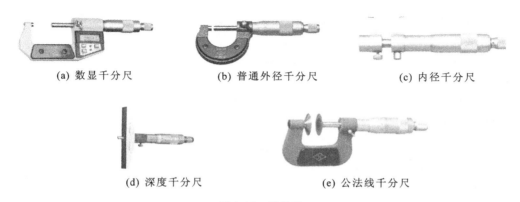

(a) 数显千分尺　　　　(b) 普通外径千分尺　　　　(c) 内径千分尺

(d) 深度千分尺　　　　(e) 公法线千分尺

图 1-15　千分尺

1）千分尺的结构及规格

它的规格按测量范围分有 0～25 mm、25～50 mm、50～75 mm、75～100 mm、100～125 mm 等，使用时按被测工件尺寸选用。图 1-16 所示为外径千分尺的结构。

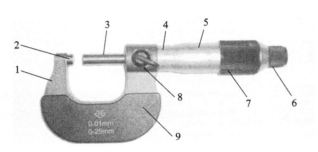

图 1-16　外径千分尺
1—尺架；2—测砧；3—测微螺杆；4—固定套管；5—微分筒；6—旋钮；
7—测力装置；8—锁紧装置；9—隔热装置

千分尺的制造精度分为 0 级和 1 级的两种，0 级精度最高，1 级稍差。千分尺的制造精度主要取决于它的示值误差和两测量面平行度的误差。

2）千分尺的刻线原理

测微螺杆 3 右端螺纹为 0.5 mm。当微分筒转 1 周时，螺杆 3 就能移动 0.5 mm。微分筒圆锥面上共刻有 50 格，因此，微分筒每转 1 格，螺杆 3 就移动 0.5/50 mm＝0.01 mm，这种千分尺的读数值即为 0.01 mm。

3）注意事项

（1）测量前，应保持千分尺干净，使用前应检查零位的准确性：对 0～25 mm 的千分尺，可以先使两测量面接触，检查微分筒上的零线是否与固定套筒上的基准线对齐，如果未对齐则应先校正；对 25～50 mm 及以上的千分尺可用校正杆来校准。

（2）测量时，千分尺的测量面和零件的被测表面应擦拭干净，以保证测量准确。千分尺要放正，先转动微分筒，当测量面接近工件时，改用测力装置，至测力装置内棘轮发生"吱吱"声为止。测量方法主要有两种：单手握尺测量时，可用大拇指和食指握住微分筒，小指将尺架压向手心即可测量；双手握尺测量时，可先将工件放在水平工作台上。

（3）读数时，最好不要取下千分尺进行读数。如需要取下，应先锁紧测微螺杆，然后轻轻取下千分尺，以防止尺寸变动。读数时要看清楚刻度，不要错读。

（4）不能用千分尺测量毛坯，更不能在工件转动时去测量或将千分尺当锤子敲击物体。

（5）千分尺用完后应擦干净，并将测量面涂上防锈油，放入专用盒内，不能与其他工具、刀具、工件等混放。

（6）千分尺应定期送计量部门进行精度鉴定。

3. 百分表

百分表是一种精密量具，一般分内径百分表和杠杆百分表两种，如图 1-17 所示，可用来检验机床精度和测量工件尺寸、形状和位置误差。

1）百分表的结构

百分表一般由触头、测量杆、齿轮、指针、表盘等组成。

2）百分表的刻线原理

百分表内的齿杆和齿轮的周节是 0.625 mm。当齿杆上升 16 齿（即上升 0.625×16 mm ＝10 mm）时，16 齿小齿轮转 1 周，同时齿数为 100 齿的大齿轮也转 1 周，就带动齿数为 10 的小齿轮和长指针转 10 周，即齿杆移动 1 mm 时，长指针转 1 周。由于表盘上共刻 100 格，所以长指针每转 1 格表示齿杆移动 0.01 mm，如图 1-18 所示。

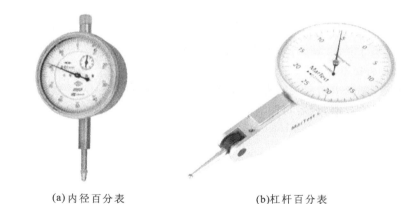

(a)内径百分表　　　　　　　　(b)杠杆百分表

图 1-17　百分表

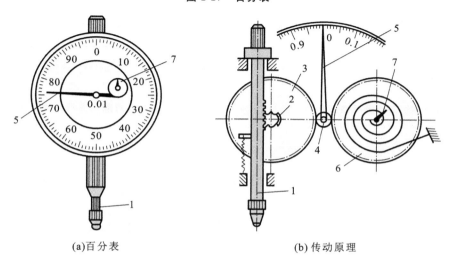

(a)百分表　　　　　　　　(b)传动原理

图 1-18　百分表刻线原理

1—触头；2—小齿轮；3—表盘；4—轴心；5—长指针；6—表盖；7—短指针

3）百分表的读数方法

测量时长指针转过的格数即为测量尺寸。

4）注意事项

（1）测量前,检查表盘和指针有无松动现象。

（2）测量前,检查长指针是否对准零位;如果未对齐,则应及时调整。

（3）测量时,测量杆应垂直于工件表面。

（4）测量时,测量杆应有 0.3~1 mm 的压缩量,保持一定的初始测力,以免由于存在负偏差而测不出值来。

4. 万能角度尺

万能角度尺又称万能游标量角器,是用来测量内、外角度的量具。按游标的测量精度分为 $2'$ 和 $5'$ 两种,其示值误差分别为 $\pm 2'$ 和 $\pm 5'$,测量范围是 $0°\sim 320°$,一般常用的是测量精度为 $2'$ 的万能游标量角器。

1）万能角度尺的结构

如图 1-19 所示,万能角度尺主要由游标、尺身、基尺、卡块、直角尺和直尺等部分组成。

2）2′万能角度尺的刻线原理

万能角度尺的尺身刻线每格为 1°，游标共 30 格等分 29°，游标每格为 29°/30＝58′，尺身 1 格和游标 1 格之差为 1°－58′＝2′，所以它的测量精度为 2′。

3）万能角度尺的读数方法

如图 1-20 所示，先读出游标尺零刻度前面的整度数，再将游标卡尺第几条刻线和尺身刻线对齐，读出角度"′"的数值，最后将两者相加就是测量角度的数值。

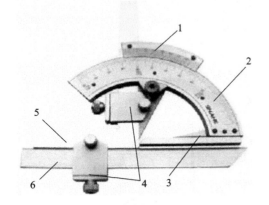

图 1-19　万能游标角度尺

1—游标；2—尺身；3—基尺；4—卡块；

5—直角尺；6—直尺

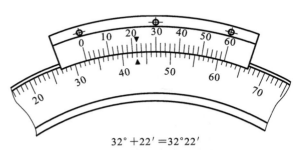

32°＋22′＝32°22′

图 1-20　万能角度尺的读数法

4）万能角度尺的测量范围

如图 1-21 所示，万能角度尺由于直尺和直角尺可以移动和拆换，因此，可以测量 0°到 320°的任何角度。

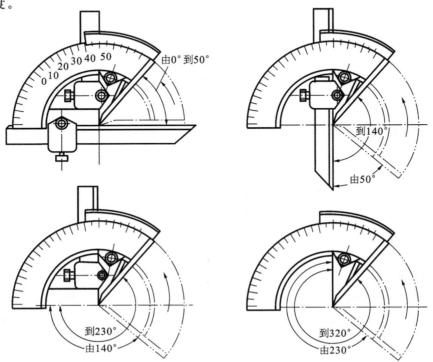

图 1-21　万能游标量角器的测量范围

5）注意事项

（1）使用前应检查是否与零位对齐。

（2）测量时,应使万能角度尺的两测量值与被测件表面在全长上保持良好接触,然后拧紧制动器上的螺母即可读数。

（3）在 50°～140°范围内测量时,应装上直尺；在 140°～230°范围内测量时,应装上角尺；在 230°～320°范围内测量时,不装角尺和直尺。

（4）万能角度尺用完后应擦净后上油,放入专用盒内。

5. 刀口角尺

1）刀口直角尺

刀口直角尺主要有宽座直角尺和样板直角尺两种,如图 1-22 所示。

(a) 宽座直角尺　　　　　　　　　　(b) 样板直角尺

图 1-22　刀口直角尺

2）注意事项

（1）检验平面度时,还应沿对角线方向检验。

（2）直角尺的放置位置不能倾斜,否则测量不正确。

（3）检验内角的方法与检验外角的方法相同。

6. 塞规

如图 1-23 所示,塞规由两个测量端组成,尺寸小的一端在测量内孔或内表面时应能通过,称为通端,它的尺寸是按被测量面的最小极限尺寸制作的。尺寸大的一端在测量工件时应不通过,称为止端,它的尺寸是按被测面的最大极限尺寸制作的。

7. 塞尺

如图 1-24 所示,塞尺是用来检验两个结合面之间间隙大小的片状量规。

图 1-23　塞规　　　　　　　　　　**图 1-24　塞尺**

1）塞尺的结构

塞尺有两个平行的测量平面,其长度有 50 mm、100 mm、200 mm 等多种。塞尺有若干个不同角度的片,可叠合起来装在夹板里。

2）塞尺的使用

使用塞尺时,应根据间隙大小选择塞尺的片数,可用一片或数片重叠在一起插入间隙内。

部分塞尺片很薄,容易弯曲和折断,插入时不宜用力太大。用后应将塞尺擦拭干净,并及时合到夹板中。

3) 注意事项

(1) 使用时,要用厚片带动薄片移动,防止损坏薄片。

(2) 使用前要清洁塞尺和被测表面。

(3) 测量时不能用力过大。

(4) 用完后擦净上油放入匣内。

1.3.3　测量任务实施

1. 游标卡尺的读数方法

以 0.02 mm 游标卡尺为例。

第一步:根据副尺零刻线以左主尺上的最近刻度读出整数,如 19 mm,如图 1-25 所示。

第二步:根据副尺零线以右与主尺某一刻线对准的刻度数乘以刻度值读出小数,36×0.02 mm＝0.72 mm,如图 1-26 所示。

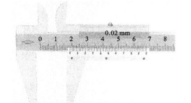

图 1-25　游标卡尺整数的读数　　　　　　图 1-26　游标卡尺小数部分的读数

第三步:将主尺上读出的整数部分和副尺上读出的小数部分相加,即为所得测量值,即 (19＋0.72)mm＝19.72 mm。

游标卡尺的规格按测量范围分为 0～125 mm、0～200 mm、0～300 mm、0～500 mm、300～800 mm、400～1 000 mm、600～1 500 mm、800～2 000 mm 等。1/50 mm 游标卡尺示值误差为±0.02 mm,1/20 mm 游标卡尺示值误差为±0.05 mm,故不能测量精度较高的工件尺寸。

2. 千分尺的读数方法

在千分尺上读数可分为以下三步。

(1) 读出活动微分筒斜面边缘处露出的固定套管上刻线的整毫米数和半毫米数,如图 1-27 所示的读数为 13.5 mm。

(2) 读出活动微分筒上的刻线与固定套管上的基准线所对准的数值即小数部分,如图 1-28 所示的读数为 27×0.01 mm＝0.27 mm。

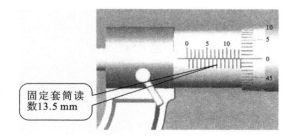
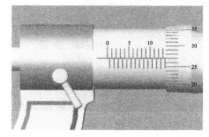

固定套筒读数13.5 mm

图 1-27　外径千分尺整毫米数读数　　　　　图 1-28　外径千分尺小数部分读数

（3）将固定套管上读出的整数部分与活动微分筒上读出的小数部分相加,即为所得测量值,即(13.5+0.27)mm＝13.77 mm。

3. 刀口角尺的使用

刀口角尺是样板平尺中的一种,因它有圆弧半径为 0.1～0.2 mm 的棱边,如图 1-29 所示,故可用漏光法或痕迹法检验垂直度、直线度和平面度。

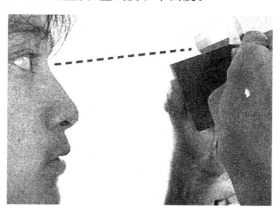

图 1-29　刀口角尺测量

检查工件直线时,刀口尺的测量棱边紧靠工件表面,然后观察漏光缝隙大小,判断工件表面是否平直。在明亮而均匀的光源照射下,全部接触表面能透过均匀而微弱的光线时,被测表面就很平直。当直角尺一边贴在零线基准表面时,应轻轻压住,然后使直角尺的另一边与零件被测表面接触,根据透光的缝隙判断零件相互垂直面的垂直精度。

【知识链接】

量具的种类很多,根据其用途和特点,可分为以下三种类型。

（1）万能量具　这类量具一般都有刻度,在测量范围内可以测量零件和产品形状及尺寸的具体数值,如游标卡尺、千分尺、百分表和万能量角器等。

（2）专用量具　这类量具不能测量出实际尺寸,只能测定零件和产品的形状及尺寸是否合格,如卡规、塞规等。

（3）标准量具　这类量具只能制成某一固定尺寸,通常用来校对和调整其他量具,也可以作为标准与被测量体进行比较,如量块等。

1.4　机械加工工艺过程

用金属切削的方法逐步改变毛坯的形状、尺寸和表面质量,使之成为合格零件所进行的加工过程,称为机械加工工艺过程。在机械制造业中,机械加工过程是最主要的工艺过程。

（1）机械加工工艺过程和特征　机械加工过程由一系列按顺序编排的工序组成。通过这些工序对工件进行加工,将毛坯逐步加工为合格的零件。

（2）定位基准的选择　定位基准的作用主要是保证工件各表面之间的相互位置精度。按照工序性质和作用不同,定位基准可分为粗基准和精基准两类。

（3）加工精度与表面结构　加工精度是指零件加工后的实际几何形状与设计要求的理想几何参数的符合程度;符合程度越高,加工精度也就越高。表面结构是指加工表面上具有较小的间距和峰谷所组成的微观几何形状特征。经过加工的零件表面,看起来很光滑,但将其截面置于放大镜(或显微镜)下观察时,则可见其表面具有微小的峰谷。表面结构粗糙程度越高,零件的表面性能越差;粗糙程度越低,则表面性能越好,但加工费用也必将随之增加。因此,应在保证使用功能的前提下,选用较为经济的表面结构。

1.4.1　机械加工工艺过程和特征

1. 机械加工工艺过程及组成

工序是工艺过程的基本单位,也是编制生产计划和进行核算的基本依据。工序又可细分为装夹、工步等。

1) 工序

工序是由一个工人或一组工人在不更换工作地点的情况下对同一个或几个工件同时进行加工并连续完成的那一部分工艺过程。划分工序的主要依据是工作地是否变动和工作是否连续。图 1-30 所示为阶台轴零件,按单件生产制定的主要工艺过程如表 1-3 所示。

按成批生产零件指定的工艺过程如表 1-4 所示。单件生产时,所有车削与磨削内容分别集中在一台车床与一台磨床上进行。成批生产时,车削的内容被分配到三台车床上进行,三个外圆的磨削也分别由三台磨床来完成。由于后者工作地点发生了变动,因此,车削与磨削各有三个工序。

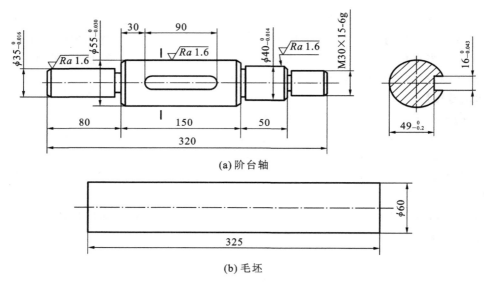

(a) 阶台轴

(b) 毛坯

图 1-30　阶台轴

表 1-3　单件生产阶台轴的加工工艺过程

工 序 号	工 序 名 称	工 序 内 容	工 作 地
1	毛坯	下料 $\phi 80 \times 325$ mm	锯床
2	车工	车两端面及钻中心孔,车外圆,切槽及倒角,车螺纹	卧式车床
3	热处理	调质 28～32 HRC	热处理车间
4	磨工	磨削各外圆至图示尺寸要求	外圆磨床
5	铣工	铣键槽,去毛刺	立式铣床
6	检验	按图示要求检查	检验台

表 1-4　成批生产阶台轴的加工工艺过程

工　序　号	工序名称	工　序　内　容	工　作　地
1	毛坯	下料 $\phi 80 \times 325$ mm	锯床
2	车工	车两端面至总长,钻中心孔	中心孔机床
3	车工	车右端三个外圆(两外圆留磨量),切槽及倒角	仿形机床
4	车工	车左端一个外圆(留磨量),切槽及倒角	卧式机床
5	热处理	调质 28~32 HRC	热处理车间
6	钳工	研磨中心孔	钻床
7	磨工	磨外圆 $\phi 55_{-0.030}^{0}$ mm	外圆磨床
8	磨工	磨外圆 $\phi 40_{-0.016}^{0}$ mm	外圆磨床
9	磨工	磨外圆 $\phi 35_{-0.016}^{0}$ mm	外圆磨床
10	铣工	铣键槽	键槽铣床
11	铣工	铣螺纹	螺纹铣床
12	钳工	去毛刺	钳工台
13	检验	按图示尺寸检查	检验台

2）工步

一个工序可以只有一个工步,也可以包括若干个工步。工步是在加工表面和加工工具不变的情况下所连续完成的那一部分工作。如表 1-4 中的工序 2,需要车削两个端面,两个中心孔,四个外圆表面,三个沟槽连倒角,两个倒角及车螺纹,共分 14 个工步。

3）安装

工件加工前使其在机床上或夹具中获得一个正确而固定位置的过程称为装夹。装夹包括工件定位和夹紧两部分内容。工件经一次装夹后所完成的那一部分工序称为安装。在一个工序中可以包括一个或数个安装。

2. 生产类型

生产类型是指企业生产专业化程度的分类。一般分为单件生产、成批生产和大量生产三种类型。

（1）单件生产　产品的种类繁多,数量极少,少至一件或几件,多则几十件,工作场地的加工对象经常改变,很少重复,这种生产类型称为单件生产。

（2）成批生产　产品的种类比较少,但同一产品的产量比较大,一年中产品周期性地成批投入生产,工作场地的加工对象周期性地更换,这种生产类型称为成批生产。

（3）大量生产　产品的产量很大,大多数工作场地经常重复地进行某一零件的某一工序的加工,这种生产类型称为大量生产。

1.4.2　定位基准的选择

1. 基准分类

基准是指用来确定生产对象上几何要素间的几何关系所依据的点、线、面。根据应用场合的不同,可分为设计基准和工艺基准两大类。

1）设计基准

设计图样上所采用的基准称为设计基准。设计基准是根据零件（或产品）的工作条件和性能要求而确定的。在设计图样上，以设计基准为依据，标出一定的尺寸或相互位置要求。

2）工艺基准

工艺过程中所采用的基准称为工艺基准。在机械加工过程中，按用途不同，工艺基准又可分为工序基准、定位基准和测量基准等。

2. 定位基准的选择

以毛坯上未经加工表面来定位的基准称为粗基准，而采用已加工表面作为定位基准的称为精基准。

1）粗基准的选择

粗基准的选择，一般情况下也就是第一道工序定位基准的选择，往往是为了加工出后续工序的精基准。在选择粗基准时，重点考虑两个方面：一是加工表面的余量分配；二是保证加工面与不加工面间的相互位置要求。

2）精基准的选择

选择精基准时，重点考虑如何减少定位误差，提高加工精度，以及使工件安装准确、可靠、方便。

3）辅助定位基准

在生产实际中，有时在工件上找不到合适的部位（指点、线、面）作为定位基准，为便于工件安排和保证获得规定的加工精度，可以在制造毛坯时或在工件上允许的部位增设和加工出定位基准，如工艺凸台、工艺孔、中心孔等，这种定位基准称为辅助定位基准，它在零件的工作中不起作用，只是为了满足加工的需要而设置的。除不影响零件正常工作而允许保留的外，增设的辅助定位基准在零件全部加工后，还须将其切除。

1.4.3　加工精度与表面结构

1. 加工精度

加工精度包括尺寸精度、形状精度和位置精度三种，它们直接影响到产品的工作性能与质量。

1）尺寸精度

尺寸精度是由尺寸公差来表示的，尺寸公差是指零件对尺寸允许的变动量。同一基本尺寸的零件，公差值的大小决定了零件尺寸的精度，公差值小的，精度高；公差值大的，精度低。例如，有一轴其直径为 $48^{+0.01}_{-0.03}$ mm，其基本尺寸为 48 mm，最大允许加工到 48.01 mm，最小允许加工到 47.97 mm，其尺寸公差为（48.01－47.97）mm＝0.04 mm。

2）几何公差

在生产实际中，经过加工的零件，不但会产生尺寸误差，而且会产生形状和位置误差。国家标准中规定了 14 项几何公差，其项目名称与符号如表 1-5 所示。

表 1-5　几何公差项目及符号

公　差		特征项目	符　号	基准要求
形状	形状	直线度	——	无
		平面度	▱	无
		圆度	○	无
		圆柱度	⌭	无
形状或位置	轮廓	线轮廓度	⌒	有或无
		面轮廓度	◠	有或无
位置	定向	平行度	//	有
		垂直度	⊥	有
		倾斜度	∠	有
	定位	同轴度	◎	有
		对称度	≡	有
		位置度	⊕	有或无
	跳动	圆跳动	╱	有
		全跳动	⌰	有

2. 表面结构

国家标准规定的表面结构符号、代号及定义如下。

1）表面结构符号及含义

√：基本符号，表示表面可用任何方法获得。不加注粗糙度参数或有关说明时，仅适用于简化代号标准。如表面处理、局部热处理状况等。

√：基本符号加一短线，表示表面用去除材料的方法获得。如车、铣、钻、磨、剪切、抛光、腐蚀、电火花加工、气割等。

√：基本符号加一小圆，表示表面用不去除材料的方法获得。如铸、锻、冲压变形、热轧、粉末冶金等。

完整图形符号如下。

√　√　√：在上述三个符号的长边上均可加一横线，用于标注有关参数和说明。

√　√　√：在上述三个符号上均可加一小圆，表示所有表面具有相同的表面粗糙度要求。

2）表面结构代号标注方法

在表面结构符号基础上，标上其他表面特征要求组成了表面结构的代号，如图 1-31 所示。

图 1-31　表面结构代号

表面结构代号各规定位置的意义分别是：a_1、a_2 分别为幅度特征参数代号及数值（μm）（代号 Ra 可省略不写，只标注参数值）；b 为加工要求、镀涂、表面处理及其他说明等；c 为取样长度（mm）或波纹度（μm）；d 为加工纹理方向符号；e 为加工余量（mm）；f 为间距特征参数值（mm）或轮廓支承长度率。

3）表面结构代号的含义

$\sqrt{}^{Rz\,0.4}$ 表示不允许去除材料，单向上限值，（默认）传输带，R 轮廓，粗糙度的最大高度为

0.4 μm,评定长度为 5 个取样长度(默认),"16%规则"(默认)。

$\sqrt{\overline{Rz\max 0.2}}$ 表示去除材料,单向上限值,(默认)传输带,R 轮廓,粗糙度最大高度的最大值为 0.2 μm,评定长度为 5 个取样长度(默认),"最大规则"。

$\sqrt{\overline{0.008-0.8/Ra\,3.2}}$ 表示去除材料,单向上限值,(默认)传输带,(0.008-0.8)mm,R 轮廓,算术平均偏差为3.2 μm,评定长度为 5 个取样长度(默认),"最大规则"(默认)。

$\sqrt{\overline{-0.8/Ra\,3.2}}$ 表示去除材料,单向上限值,(默认)传输带,根据 GB/T 6062,取样长度 0.8 μm(λs 默认为0.002 5 mm),R 轮廓,算术平均偏差为 3.2 μm,评定长度包含 3 个取样长度,"16 %规则"(默认)。

$\sqrt{\overline{\begin{array}{l}U\,Ra\max 3.2\\L\,Ra\,0.8\end{array}}}$ 表示不允许去除材料,双向极限值,两极限值均使用默认传输带,R 轮廓,上限值:算术平均偏差为 3.2 μm,评定长度为 5 个取样长度(默认),"最大规则",下限值:算术平均偏差为0.8 μm,评定长度为 5 个取样长度(默认),"16 %规则"(默认)。

$\sqrt{\overline{0.8-25/Wz3\,10}}$ 表示去除材料,单向上限值,(默认)传输带,0.8-25 mm,W 轮廓,波纹度最大高度为 10 μm,评定长度包含 3 个取样长度,"16 %规则"(默认)。

$\sqrt{\overline{0.008-/Pt\max 25}}$ 表示去除材料,单向上限值,(默认)传输带 $\lambda s=0.008$ mm,无长波滤波器,P 轮廓,轮廓总高 25 μm,评定长度等于工件长度(默认),"最大规则"。

$\sqrt{\overline{0.0025-0.1//Rx\,0.2}}$ 表示任意加工方法,单向上限值,(默认)传输带,$\lambda s=0.002\,5$ mm,$A=0.1$ mm,评定长度为 3.2 mm(默认),粗糙度图形参数,粗糙度图形最大深度为 0.2 μm,"16 %规则"(默认)。

$\sqrt{\overline{/10/R\,10}}$ 表示不允许去除材料,单向上限值,传输带,$\lambda s=0.008$ mm(默认),$A=0.5$ mm(默认),评定长度为 10 mm,粗糙度图形参数,粗糙度图形平均深度为 10 μm,"16 %规则"(默认)。

$\sqrt{\overline{W1}}$ 表示去除材料,单向上限值,传输带,$A=0.5$ mm(默认),$B=2.5$ mm(默认),评定长度为 16 mm(默认),波纹度图形参数,波纹度图形平均深度为 1 mm,"16 %规则"(默认)。

$\sqrt{\overline{-0.3/6/AR\,0.09}}$ 表示任意加工方法,单向上限值,传输带,$\lambda s=0.008$ mm(默认),$A=0.3$ mm(默认),评定长度 6 mm,粗糙度图形参数,粗糙度图形平均间距 0.09 mm,"16 %规则"(默认)。

4)带有补充注释的符号

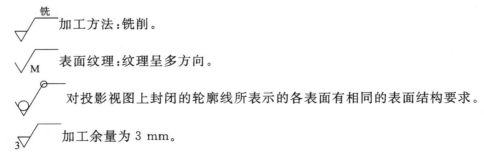

加工方法:铣削。

表面纹理:纹理呈多方向。

对投影视图上封闭的轮廓线所表示的各表面有相同的表面结构要求。

加工余量为 3 mm。

1.4.4　拟定加工工艺及检测表面结构的任务实施

1. 加工顺序的安排

当零件的加工质量要求较高时,往往不可能在一道工序内完成一个或几个表面的全部加工,一般必须把零件的整个工艺路线分成几个加工阶段,即粗加工阶段、半精加工阶段、精加工阶段。如果加工精度和表面质量要求特别高时,还应进行光整加工和超精密加工。

1）粗加工阶段

粗加工阶段的主要任务是切除工件各加工表面的大部分余量,主要问题是如何提高生产率,在粗加工阶段要及早发现锻件、铸件等毛坯的裂纹、夹杂、气孔、夹砂及余量不足等缺陷,及时予以报废或修补,以避免造成不必要的浪费。

2）半精加工阶段

本阶段的任务是达到一定的准确度要求,完成次要表面的最终加工,并为主要表面的精加工做好准备。

3）精加工阶段

本阶段的任务是完成各主要表面的最终加工,使零件的加工精度和加工表面质量达到图样的要求。在精加工阶段,主要问题是如何确保零件的质量,由于精加工切削力和切削热小,机床磨损相应较小,利于长期保持设备的精度。

2. 表面结构的检测

检测表面结构常用比较法,即将被测面与已知高度参数值的表面粗糙度样块进行比较,用目测和手摸的感触来判断表面粗糙度的一种检测方法。比较时,还可借助放大镜等工具,以减少误差。比较时,样板与被检表面的加工纹理方向应保持一致。此外,还有光切法、干涉法、感触法等检测方法。

【知识链接】

识读图样中形位公差项目符号的意义及公差带,以及被测要素与基准要素的关系,以便选择零件的加工和测量方法。几何公差标注综合示例如图 1-32 所示,各符号的含义如下。

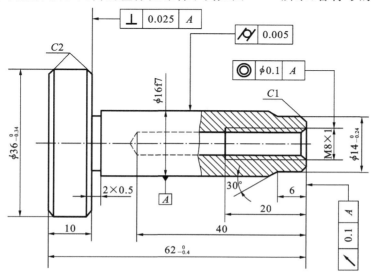

图 1-32　形位公差综合标注示例

$\boxed{\cancel{} \ 0.005}$ 表示圆柱度公差(形位公差),即:直径 ϕ 16f7 圆柱面的圆柱度公差为 0.005 mm 的两同轴圆柱面之间的区域,表明该被测圆柱面必须位于半径差为公差值 0.005 mm 的两同轴圆柱面之间。

$\boxed{\odot \ \phi0.1 \ | \ A}$ 表示同轴度公差(位置公差),即:M8×1 的轴线对基准 A 的同轴度公差为 0.1 mm,其公差是与基准 A 同轴、直径为 0.1 mm 的圆柱面内的区域,表明被测圆柱面的轴线必须位于直径公差值为 0.1 mm,且与基准轴线 A 同轴的圆柱面内。

$\boxed{/ \ | \ 0.1 \ | \ A}$ 表示端面圆跳动公差(位置公差),即:直径 $\phi14^{\ 0}_{-0.24}$ 的端面圆跳动公差为 0.1 mm,其公差带是在与基准同轴的任一半径位置的测量圆柱面上距离为 0.1 mm 的两圆之间的区域,表明被测面围绕基准线 A (基准轴线)旋转一周时,在任一测量圆柱面内轴向的跳动量均不得大于 0.1 mm。

$\boxed{\perp \ | \ 0.025 \ | \ A}$ 表示垂直度公差(位置公差),即:$\phi36^{\ 0}_{-0.34}$ 的右端面对基准 A 的垂直度为 0.025 mm,且垂直于基准线的两平行平面之间的区域,表明该被测面必须位于距离为公差值 0.025 mm,且垂直于基准线 A(基准轴线)的两平行平面之间。

学生通过机械加工工艺理论和实践基本知识的学习,一方面能够提高学习专业课的积极性,另一方面能够熟练使用各种量具、刀具、刃具来对工件进行加工和测量,对机械加工的基本知识也有初步的了解。

第2章 铸造实训

【学习目标】

(1) 了解铸造的生产过程、特点及应用。

(2) 了解型砂、芯砂应具备的性能、组成及制备。

(3) 掌握铸型结构,分清零件、模型和铸件的区别和差异。

(4) 了解型芯的作用、结构及制造方法。

(5) 熟悉分型面的选择,了解三箱、刮板等造型方法的特点及应用,了解机器造型的特点。

(6) 掌握铸件的落砂、清理,常见铸造缺陷的特征、产生原因及预防措施。

【能力目标】

(1) 完成考核作业带芯分模造型和挖砂造型操作,并用石蜡模拟进行浇注。

(2) 砂型箱堆放要平稳,搬动时要注意轻放,避免砸伤手脚。

(3) 学会使用造型工具,掌握两箱造型的操作技能。

(4) 独立完成手工两箱等造型作业。

(5) 掌握手工两箱造型(包括整模、分模、挖砂、活块等)的特点及应用。

(6) 懂得工作结束时现场的清理工作,如工具要装箱,摆放要整齐。

【内容概要】

将液态金属浇注到具有与零件形状相适应的铸型型腔中,待其冷却凝固后获得一定形状和性能的零件或毛坯的成形方法称为铸造。铸造所获得的毛坯或零件称为铸件。本章简单介绍铸造的方法及型砂铸造基本操作等。

2.1 砂型铸造工艺

铸造生产的方法很多,有砂型铸造、金属型铸造、压力铸造、离心铸造、熔模铸造等,其中最基本、最常用的铸造方法是砂型铸造。

(1) 砂型铸造的工艺过程 砂型铸造主要包括造型、造芯、设置浇注系统、合型、熔炼与浇注、落砂、清理与检验等。

(2) 铸造的造型材料和型芯 造型过程中造型材料的好坏对铸件的质量起着决定性的作用。型芯的主要作用是来获得铸件的内腔,但有时也可作为铸件难以起模部分的局部铸型。

(3) 两箱整模造型技能操作 使用的实训设备及材料包括砂箱、铁锹、墁刀、型砂等,主要实训内容包括:两箱整模造型的操作;两箱带芯分模造型操作。

(4) 挖砂造型和浇注技能操作 使用的实训设备及材料包括砂箱、铁锹、墁刀、电炉、铁锅、漏斗、型砂、石蜡等,主要实训内容包括:挖砂造型(手轮)操作;用石蜡进行模拟浇注。

2.1.1　砂型铸造的工艺过程

1. 铸造的优缺点

1）铸造的优点

（1）可以制成各种形状复杂的铸件，如各种箱体、床身、机架等。

（2）适用范围很广，工业上常用的金属材料均可通过铸造的方法制成零件，铸件的质量可以从几克到数百吨；尺寸从几十毫米到几十米。

（3）原材料来源广泛，可以直接利用报废的机件、切屑及废钢等；一般情况下，铸造不需用昂贵的设备，铸件的生产成本较低。

（4）铸件的形状和尺寸与零件接近，因此切削加工的工作量较小，能节省金属材料。

2）铸造的缺点

由于液态成形会给铸件带来某些缺点，如铸造组织疏松、晶粒粗大，内部易产生缩孔、缩松、气孔、夹渣等缺陷。这就使一般铸件的力学性能低于同样材料的锻件。另外，铸造过程工序较多，质量控制因素比较复杂。此外，铸造的劳动条件较差。

2. 砂型铸造的工艺过程

用型砂紧实成形的方法称为砂型铸造。砂型铸造生产的铸件约占所有铸件总重量的90％以上。如图 2-1 所示为砂型铸造工艺过程的流程图，图 2-2 所示为齿轮毛坯的砂型铸造简图。

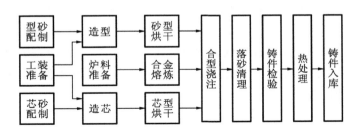

图 2-1　型砂铸造工艺过程流程

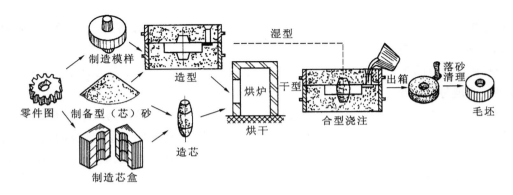

图 2-2　齿轮毛坯的砂型铸造简图

由图可见，砂型铸造生产工序包括：制造模样、制备造型材料、造型、合型、熔炼、浇注、落砂、清理与检验等。其中，造型、造芯是砂型铸造的重要环节，对铸件的质量影响很大。

2.1.2　铸造的生产过程简介

1. 造型方法

用型砂及模样等工艺装备制造铸型的过程,称为造型。造型方法通常分为手工造型和机器造型两大类。造型时用模样形成铸件的型腔,在浇注后形成铸件的外部轮廓。

1)造型材料

制造铸型用的材料称为造型材料,用于制造砂型的材料称为型砂,用于制造型芯的材料称为芯砂。

(1)对型砂、芯砂性能的要求。

① 强度。强度是指型砂、芯砂在造型后能承受外力而不被破坏的能力。型砂及芯砂在搬运、翻转、合箱及浇注金属时,有足够强度才会保证不被破坏、跌落和胀大。若型砂、芯砂的强度不够,铸件容易产生砂眼、夹砂等缺陷。

② 透气性。透气性是指型砂、芯砂孔隙透过气体的能力。在浇注过程中,铸型与高温金属液接触,水分汽化、有机物燃烧和液态金属冷却析出的气体,必须通过铸型排出,否则,将在铸件内产生气孔或使铸件浇不足。

③ 耐火度。耐火度是指型砂、芯砂经受高温热作用的能力。耐火度主要取决于砂中 SiO_2 的含量(即质量分数,下同),若耐火度不够,就会在铸件表面或内腔形成一层黏砂层,不但清理困难、影响外观,而且给机械加工增加了困难。

④退让性。退让性是指铸件凝固和冷却过程中产生收缩时,型砂、芯砂能被压缩、退让的性能。型砂、芯砂的退让性不足,会使铸件收缩时受到阻碍,产生内应力、变形和裂纹等缺陷。

⑤ 可塑性。可塑性是指型砂、芯砂在外力作用下变形,去除外力后仍能保持已有形状的能力。可塑性好,型砂、芯砂柔软易变形,起模和修型时不易破碎和掉落。

除了以上性能的要求外,还有溃散性、发气性、吸湿性等性能要求。型砂、芯砂的诸多性能,有时是互相矛盾的,例如,强度高、塑性好,透气性就可能下降,因此,应根据铸造合金的种类,铸件大小、结构等,具体决定型砂、芯砂的配比。

(2)型砂和芯砂的组成。

① 原砂。原砂的主要成分为硅砂,而硅砂的主要成分为 SiO_2,它的熔点高达 1 700 ℃。原砂中的 SiO_2 含量越高,其耐火度越高;砂粒越粗,则耐火度和透气性越高;多角形和尖角形的硅砂透气性好;含泥量越少,透气性越好等。

② 黏结剂。用来黏结砂粒的材料称为黏结剂,常用的黏结剂有黏土和特殊黏结剂两大类。其中,黏土是配制型砂、芯砂的主要黏结剂,分为膨润土和普通黏土。湿型砂普遍采用黏结剂性能较好的膨润土;而干型砂多用普通黏土。特殊黏结剂包括桐油、水玻璃、树脂等。芯砂常选用这些特殊的黏结剂。

③ 附加物。为了改善型砂、芯砂的某些性能而加入的材料称为附加物。例如,加入煤粉可以降低铸件表面、内腔的粗糙度;加入木屑可以提高型砂、芯砂的退让性和透气性。

④ 涂料和扑料。这些材料不是配制型砂、芯砂时加入的成分,而是涂扑(干型)或散撒(湿型)在铸件表面,以降低铸件表面粗糙度,防止产生黏砂缺陷。例如,湿型撒石墨粉作为扑料,铸钢用石英粉作为涂料。

2)手工造型

全部用手工或手动工具完成的造型方法称为手工造型。手工造型的特点是操作灵活、适应性强、模样成本低、生产准备简单,但造型效率低、劳动强度大、劳动环境差,主要用于单件、小批生产。

造型时如何将模样顺利地从砂型中取出而又不至于破坏型腔的形状,是一个很关键的问题。因此,围绕如何起模这一问题,把造型方法分为整模造型、分模造型、挖砂造型、假箱造型、活块造型、三箱造型和刮板造型等。

(1) 整模造型　模样是一个整体,最大截面在模样一端且是平面,分型面多为平面,是铸性组元之间的结合面。

这种造型方法操作简单,适用于形状简单,质量要求不高的中、大型铸件,如盘、盖类等。图 2-3 所示为整模造型的主要过程。

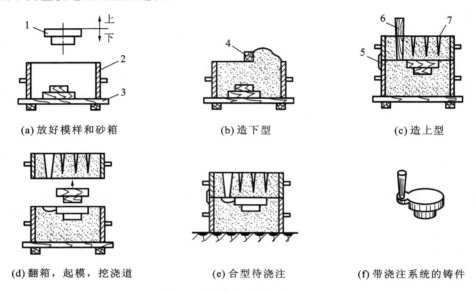

(a) 放好模样和砂箱　　　　(b) 造下型　　　　(c) 造上型

(d) 翻箱,起模,挖浇道　　　(e) 合型待浇注　　　(f) 带浇注系统的铸件

图 2-3　整模造型的主要过程

1—铸件;2—砂箱;3—底板;4—刮板;5—记号;6—直浇道棒;7—气孔

(2) 分模造型　模样沿外形的最大截面分成两半,且分型面是平面。分模造型与整模造型的主要区别是分模造型的上、下砂型中都有型腔,而整模造型的型腔基本只在一个砂型中。这种造型方法也很简便,适用于形状较复杂、各种批量生产的铸件,如套筒、管类、阀体等。图 2-4 所示为分模造型的主要过程。

(3) 挖砂造型　当模样为整体而分型面是曲面时,为了能起出模样,造型时需用手工挖去阻碍起模的型砂。这种造型方法操作麻烦、生产率低、对工人技术水平要求高,只适于用形状复杂、单件小批生产的铸件。图 2-5 所示为挖砂造型的主要过程。

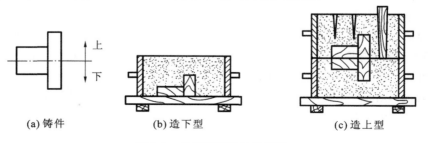

(a) 铸件　　　　　(b) 造下型　　　　　(c) 造上型

图 2-4　分模造型的主要过程

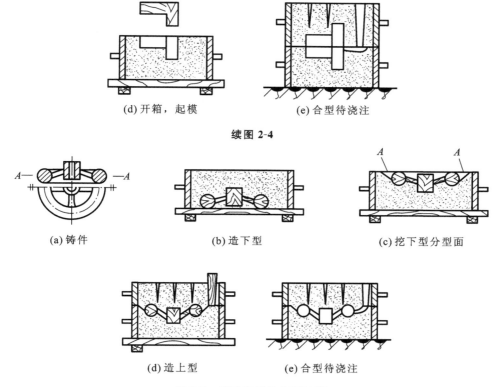

(d) 开箱，起模　　　　　　(e) 合型待浇注

续图 2-4

(a) 铸件　　　　　(b) 造下型　　　　　(c) 挖下型分型面

(d) 造上型　　　　　(e) 合型待浇注

图 2-5　挖砂造型的主要过程

（4）假箱造型　当挖砂造型生产的铸件数量较多时，为了避免每型挖砂，可采用假箱造型。所谓假箱造型，就是先预制好一个半型（即假型），用它代替放模样的平板。造型时，将模样放在假型的型腔中，然后放砂箱制下型，下型连同模样一起翻转 180°，此时分型面已自然形成。这种造型方法可免去挖砂操作，提高造型的生产率。图 2-6 所示为假箱造型的主要过程。

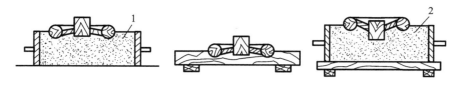

图 2-6　假箱造型的主要过程

1—假型；2—下型

（5）活块造型　有的铸件上有妨碍起模的小凸台、肋条等，在生产中，制模时将这些部分做成活动的部分（即活块）。起模时，先起出主体模样，然后再从侧面取出活块。这种造型方法要求操作技术水平高，但生产率低。图 2-7 所示为活块造型的主要过程。

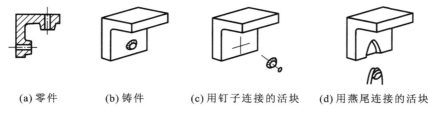

(a) 零件　　　(b) 铸件　　　(c) 用钉子连接的活块　　　(d) 用燕尾连接的活块

图 2-7　活块造型的主要过程

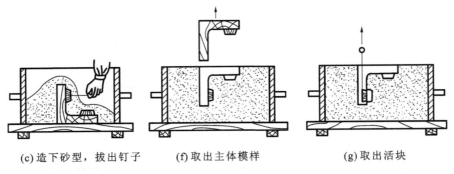

(c) 造下砂型, 拔出钉子　　　(f) 取出主体模样　　　(g) 取出活块

续图 2-7

（6）三箱造型　有些铸件,两端尺寸大而中间部位尺寸小时,用两箱造型难以起模。此时将模样分成三个部分,中型的上、下两个面是分型面,分别用三个砂箱进行造型。这种造型方法操作复杂,生产率低,适用于单件、小批生产。图 2-8 所示为三厢造型的主要过程。

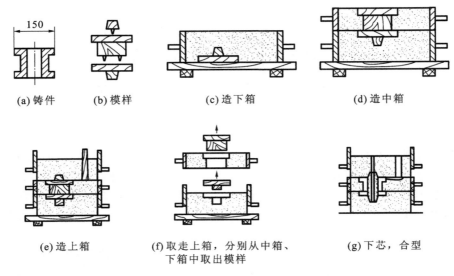

(a) 铸件　　　(b) 模样　　　(c) 造下箱　　　(d) 造中箱

(e) 造上箱　　　(f) 取走上箱, 分别从中箱、　　　(g) 下芯, 合型
　　　　　　　　下箱中取出模样

图 2-8　三箱造型的主要过程

（7）刮板造型　对有些旋转体或截面形状的铸件,当产量小时,为了节省制模材料和制模工时,可采用刮板造型。所谓刮板造型,就是用与铸件轮廓形状和尺寸相对应的木板,在填实型砂的砂箱中,刮制出上型和下型的型腔。这种造型方法操作比较复杂,对人工的操作水平要求较高,铸件的尺寸精度低,只适用于大中型旋转体铸件(如带轮等)的单件小批生产。图 2-9 所示为刮板造型的主要过程。

(a) 铸件　　　(b) 刮板　　　(c) 刮制下型

图 2-9　刮板造型的主要过程

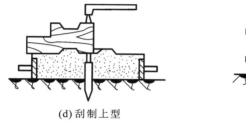

(d) 刮制上型

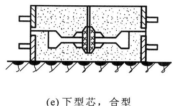

(e) 下型芯，合型

续图 2-9

3) 机器造型

用机器全部完成或至少完成紧砂操作的造型方法，称为机器造型。机器造型的实质是用机器代替手工紧砂和起模。当成批大量生产时，应采用机器造型。与手工造型相比，机器造型生产效率高，铸件尺寸精度高，表面质量好，但设备及工艺装备要求高，生产准备时间长。

（1）紧砂方法　常用紧砂方法有振实、压实、振压、抛砂等几种方式，其中以振压式应用最为广泛。图 2-10 所示为振压式紧砂方法。

（2）起模方法　常用的起模方法有顶箱、漏模、翻转三种，图 2-11 所示为顶箱起模法。

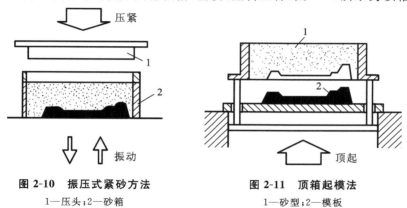

图 2-10　振压式紧砂方法
1—压头；2—砂箱

图 2-11　顶箱起模法
1—砂型；2—模板

2. 造芯

制造芯片的过程称为造芯。浇注时，由于受金属液的冲击、包围和烘烤，因此要求芯砂比型砂具有更高的强度、透气性、耐火度等。为了满足以上性能，应采取下列措施。

（1）开通气孔和通气道　形状简单的型芯可以用通气针扎出通气孔。形状复杂的型芯可在型芯内放入蜡线或草绳。烘干时蜡线或草绳被烧掉，从而形成通气道，以提高型芯的通气性，分别如图 2-12(a)、图 2-12(b)所示。

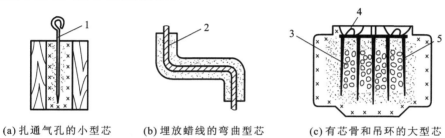

(a) 扎通气孔的小型芯　　(b) 埋放蜡线的弯曲型芯　　(c) 有芯骨和吊环的大型芯

图 2-12　型芯的结构
1—气孔针；2—蜡线；3—焦炭；4—吊环；5—芯骨

（2）安放芯骨和吊环　　芯骨是放入砂芯中用以加强或支持砂芯用的金属架。对于尺寸较大的型芯，为了提高型芯的强度和便于吊运，常在型芯中安放芯骨和吊环，如图2-12(c)所示。小芯骨一般用铁丝制作，形状复杂的大芯骨由铸铁浇注而成。

型芯可采用手工造芯，也可采用机器造芯。手工造芯时，主要采用型芯盒造芯；对于单件小批生产大中型回转体型芯，可采用刮板造芯。其中，用芯盒造芯是最常用的方法，通过它可以制出形状比较复杂的型芯，如图2-13所示。

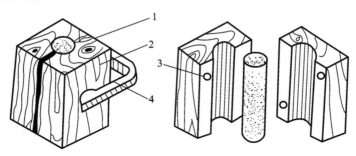

图 2-13　芯盒造芯
1—型芯；2—芯盒；3—定位销；4—夹钳

3. 浇注系统

为了使液态金属流入铸型型腔所开的一系列通道，称为浇注系统。浇注系统的作用是保证液态金属均匀、平稳地流入并充满型腔，以避免冲坏型腔，防止熔渣、砂粒或其他杂质进入型腔，可调节铸件的凝固顺序或补给金属液冷凝收缩时所需的液态金属。浇注系统是铸型的重要组成，若设计不合理，铸件易生产冲砂、砂眼、浇不足等缺陷。典型的浇注系统由以下几部分组成，如图2-14所示。

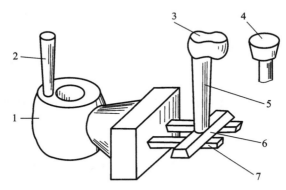

图 2-14　铸件的浇注系统
1—铸件；2—冒口；3—盆形外浇道（浇口盆）；4—漏斗形外浇道（浇口杯）；
5—直浇道；6—横浇道；7—内浇道（两个）

（1）外浇道　　外浇道的作用是缓和液态金属的冲力，使其平稳地流入直浇道。

（2）直浇道　　直浇道是外浇道下面的一段上大下小的圆锥形通道。它的一定高度使液态金属产生一定的静压力，从而使金属液能以一定的流速和压力充满型腔。

（3）横浇道　　横浇道位于内浇道上方且呈现上小下大形状的梯形通道。由于横浇道比内浇道高，因此液态金属中的渣子、砂粒便浮在横浇道的顶面，从而防止产生夹渣、夹砂等。此外，横浇道还起着向内浇道分配金属液的作用。

（4）内浇道 它的截面多为扁梯形,起着控制液态金属流向和流速的作用。

（5）冒口 冒口的作用是在液态金属凝固收缩时补充液态金属,防止铸件产生缩孔缺陷。此外,冒口还起着排气和集渣作用。冒口一般设在铸件的最高和最厚处。

4. 合型、熔炼与浇注

（1）合型 将铸型的各个组元(如上型、下型、砂芯、浇口盆等)组成一个完整铸型的过程称为合型。合型时应检查铸型型腔是否清洁,型芯的安装和砂箱的定位是否准确、牢固。

（2）熔炼 通过加热使金属由固态变为液态,并通过冶金反应去除金属中的杂质,使其温度和成分达到规定要求的操作过程称为熔炼。金属液的温度过低,会使铸件产生冷隔、浇不足、气孔等缺陷。金属液的温度过高,会导致铸件总收缩量增加,吸收气体过多,产生黏砂等缺陷。铸造生产常用的熔炼设备有冲天炉(熔炼铸铁)、电弧炉(熔炼铸钢)、坩埚炉(熔炼有色金属)、感应加热炉(熔炼铸铁和铸钢)。

（3）浇注 将金属液从浇包注入铸型的操作过程,称为浇注。铸铁的浇注温度在液相线以上 200 ℃(一般为 1 250～1 470 ℃)。若浇注温度过高,金属液吸气多,液体收缩大,铸件容易产生气孔、缩孔、黏砂等缺陷;若浇注温度过低,金属液流动性差,铸件易产生浇不足、冷隔等缺陷。

2.1.3 造型操作任务实施

1. 两箱整模造型技能操作

1）两箱整模造型操作步骤

两箱整模造型的操作过程如图 2-15 所示,具体操作步骤如下。

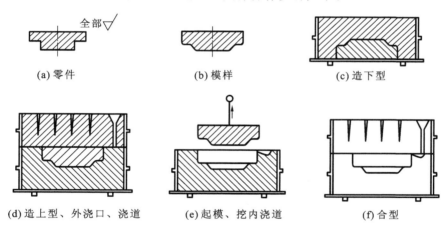

图 2-15 两箱整模造型过程

（1）造下型 先将地板和模样清理干净,将模样放在地板上,套好砂箱,撒上 20 mm 左右的面砂。要注意将模样擦干净,以免造型时型砂黏在模样上,起模时损坏型腔;模样的起模斜度方向要便于起模;模样边缘及浇口外侧需与砂箱内壁留有 30～100 mm 的距离。

（2）填砂 在砂箱内加入型砂,并舂紧、刮平。注意填砂时要分层加入,每次砂量要适当;舂砂时要按一定路线进行(见图 2-16),以保证砂型各处紧实度均匀,舂砂时不要撞到模样上且舂砂用力大小要适当。

（3）造上砂型 造好下型后将其翻转,用墁刀修光分型面;套上上砂箱,在分型面上撒分型砂;放入浇口棒,填砂舂紧,刮平造出上砂型;扎通气孔,拔出浇口棒,在直浇道上部挖出外浇口,画出合箱线(见图 2-17)。要注意下砂箱翻转后要放在平板上;通气孔应在砂型刮平后扎出,通气孔分布要均匀,深度要适当;撒分型砂时手应距离砂箱稍高,一边转圈一边摆动,使分型砂缓慢而均匀地散落下来薄薄地覆盖在分型面上;外浇口与直浇道要圆滑过渡。

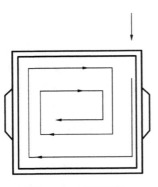

图 2-16　舂砂路线

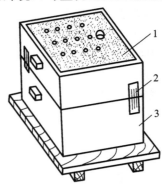

图 2-17　画合箱线
1—上砂型;2—合箱线;3—下砂型

(4) 开箱、起模　把上砂箱拿下,在下砂箱上挖出内浇道,起出模样。起模后,型腔如有损坏要进行修型,吹去多余砂粒。

(5) 合箱　将上砂型合到下砂型上。合箱时应注意使上砂型保持水平下降并按合箱线定位。

2) 两箱带芯分模造型操作

分模造型是将模样沿最大截面处分成两半,并用销钉定位,造型时将两半模分别置于上、下砂箱中。此方法适用于最大截面在中部和难于整体起模的铸件。分模造型的操作过程基本上与整模造型相同,操作步骤如图 2-18 所示,具体如下。

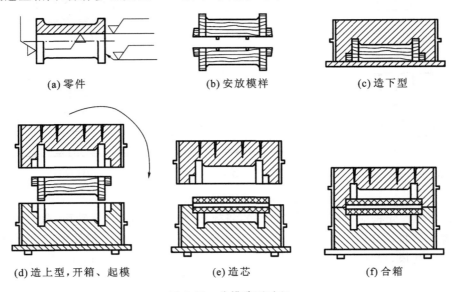

(a) 零件　　　　　　(b) 安放模样　　　　　(c) 造下型

(d) 造上型,开箱、起模　　　(e) 造芯　　　　(f) 合箱

图 2-18　分模造型过程

(1) 安放模样　先将底板和模样清理干净,将下半模放在地板上,套好砂箱。

(2) 造下砂型　在砂箱内加入型砂,并舂紧、刮平。

(3) 造上砂型　造好下型后将其翻转,在下半模上放好上半模,撒分型砂;清除模样上的分型砂,放入浇口棒,并填砂造上砂型,扎通气孔,在直浇道上部挖出外浇口。要注意通气孔应在砂型刮平后扎出。

(4) 开箱、起模　上砂型造好后,要在砂箱壁上做出合箱线再开箱将上、下模起出。起模后,型腔如有损坏要进行修型。在砂型上开出浇注系统。

(5) 造芯　用芯盒制出砂芯,制好后将砂芯放入型腔。

(6) 合箱　将上砂型合到下砂型上。合箱时应注意使上砂型保持水平下降并按合箱线定位。

2. 挖砂造型和浇注技能操作

1) 挖砂造型(手轮)操作

(1) 首先将模样(手轮)放在地板上,套上砂箱,填砂、舂紧、刮平,造出下型。

(2) 将下型翻转,挖修分型面,挖出阻碍起模的型砂(为便于起模,挖修的分型面必须在模样的最大截面处);将分型面压光,撒分型砂,放置浇口管,套上砂箱,再填砂刮平,扎出通气孔,取下浇口管。

(3) 开箱、起模、挖浇道、合箱。挖砂造型的过程如图 2-19 所示。

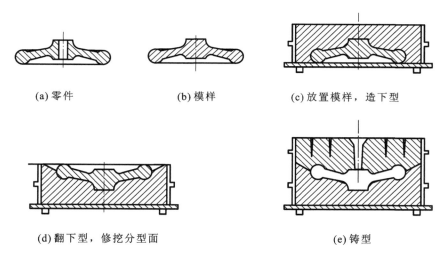

(a) 零件　　　　　(b) 模样　　　　　(c) 放置模样,造下型

(d) 翻下型,修挖分型面　　　　　　(e) 铸型

图 2-19　挖砂造型的过程

2) 用石蜡进行模拟浇注

(1) 将石蜡熔化后浇入型腔。

(2) 待冷却后模拟进行落砂清理,制作出一石蜡"手轮"铸件。

【知识链接】

(1) 落砂　用手工或机械使铸件与型砂(芯砂)、砂箱分开的操作过程称为落砂。浇注后必须经过充分冷却和凝固才能落砂。若落砂过早,铸件的冷速过快,使铸铁表层出现白口组织,导致切削困难;若落砂过晚,由于收缩应力大,使铸件产生裂纹,且生产率低。

(2) 清理　落砂后,用机械切割、铁锤敲击、气割等方法清除表面黏砂、型砂(芯砂)、多余金属(如浇口、冒口、飞翅和氧化皮)等操作过程为清理。

(3) 检验　铸件清理后应进行质量检验,可通过眼睛观察(或借助尖嘴锤)找出铸件的表面缺陷,如气孔、砂眼、黏砂、缩孔、浇不足、冷隔等。对于铸件内部缺陷,可进行耐压试验、超声波探伤等。

2.2　砂型铸造工艺设计与分析

　　为了保证铸件质量,提高生产效率和降低铸件成本,在生产铸件之前,要先编制出铸件生产工艺过程的有关技术文件,也就是要先进行铸造工艺设计。铸造工艺设计概括地说明了铸件生产的基本过程和方法,其中,重点是浇注位置、分型面和工艺参数的选择。

　　(1)砂型铸造工艺过程设计　确定合理而先进的铸造工艺方案,对获得优质铸件、简化工艺过程、提高生产率、降低铸件成本起着决定性的作用。

　　(2)铸件的结构工艺性及缺陷　铸件结构工艺性对于生产过程的简繁程度及铸件质量的优劣影响极大。在保证铸件工作性能前提下,铸件的结构应尽可能满足两方面要求:铸造工艺应越简易越好;铸件在成形过程中尽量避免产生缺陷。

　　(3)挖砂造型及浇注的技能操作　挖砂造型及浇注实训的设备及材料有砂箱、铁锹、墁刀、电炉、铁锅、漏斗、型砂、石蜡等,其实训内容包括挖砂造型操作,用石蜡进行模拟浇注。

2.2.1　砂型铸造工艺过程设计

1.铸件浇注位置的选择原则

　　浇注时,铸件在铸型中所处的位置,称为浇注位置。浇注位置选择正确与否,对铸件的质量和造型工艺影响很大。因此,在选择浇注位置时,应遵守以下几项原则。

　　(1)铸件的重要或主要加工面应朝下　在浇注过程中,液态合金中密度较小的砂粒、渣子和气体等容易上浮,致使铸件的上表面容易产生砂眼、气孔、夹渣等缺陷,组织也不如下表面致密。如果这些加工面难以朝下,则应尽量使其位于侧面。当铸件的重要加工面有数个时,则应将较大的平面朝下。例如,图2-20所示为车床床身铸件的浇注位置方案,由于床身导致轨面是关键表面,不允许有明显的表面缺陷,而且要求组织致密,因此,通常将其导轨面朝下进行浇注。

　　(2)铸件的大平面应朝下　铸件的大平面若朝上,容易产生夹砂缺陷,这是由于在浇注过程中金属液对型腔上表面有强烈的热辐射,型砂因剧烈热膨胀和强度下降而拱起或开裂,于是铸件表面形成夹砂缺陷。因此,平板、圆盘类铸件的大平面应朝下,如图2-21所示。

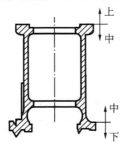

图2-20　车床床身的浇注位置

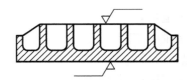

图2-21　平板的合理浇注位置

　　(3)对于具有大面积薄壁的铸件,应将薄壁部分置于铸型下部或使其处于垂直(或倾斜)的位置　这是为了防止薄壁部分产生冷隔、浇不足等缺陷,如图2-22所示。

　　(4)对于容易产生缩孔的铸件,应使厚壁的部分放在铸型的上部或侧面　这是为了有利于安置冒口,以利于补缩。如图2-23所示,进行铸钢卷扬筒浇注时厚端放在上部是合理的;反之,厚端放在下部,则难以补缩。

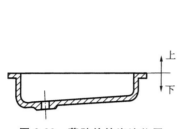

图 2-22 薄壁件的浇注位置

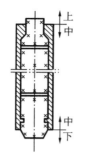

图 2-23 卷扬筒的浇注位置

2. 铸型分型面的选择原则

铸型分型面的选择正确与否是铸造工艺是否合理的关键。如果选择不当,不仅影响铸件质量,而且还会使制模、造型、造芯、合箱或清理等工序复杂化,甚至还会增大切削加工的工作量。因此,分型面的选择应在保证铸件质量的前提下,尽量简化工艺,节省人力、物力。分型面的选择原则如下。

(1) 应使铸造工艺简化 例如尽量使分型面平直、数量少,避免不必要的活块和型芯等。图 2-24 所示为一起重臂铸件,图中所示分型面为一平面,故可采用简便的分模造型。如果采用图(a)所示的弯曲分型面,则需采用挖砂或假箱造型。显然,在大批量生产中应尽量采用图(b)所示的分型面,这不仅便于造型操作,且模样的制造费用低。但在单件小批生产中,由于整体模样坚固耐用、造价低,故也采用弯曲分型面。

(a)   (b)

图 2-24 起重臂的分型图

另外,还应尽量使铸型只有一个分型面,以便采用工艺简便的两箱造型。同时,多一个分型面,铸型就增加一些误差,降低铸件的精度。图 2-25 所示为三通铸件,其内腔必须采用一个"T"字型芯来形成,但不同的分型方案,其分型面数量不同。当中心线 ab 呈垂直时(见图 2-25(b)),铸型必须有三个分型面才能取出模样,即用四箱造型。当中心线 cd 处于垂直位置时(见图 2-25(c)),铸型有两个分型面,必须采用三箱造型。当中心线 ab 与 cd 都处于水平位置时(见图 2-25(d)),铸型只有一个分型面,采用两箱造型即可。显然,后者是合理的方案。

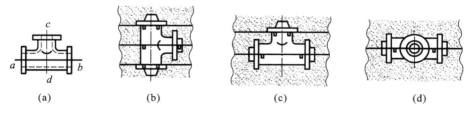

(a)   (b)   (c)   (d)

图 2-25 三通件的分型方案

(2) 应尽量使铸件全部或大部分置于同一砂箱,以保证铸件的精度 图 2-26 所示为一床身铸件,其顶部平面为加工基准面。图中方案 a 在妨碍起模的凸台处增加了外部型芯,因采用整模造型使加工面和基准面在同一砂箱内,铸件精度高,是大批量生产时的合理方案。若采用方案 b,铸件若产生错型将影响铸件精度,但在单件、小批生产条件下,铸件的尺寸偏差在一定范围内可用画线来矫正,故在相应条件下方案 b 仍可采用。

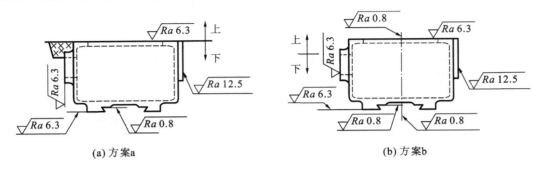

(a) 方案a　　　　　　　　　　　　　　　　(b) 方案b

图 2-26　床身铸件

　　(3) 应尽量使型腔及主要型芯位于下箱　　以便于造型、下芯、合箱和检验铸件的厚壁。型腔不宜过深,并尽量避免使用吊芯和大的吊砂。图 2-27 所示为一机床立柱的两个分型方案。可以看出,方案 a 的型腔大部分及型芯位于下箱,这样,便可减少上箱高度,故较为合理。

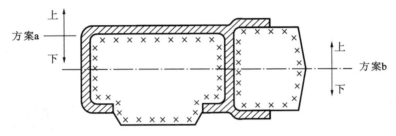

图 2-27　机床立柱

　　上述诸原则对于具体铸件来说难以全面满足,有时甚至互相矛盾。因此,必须抓住主要矛盾、全面考虑,至于次要矛盾,则应从工艺措施上设法解决。例如,质量要求很高的铸件(如机床床身、立柱等),应在满足浇注位置要求的前提下考虑造型工艺的简化。对于没有特殊质量要求的一般铸件,则以简化工艺、提高经济效益为主要依据,不必过多地考虑铸件的浇注位置。对于机床立柱、曲轴等圆周面质量要求很高、又需沿轴线分型的铸件,在批量生产中有时采用"平做立浇"法,此时,采用专用砂箱,先按轴线分型来造型,下芯、合箱之后,再将铸型翻转90°,竖立后进行浇注。

　　3. 工艺参数的选择原则

　　为了绘制铸造工艺图,在铸造工艺方案确定之后,还必须选定铸件的机械加工余量、起模斜度、收缩率、型芯头尺寸等工艺参数。

　　(1) 机械加工余量和最小铸出孔　　在铸件上为切削加工而加大的尺寸称为机械加工余量。加工余量必须认真选取,余量过大,切削加工费工,且浪费金属材料;余量过小,制品会因残留黑皮而报废,或者因铸件表层过硬而加速刀具磨损。

　　机械加工余量的具体数值取决于铸件的生产批量、合金的种类、铸件的大小、加工面与基准面的距离及加工面在浇注时的位置等。大量生产时,因采用机器造型,铸件精度高,故余量可减少;铸钢件因表面粗糙,余量应加大;非铁合金铸件价格昂贵,且表面光洁,所以余量应比铸铁小。铸件的尺寸越大或加工面与基准面的距离越大,铸件的尺寸误差越大,故余量也应随之加大。表 2-1 列出了灰铸铁件的机械加工余量。

表 2-1 灰铸铁件的机械加工余量 单位:mm

铸件最大尺寸	浇注位置	加工面与基准面的距离					
		<50	50~120	120~260	260~500	500~800	800~1 250
<120	顶面低、侧面	3.5~4.5 2.5~3.5	4.0~4.5 3.0~3.5	—	—	—	—
120~260	顶面低、侧面	4.0~4.5 3.0~3.5	4.5~5.0 3.5~4.0	5.0~5.5 4.0~4.5	—	—	—
260~500	顶面低、侧面	4.5~6.0 3.5~4.5	5.0~6.0 4.0~4.5	6.0~7.0 4.5~5.0	6.5~7.0 5.0~6.0	—	—
500~800	顶面低、侧面	5.0~7.0 4.0~5.0	6.0~7.0 4.5~5.0	6.5~7.0 4.5~5.5	7.0~8.0 5.0~6.0	7.5~9.0 6.5~7.0	—
800~1 250	顶面低、侧面	6.0~7.0 4.0~5.5	6.5~7.5 5.0~5.5	7.0~8.0 5.0~6.0	7.5~8.0 5.5~6.0	8.0~9.0 5.5~7.0	8.5~10.0 6.5~7.5

注:加工余量数值中下限用于大批大量生产,上限用于单件小批生产。

铸件的孔槽是否铸出,不仅取决于工艺上的可能性,还必须考虑其必要性。一般来说,较大的孔、槽,无论大小均应铸出。

(2)起模斜度 为了使模样(或型芯)便于从砂型(或芯盒)中取出,凡垂直于分型面的立壁在制造模样时,必须留出一定的倾斜度(见图 2-28),此倾斜度称为起模斜度。

起模斜度的大小取决于立壁的高度、造型方法、模样材料等因素,通常为 $15'\sim3°$,立壁越高,斜度越小;机器造型的斜度应比手工造型的小,而木模的斜度则应比金属模的大。为使型砂便于从模样内腔取出以形成自带型芯,内壁的起模斜度应比外壁的大,通常为 $3°\sim10°$。

(3)收缩率 由于合金的线收缩率较大,铸件冷却后的尺寸将比型腔尺寸略为缩小;为保证铸件应有的尺寸,模样尺寸必须比铸件放大一个该合金的收缩量。

在铸件冷却过程中,其线收缩率不仅受到铸型和型芯的机械阻碍,同时,还受到铸件各部分之间的互相制约。因此,铸件的实际收缩率除随合金的种类而异外,还与铸件的形状、尺寸有关。通常,灰铸铁的收缩率为 $0.7\%\sim1.0\%$,铸钢的收缩率为 $1.3\%\sim2.0\%$,铝硅合金的收缩率为 $0.8\%\sim1.2\%$。

(4)型芯头 型芯头的形状和尺寸对型芯装配的工艺和稳定性有很大影响。垂直型芯一般都有上、下芯头(见图 2-29(a)),但短而粗的型芯也可省去上芯头。芯头必须留有一定的斜度 α。下芯头的斜度应小一些($5°\sim10°$),上芯头的斜度为便于合箱应大一些($6°\sim15°$)。水平芯头(见图 2-29(b))的长度取决于型芯头直径及型芯的长度。悬臂型芯头必须加长,以防合箱时型芯下垂或被金属液抬起。型芯头与铸型型芯座之间应有 $1\sim4$ mm 的间隙(S),以便于铸型的装配。

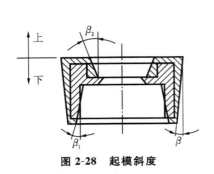

图 2-28　起模斜度

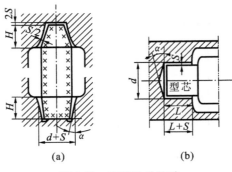

图 2-29　型芯头的构造

2.2.2　铸件的结构工艺性及缺陷

1. 铸件的结构工艺性

1）合金铸造性能对铸件结构的要求

（1）铸件的壁厚应合理　铸件的壁厚越大，金属液流动时的阻力就越小，而且保持液态的时间也越长，因此有利于金属液充满型腔。但是，随着壁厚的增加，金属液的冷却速度变小，铸件芯部容易得到粗大的晶粒，这又会降低铸造合金的力学性能。而铸件壁厚减小时，有利于得到细小的晶粒，提高铸件的力学性能。但是，如果铸件的壁厚过小，则会因为金属液冷却过快而使其流动性变坏，很容易在铸件上出现冷隔和浇不到等缺陷。

　　一般来说，铸件的壁厚应当首先保证合金流动性的要求，然后再考虑尽量不使铸件的壁厚过大。铸造合金能充满铸型的最小厚度，称为铸造合金的最小壁厚。生产中常用的铸造合金的最小壁厚数值列于表 2-2 中。

表 2-2　砂型铸造合金的最小壁厚　　　　　　　　　　　　　　　　单位：mm

合金种类	铸件轮廓的最小壁厚			
	$<(200 \times 200)$	$(200 \times 200) \sim (400 \times 400)$	$(400 \times 400) \sim (800 \times 800)$	$>(800 \times 800)$
灰铸铁	3～4	4～5	5～6	6～12
孕育铸铁	5～6	6～8	8～10	10～20
球墨铸铁	3～4	4～8	8～10	10～12
可锻铸铁	3～5	4～6	5～7	—
碳钢	5	6	8	12～20
铝合金	3～5	5～6	6～8	8～12
锡青铜	3～5	5～7	7～8	—
黄铜	≥6	≥8	—	—

　　（2）铸件各处壁厚应力求均匀　铸件各处的壁厚如果相差太大，必然会在壁厚处产生冷却较慢的热节，热节处则容易形成缩孔、缩松、晶粒粗大等缺陷。同时，由于不同壁厚的冷却速度不一样，因而会在厚壁和薄壁之间产生热应力，就有可能导致产生热裂纹。如图 2-30（a）所示的上、下两种铸件结构是壁厚设计不合理的例子，图 2-30（b）所示的则是改进后的铸件结构。

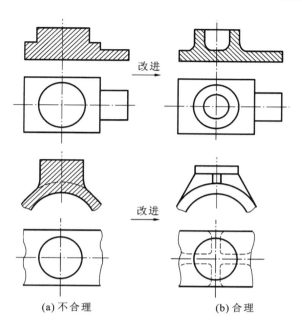

图 2-30　壁厚设计举例

（3）壁间连接要合理　壁间连接应注意以下三点。

① 要有结构圆角。在铸件的转弯处如果是直角连接,则在此处不仅会形成热节,容易产生缩孔和结晶脆弱区,又因产生应力集中所容易导致的结晶脆弱区产生裂纹,如图 2-31 所示。

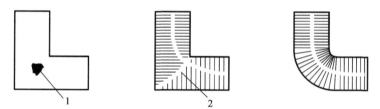

图 2-31　圆角和尖角对铸件质量的影响

1—缩孔;2—脆弱区

② 壁的厚薄交界处应合理过渡。铸件各处的壁厚很难做到完全一致,此时应注意避免厚壁与薄壁连接处的突变,而应当使其逐渐地过渡。

③ 壁间连接应避免交叉和锐角。两个以上铸件壁相连接处往往会形成热节,如果能避免交叉结构和锐角相交,则可防止缩孔缺陷。图 2-32 所示为几种连接结构的对比。

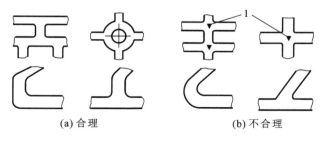

图 2-32　壁间连接结构

1—缩孔

（4）在铸件的厚壁处考虑补缩方便　　当铸件中必须有厚壁部分时，为了不使厚壁部分产生缩孔，铸件的结构应具备顺序凝固和补缩条件。如图 2-33（a）所示的两种铸件，由于上部壁厚小于下部壁厚，上部比下部凝固快，因而堵塞了自上而下的补缩通道，厚壁处就容易产生缩孔。若改为如图 2-33（b）所示的结构，则铸件可由冒口进行补缩。

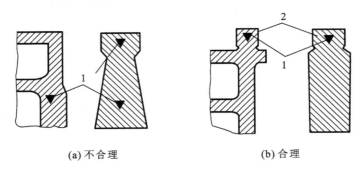

(a) 不合理　　　　　　　　　　　　(b) 合理

图 2-33　考虑补缩的铸件结构

1—缩孔；2—冒口

（5）铸件应尽量避免大的水平面　　铸件上大的水平面不利于金属液的充填，同时，平面上方也易掉砂而使铸件产生夹砂等缺陷。图 2-34 所示为铸件结构的对比方案。

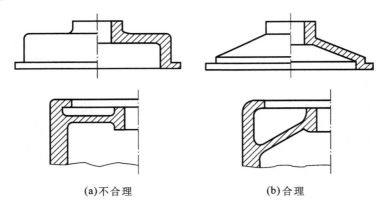

(a) 不合理　　　　　　　　　　　(b) 合理

图 2-34　铸件结构

（6）避免铸件收缩时受阻　　在铸件最后收缩的部分，如果不能自由收缩，则此处会产生应力。由于高温下的合金抗拉强度很低，因此，铸件容易产生热裂缺陷。如图 2-35 所示的轮子，当其轮辐为直线和偶数时，就很容易在轮辐处产生裂纹。如果将轮辐设计成奇数且呈现弯曲状时，由于收缩时的应力可以借助于轮辐的变形而有所减小，从而可避免热裂。

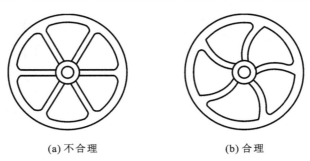

(a) 不合理　　　　　　　　　　　(b) 合理

图 2-35　轮辐的设计

（7）尽量避免壁上开孔降低其承载能力 铸件壁上开孔，往往会造成应力集中，降低承载能力。在不得已的情况下，为了增强壁上开孔处的承载能力，一般均在开孔处设置凸台，如图2-36所示。

(a) 不合理   (b) 合理

图 2-36 增强开孔处的承载能力的凸台

平板类和细长形铸件，往往会因冷却不均匀而产生翘曲或弯曲变形。如图2-37(a)所示的三种铸件就容易发生变形。在平板上增加比板厚尺寸小的加强肋，或者改不对称结构为对称结构，均可有效地防止铸件变形，如图2-37(b)所示。

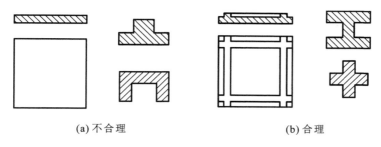

(a) 不合理   (b) 合理

图 2-37 防止变形的铸件结构

2）铸造工艺对铸件结构的要求

（1）简化铸件结构，减少分型面 造型工作量约占砂型铸造总工作量的三分之一，因此，减少造型工作量是提高铸造生产效率的重要措施。分型面少，可以减少砂箱使用量和造型工时，也可减少因错型、偏芯而引起的铸造缺陷。如图2-38(a)所示的铸件，因有两个分型面，必须采用三箱造型方法生产，生产效率低，而且易产生错型缺陷。在不影响使用性能的前提下，改为如图2-38(b)所示的结构后，只有一个分型面，可采用两箱造型的方案。

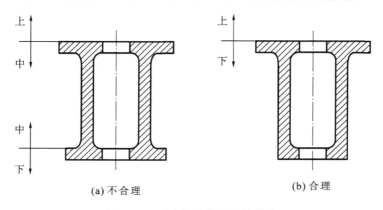

(a) 不合理   (b) 合理

图 2-38 减少铸件分型面的结构

（2）尽量采用平直的分型面 如图2-39(a)所示，铸型的分型面若不平直，造型时必须采用挖砂造型或假箱造型，而这两种造型方法的生产效率是较低的。如果把铸件结构改为如图2-39(b)所示的结构，分型面就位于铸件端面上，而且是一个平面，这就简化了造型操作过程，从而提高了生产效率。

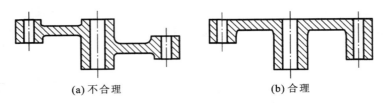

图 2-39　使分型面平直的铸件结构

（3）尽量少用或不用型芯　减少型芯或不用型芯,既可节省造芯材料和烘干型芯的费用,也可减少造芯、下芯等操作过程。为此,应使铸型型腔尽量利用自然形成的砂垛(上型称吊砂,下型称自带型芯)来得到。如图 2-40(a)所示的铸件,因内腔出口处尺寸较小,必须用型芯才能铸出。若将内腔形状改为如图 2-40(b)所示的结构后,则可用自带型芯法构成铸件的内腔。

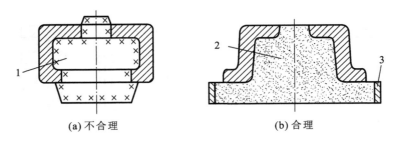

图 2-40　减少型芯的铸件结构

1—型芯;2—砂垛;3—下砂箱

（4）尽量不用或少用活块　如图 2-43(a)所示,铸件侧壁上如果有凸台,可采用活块造型。但是,活块造型法的造型工作量较大,而且操作难度也大。如果把离分型面不远的凸台延伸到便于起模的地方,如图 2-41(b)所示,即可免去或减少起活块的操作。

（5）垂直壁应考虑结构斜度　垂直于分型面的非加工表面,若具有一定的结构斜度,则不但便于起模,而且也因模样不需要较大的松动而提高了铸件的尺寸精度。图 2-42 所示为考虑到铸件结构斜度的实例。

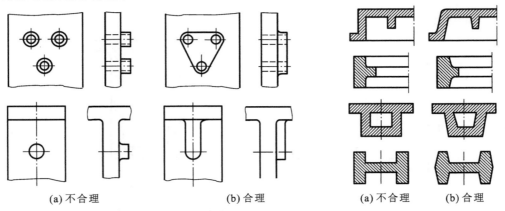

图 2-41　避免取活块的铸件结构　　　　**图 2-42　考虑结构斜度的铸件结构**

（6）型芯的设置要稳固并有利于排气与清理　型芯在铸型中只有固定牢靠才能避免偏芯;只有出气孔道通畅才能避免产生气孔;只有清理时出砂方便,才能减少清理工时。图 2-43(a)所示的铸件有两个型芯,其中 2# 型芯处于悬臂状。为了使型芯稳固,必须在下芯时使用芯撑。但是,芯撑常因表面氧化或铸件壁薄,而不能很好地与液态合金融合,致使铸件的气密性较差。又因 2# 型芯只靠一端排气,气体排出比较困难。另外,2# 型芯也不便于清理。若将铸件结构改为如图 2-43(b)所示的结构后,则型芯为一个整体,其稳定性得到保障,排气比较通畅,清理出砂也比较方便。

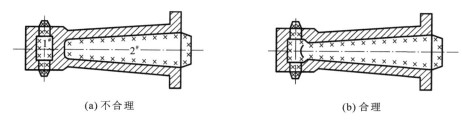

(a) 不合理   (b) 合理

图 2-43 便于型芯固定、排气和清理的铸造结构

2. 铸件缺陷的形成及预防

铸件的结构工艺性是指铸件结构在满足使用要求的前提下,能用生产率高、劳动量小、材料消耗少和成本低的方法进行制造的衡量指标。凡符合上述要求的铸件结构,则认为具有良好的铸件结构工艺性。良好的铸件结构应与相应合金的铸造性能及铸件的铸造工艺相统一。表 2-3 介绍了一些常见铸件缺陷及其预防措施。

表 2-3 常见铸件缺陷及其预防措施

序号	缺陷名称	缺 陷 特 征	预 防 措 施
1	气孔	在铸件内部、表面或近于表面处有大小不等的光滑孔眼,形状有圆的、长的及不规则的,有单个的,也有聚集成片的。颜色有白色或带一层暗色,有时覆盖一层氧化皮	降低熔炼时液态金属的吸气量,减少砂型在浇注过程中的发气量;改进铸件结构,提高砂型和型芯的透气性,使型内气体能顺利排出
2	缩孔	在铸件厚断面内部、两交界面的内部及厚断面和薄断面交界处的内部或表面,形状不规则,孔内粗糙,晶粒粗大	壁厚小且均匀的铸件要采用同时凝固的顺序凝固,壁厚大且不均匀的铸件采用由薄向厚的顺序凝固,合理放置冒口和冷铁
3	缩松	在铸件内部微小而不连贯的缩孔,聚集在一处或多处,晶粒粗大,各晶粒间存在很小的孔眼,水压试验时渗水	壁间连接处尽量减小热节,尽量降低浇注温度和浇注速度
4	渣气孔	在铸件内部或表面形状不规则的孔眼;孔眼不光滑,里面全部或部分充塞着熔渣	提高铁液温度,降低熔渣黏性,提高浇注系统的挡渣能力,增大铸件内圆角
5	砂眼	在铸件内部或表面有充塞着型砂的孔眼	严格控制型砂性能和造型操作,合型前注意打扫型腔
6	热裂	在铸件上有穿透或不穿透的裂纹(主要是弯曲的),开裂处金属表皮氧化	严格控制铁液中的硫、磷含量,铸件壁厚尽量均匀,提高型砂和芯砂的退让性,浇冒口不应阻碍铸件收缩,避免壁厚的突然改变
7	冷裂	在铸件上有穿透或不穿透的裂纹(主要是直的),开裂处金属表皮未氧化	

序号	缺陷名称	缺 陷 特 征	预 防 措 施
8	黏砂	在铸件表面上,全部或部分覆盖着一层金属(或金属氧化物)与砂(或涂料)的混(化)合物或一层烧结的型砂	减少砂粒间隙,适当降低金属的浇烧温度,提高型砂、芯砂的耐火度
9	夹砂	在铸件表面上,有一层金属瘤状物或片状物,在金属瘤片和铸件之间夹有一层型砂	严格控制型砂、芯砂性能;改善浇注系统,使金属液流动平稳;大平面铸件要倾斜浇注
10	冷隔	在铸件上有一种未完全融合的缝隙或洼坑,其交界边缘是圆滑的	提高浇注温度和浇注速度,改善浇注系统,浇注时不断流
11	浇不足	由于金属液未完全充满型腔而产生的铸件缺肉	提高浇注温度和浇注速度,不要断流;防止热度不够

2.2.3 挖砂造型及浇注的技能操作任务实施

1. 挖砂造型(手轮)操作

(1) 先将模样(手轮)放在地板上,套上砂箱,填砂、舂紧、刮平,造出下型。

(2) 将下型翻转,挖修分型面,挖出阻碍起模的型砂;为便于起模,挖修的分型面必须在模样的最大截面处;将分型面压光,撒分型砂,放置浇口管,套上砂箱,再填砂刮平,扎出通气孔,取下浇口管。

(3) 开箱、起模、挖浇道、合箱。挖砂造型的过程如图 2-44 所示。

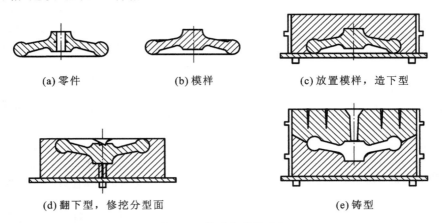

(a) 零件 (b) 模样 (c) 放置模样,造下型

(d) 翻下型,修挖分型面 (e) 铸型

图 2-44 挖砂造型的过程

2. 用石蜡进行模拟浇注

(1) 将石蜡熔化后浇入型腔。

(2) 待石蜡冷却后模拟进行落砂清理,制作出一石蜡"手轮"铸件。

3. 铸造缺陷的识别与防止措施

缺陷铸件和正常铸件对比,主要原因分析如表 2-4 所示。

表 2-4　铸件缺陷分析与防止

缺陷名称	缺陷特征	产生的主要原因	防止措施
气孔	气孔　补缩冒口 在铸件内部或表面有大小不等的光滑孔洞	1. 型砂含水过多,透气性差; 2. 起模和修型时刷水过多; 3. 砂芯烘干不良或砂芯通气孔堵塞; 4. 浇注温度过低或浇注速度太快等	1. 控制型砂水分,提高透气性; 2. 造型时应注意不要舂砂过紧; 3. 适当提高浇注温度; 4. 扎出气孔,设置出气冒口
缩孔	缩孔　补缩冒口 缩孔多分布在铸件厚断面处,形状不规则,孔内粗糙	1. 铸件结构不合理,如壁厚相差过大,造成局部金属积聚; 2. 浇注系统和冒口的位置不对,或冒口过小; 3. 浇注温度太高,或金属化学成分不合格,收缩过大	1. 合理设计铸件结构,使壁厚尽量均匀; 2. 适当降低浇注温度,采用合理的浇注速度; 3. 合理设计、布置冒口,提高冒口的补缩能力
砂眼	砂眼 在铸件内部或表面有充塞砂粒的孔眼	1. 型砂和芯砂的强度不够; 2. 砂型和砂芯的紧实度不够; 3. 合箱时铸型局部损坏; 4. 浇注系统不合理,冲坏了铸型	1. 提高造型材料的强度; 2. 适当提高砂型的紧实度; 3. 合理开设浇注系统

【知识链接】

与型砂铸造不同的其他铸造方法称为特种铸造。随着铸造技术的发展,特种铸造在铸造生产中占有相当重要的地位。在特定条件下,特种铸造能提高铸件尺寸精度,降低表面粗糙度,提高力学性能,提高生产率,改善工作条件等。常用的特种铸造方法有金属型铸造、压力铸造、离心铸造、熔模铸造、低压铸造、陶瓷型铸造、连续铸造和挤压铸造等。

(1)金属型铸造　金属型铸造是指在重力作用下将金属液浇入金属型获得铸件的方法。图 2-45 所示为垂直分型式金属型。

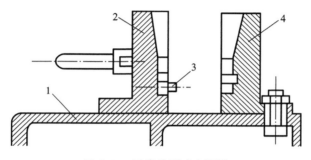

图 2-45　垂直分型式金属型
1—底座;2—活动半型;3—定位销;4—固定半型

　　与砂型铸造相比较,金属型铸造的主要优点是:一个金属型可浇注几百次至几万次,节省了造型材料和造型工时,提高了生产率,改善了劳动条件,所得铸件尺寸精度较高。另外,由于金属型导热快,铸件晶粒细,因此其力学性能也较高。但金属型铸造周期较长,费用较高,故不适于单件、小批生产。同时,由于铸型冷却快,铸型形状不应太复杂,壁不宜太薄;否则,易产生浇不足、冷隔等缺陷。目前,金属型铸造主要用于有色金属铸件,如内燃机活塞、汽缸体、汽缸盖、轴瓦、衬套等的大批生产。

　　(2) 压力铸造　压力铸造是将金属液在高压下高速充填金属型腔,并在压力下凝固成铸件的铸造方法。常用压力铸造的压力为 5~70 MPa,充型速度为 5~100 m/s。压力铸造在压铸机上进行,图 2-46 所示为卧式冷压室压铸机工作原理图。

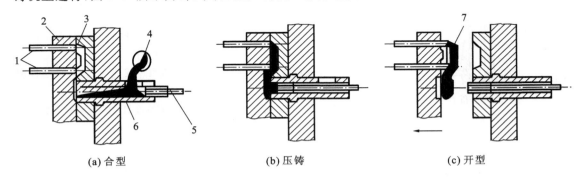

| (a) 合型 | (b) 压铸 | (c) 开型 |

图 2-46　卧式冷压室压铸机工作原理图

1—顶杆;2—活动半型;3—固定半型;4—金属液;5—压射冲头;6—压射室;7—铸件

　　压力铸造是在高压高速下注入金属液的,故可得到形状复杂的薄壁件,而且压力铸造的生产率高。由于压力铸造保留了金属型铸造的一些特点,合金有时是在压力下结晶的,所以铸件晶粒细,组织致密,强度较高。但是,铸件易产生气孔与缩松,而且设备投资较大,压铸型制造费用较高,因此,压力铸造适用于大批生产壁薄的有色合金中小型铸件。

　　(3) 离心铸造　离心铸造是将金属液浇入水平或倾斜立轴旋转着的铸型中,并在离心力的作用下凝固成铸件的铸造方法。离心铸造的铸型可以是金属型,也可以是砂型。铸型在离心铸造机上根据需要可以绕垂直轴旋转,也可绕水平轴旋转,如图 2-47 所示。

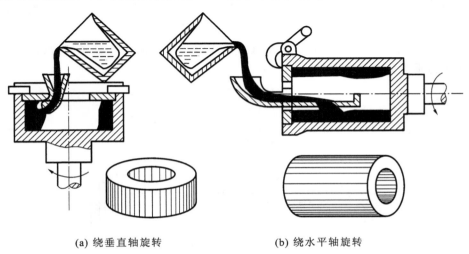

| (a) 绕垂直轴旋转 | (b) 绕水平轴旋转 |

图 2-47　离心铸造示意图

　　由于离心力的作用,金属液中质量轻的气体、熔渣都集中于铸件的内表面,并使金属呈定向性结晶,因而铸件组织致密,力学性能较好,但其内表面质量较差,因此应增加内孔的加工余量。离心铸造可以省去型芯,可以不设浇注系统,因此,减少了金属液的消耗量。离心铸造主要用于生产圆形中空铸件,如各种管子、套缸、轴套、圆环等。

　　(4) 熔模铸造　　熔模铸造用易熔材料(如蜡料)制成模样,在模样上包覆若干层耐火涂料,制成型壳,熔出模样后经高温焙烧即可浇注的铸造方法,称为熔模铸造。熔模铸造的工艺过程如图 2-48 所示。

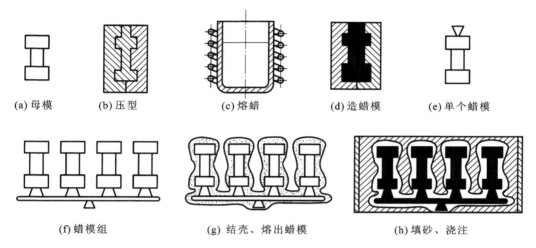

(a) 母模　　(b) 压型　　　(c) 熔蜡　　　(d) 造蜡模　　(e) 单个蜡模

(f) 蜡模组　　　　　(g) 结壳、熔出蜡模　　　　　(h) 填砂、浇注

图 2-48　熔模铸造的工艺过程

　　如图 2-48 所示的母模是用钢或铜合金制成的标准模样,用来制造压型。压型是用来制造蜡模的特殊铸型。将配成的蜡模材料(常用的是 50％石蜡和 50％硬脂酸)熔化挤入压型中,即得到单个蜡模。再把许多蜡模黏合在蜡质浇注系统上,称为蜡模组。蜡模组浸入水玻璃与石英粉配置的涂料中,取出后再撒上石英砂并在氯化铵溶液中硬化,重复数次直到结成厚度达 5 ～10 mm 的硬壳为止。接着将它放入 85 ℃左右的热水中,使蜡模熔化并流出,从而形成铸型型腔,该过程如图 2-48(a)～(g)所示。为了提高铸型强度及排除残蜡和水分,最后还需将其放入 850 ～950 ℃的炉内焙烧,然后将铸型放在砂箱内,周围填砂,即可进行浇注。

　　熔模铸造的特点是:铸型是一个整体,无分型面,故可以制作出各种形状复杂的小型零件(如汽轮机叶片、刀具等);尺寸精确,表面光洁,可达到少切削或无切削加工。熔模铸造工艺过程复杂,生产周期长,铸件制造成本高。由于壳型强度不高,故熔模铸造不能制造尺寸较大的铸件。

　　铸造是机械生产中的重要环节之一,尽管铸造存在着一些缺点,而其优点却是明显的,故在工业生产中得到广泛应用。据统计,在金属切削机床中,铸件的质量占其总质量的 70％～80％;汽车拖拉机中,占其总质量 45％～70％;在一些重型机械中,占其总质量 85％以上。随着铸造技术的发展,铸件会越来越广泛地应用于现代生活的方方面面。

第3章　锻压实训

【学习目标】

（1）了解锻压生产过程、特点及应用。

（2）掌握坯料加热的目的和方法、加热炉的大致结构和操作、常见加热缺陷、碳钢的锻造温度范围以及锻件的冷却方法。

（3）能分析自由锻设备结构及作用，掌握自由锻基本工序的特点、操作方法及主要用途，以及典型零件的自由锻工艺过程。

（4）了解胎膜锻特点、锻模的结构、锻模的工艺过程及应用范围、锻压生产安全技术及简单经济分析。

（5）熟练掌握冲压设备的结构和工作原理。

【能力目标】

（1）熟练使用各种锻压的工具。

（2）针对锻造的缺陷，制定改进及预防方案。

（3）熟练掌握手锻的操作方法。

（4）掌握冲床的操作技能，分析冲压件的结构工艺合理性。

（5）能独立完成简单冲压件的制作，学会冲压的方法。

【内容概要】

对坯料施加外力，使其产生塑性变形，改变其尺寸、形状，用于制造机械零件或毛坯的成形方法称为锻压，它是锻造和冲压的总称。锻压的方法主要有自由锻、胎模锻、锤上模锻、冲压、轧制、挤压和拉拔等。

3.1　锻造工艺

根据锻造时作用力的来源不同，锻造可分为手工锻造和机器锻造两种。手工锻造是用手锻造工具，依靠人力在铁砧上进行的。这种简陋的生产方法，仅用于修理性质和小批量生产的场合。机器锻造是靠各种锻造设备提供作用力的锻造方法，它是现代锻造生产的主要形式。

（1）锻造工艺基础　机器锻造又可分为自由锻、胎模锻、锤上模锻等。无论采用手工锻、锤上自由锻，还是在其他锻压设备上进行自由锻，其工艺过程都是由一系列基本工序组成的。

（2）锻件的结构工艺性　锻件的结构工艺性是指所设计的以锻件为毛坯的零件，在满足使用需求的前提下，锻造成形的难易程度不同，锻造方法不同，对零件的结构工艺性的要求也不同。

（3）自由锻设备（空气锤）的结构及操作　空气锤是将电能转化为压缩空气的压力能来产生打击力的。空气锤的传动由电动机经过一级带轮减速，通过曲轴连杆机构，使活塞在压缩缸内作往返运动产生压缩空气，进入工作缸使锤杆做上下运动以完成各项工作。

3.1.1　锻造工艺基础

1. 机器锻造的分类

1）自由锻

只用简单的通用性工具，或在锻造设备上、下砧铁之间直接使坯料变形而获得所需的几何形状及内部质量的锻件，这种方法称为自由锻。自由锻的常用工序可分为拔长、镦粗、冲孔、弯曲、错移和扭转等。

（1）自由锻的基本工序　主要包括以下六项。

① 拔长。拔长是指使坯料横断面积减小、长度增加的锻造工序，常用于锻造轴类或轴心线较长的锻件。拔长的方法主要有以下两种。

在平砧上拔长。图 3-1（a）所示为在锻锤上、下平砧间拔长的示意图。高度为 H（或直径为 D）的坯料由右向左送进，每次送进量为 L。为了使锻件表面平整，L 应小于砧宽 B，一般 $L \leqslant 0.75B$。对于重要锻件，为了使整个坯料产生均匀的塑形变形，L/H（或 I/D）应在 0.4～0.8 范围内。

在心轴上拔长。图 3-1（b）所示为在心轴上拔长空心坯料的示意图。锻造时，先把心轴插入冲好孔的坯料中，然后当做实心坯料进行拔长。这种拔长方法可使空心坯料的长度增加、壁厚减小而内径不变，常用于锻造套筒类长空心锻件。

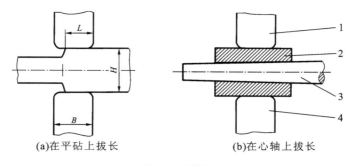

(a)在平砧上拔长　　　　　　　　(b)在心轴上拔长

图 3-1　拔长

1—上砧铁；2—坯料；3—心轴；4—下砧铁

② 镦粗。镦粗是指使毛坯高度减小、横断面积增大的锻造工序，常用于锻造齿轮坯、圆饼类锻件。镦粗主要有以下三种形式。

a. 完全镦粗。完全镦粗是将坯料竖直放在砧面上，如图 3-2（a）所示，在上砧铁的锤击下，使坯料产生高度减小、横截面积增大的塑性变形。

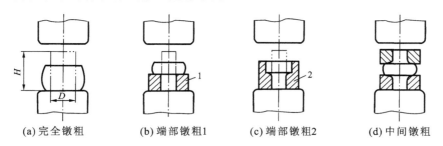

(a) 完全镦粗　　　(b) 端部镦粗1　　　(c) 端部镦粗2　　　(d) 中间镦粗

图 3-2　镦粗

1—漏盘；2—胎膜

b. 端部镦粗。端部镦粗是指将坯料加热后,一端放在漏盘或胎模内,限制这一部分的塑形变形,然后锤击坯料的另一端,使之镦粗成形。图 3-2(b)所示是用漏盘的镦粗方法,多用于小批量生产;图3-2(c)所示是用胎模镦粗的方法,多用于大批量生产。在单件生产条件下,可将需要镦粗的部分局部加热,或者全部加热后将不需要镦粗的部分在水中激冷,然后进行镦粗。

c. 中间镦粗。这种方法用于锻造中间截面大、两端截面小的锻件,如图 3-2(d)所示。坯料镦粗前,需先将坯料两端拔细,然后使坯料直立在两个漏盘中间进行锤击,使坯料中间部分镦粗。为了防止镦粗时坯料弯曲,坯料高度 H 与直径 D 之比 H/D 应小于等于 2.5。

③ 冲孔。冲孔是指利用冲头在镦粗后的坯料上冲出透孔或不透孔的锻造工序,常用于锻造杆类、齿轮坯、环套类等空心锻件。冲孔的方法主要由以下两种。

a. 双面冲孔法。用冲头在坯料上冲至 $2/3 \sim 3/4$ 深度时,取出冲头,翻转坯料,再用冲头从反面对准位置,冲出孔来。双面冲孔的过程如图 3-3 所示。

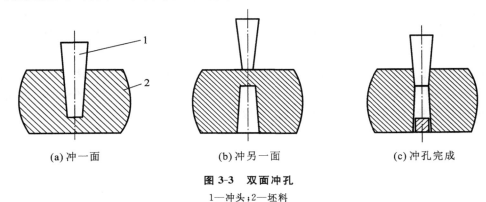

(a) 冲一面　　　　　　(b) 冲另一面　　　　　　(c) 冲孔完成

图 3-3　双面冲孔

1—冲头;2—坯料

b. 单面冲孔法。厚度小的坯料可采用单面冲孔法。冲孔时,坯料置于垫环上,将一个略带锥度的冲头大端对准冲孔位置,用锤击方法打入坯料,直至孔穿透为止,如图 3-4 所示。

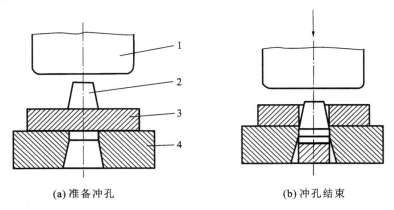

(a) 准备冲孔　　　　　　　　　　(b) 冲孔结束

图 3-4　单面冲孔

1—上砧铁;2—冲头;3—坯料;4—垫环

④ 弯曲。弯曲是指采用一定的模具将毛坯弯成所规定的外形的锻造工序,常用于锻造角尺、弯板、吊钩等轴线弯曲的锻件。弯曲方法主要有以下两种。

a. 锻锤压紧弯曲法,即坯料的一端被上、下砧铁压紧,用大锤打击或用吊车拉另一端,使其弯曲成形,如图 3-5 所示。

b. 用垫模弯曲法,即在垫模中弯曲毛坯,能得到形状和尺寸较准确的小型锻件,如图 3-6 所示。

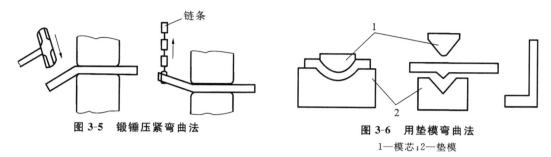

图 3-5　锻锤压紧弯曲法　　　　图 3-6　用垫模弯曲法

1—模芯；2—垫模

⑤ 错移。错移是指将坯料的一部分相对另一部分平行错开一段距离的锻造工序，如图 3-7 所示，常用于锻造曲轴类零件。错移时，先对坯料进行局部切割，然后在切口两侧分别施加大小相等、方向相反且垂直于轴线的冲击力或压力，使坯料实现错移。

⑥ 扭转。扭转是指将坯料的一部分相对于另一部分绕其轴线旋转一定角度的锻造工序。常用于锻造多拐曲轴、麻花钻和校正某些锻件。小型坯料扭转角度不大时，可用锤击方法，如图 3-8 所示。

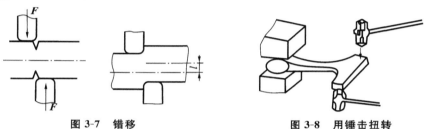

图 3-7　错移　　　　　　　图 3-8　用锤击扭转

（2）自由锻的生产特点和应用　自由锻时，坯料只有部分与上、下砧铁接触而产生塑性变形，其余部分则为自由表面，所以要求锻造设备的吨位比较小。自由锻的工艺灵活性较大，更改锻件品种时，生产准备的时间较短。自由锻的生产率低，锻件精度不高，不能锻造形状复杂的锻件。自由锻主要在单件小批生产条件下采用。

需要注意的是，自由锻是大型锻件的主要生产方法。这是因为自由锻可以击碎钢锭中粗大的铸造组织，锻合钢锭内部气孔、缩松等空洞，并使流线状组织沿锻件外形合理分布。这些对于改善大型锻件的内部组织，提高其力学性能都具有重要意义。

2）胎模锻

胎模锻是指在自由锻设备上使用可移动模具（胎模）生产模锻件的一种锻造方法。胎模并不固定在锤头或砧座上，只是在使用时才放上去。在生产中小型锻件时，广泛采用自由锻制坯、胎模锻成形的工艺方法。

胎模锻工艺比较灵活，胎模的种类也比较多，因此了解胎模的结构和成形特点是掌握胎模锻工艺的关键。

（1）胎模的种类　根据胎模的结构特点，胎模可以分为摔子、扣模、套模和合模四种。

① 摔子。摔子是用于锻造回转体或对称锻件的一种简单胎模，它有整形和制坯之分。图 3-9 所示是锻造圆形断面时用的光摔和锻造阶梯轴时用的型摔结构简图。

② 扣模。扣模是相当于锤锻模成形模膛作用的胎模，多用于简单非回转体轴类锻件局部或整体的成形。扣模一般由上、下扣组成（见图 3-10（a）），或者只有下扣而上扣由上砧铁代替（见图 3-10（b））。在扣模中锻造时，坯料不翻转。扣形后将坯料翻转 90°，再用上、下砧铁平整锻件的侧面。

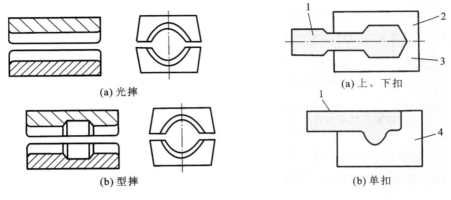

(a) 光摔

(b) 型摔

图 3-9　摔子简图

(a) 上、下扣

(b) 单扣

图 3-10　扣模简图

1—坯料;2—上扣;3—下扣;4—单扣

③ 套模。套模一般由套筒及上、下模垫组成,它有开式套模和闭式套模两种。最简单的开式套模只有下模(套模),上模由上砧铁代替,如图 3-11(a)所示。图 3-11(b)所示为有模垫的开式套模,其模垫的作用是使坯料的下端面成形。开式套模主要用于回转体锻件(如齿轮、法兰盘等)的成形。闭式套模是由模套和上、下模垫组成的,也可只有上模垫,如图 3-12 所示。它与开式套模的不同之处在于上砧铁的打击力是通过上模垫作用于坯料上的,坯料在模膛内成形,一般不产生飞边或毛刺。闭式套模主要用于凸台和凹坑的回转体锻件,也可用于非回转体锻件。

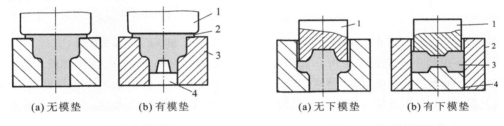

(a) 无模垫　　　(b) 有模垫

图 3-11　开式套模简图

1—上砧铁;2—飞边;3—套模;4—模垫

(a) 无下模垫　　　(b) 有下模垫

图 3-12　闭式套模简图

1—上模垫;2—模套;3—坯料;4—下模垫

④ 合模。合模由上模、下模和导向装置组成,如图 3-13 所示。在上、下模的分模面上,环绕模膛开有飞边槽,锻造时多余的金属被挤入飞边槽中。锻件成形后须将飞边切除。合模锻多用于非回转体类且形状比较复杂的锻件,如连杆、叉形锻件等。

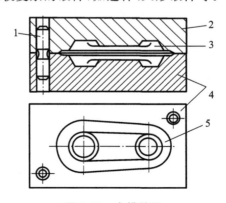

图 3-13　合模简图

1—导销;2—上模;3—锻件;4—下模;5—飞边槽

与前述几种胎模锻相比,合模锻生产的锻件的精度和生产率都比较高,但是模具制造也比较复杂,所需锻锤的吨位也比较大。

（2）胎模锻的特点和应用　胎模锻与自由模锻相比有如下优点。

① 由于坯料在模膛内成形,锻件尺寸比较精确,表面比较光洁,流线组织的分布比较合理,因此质量较高。

② 由于锻件形状由模膛控制,因此坯料成形较快,生产率高出自由锻 1～5 倍。

③ 胎模锻能锻出形状比较复杂的锻件。

④ 锻件余块少,因而加工余量较少,既可节省金属材料,又能减少机械加工工时。

胎模锻也有一些缺点:需要吨位较大的锻锤;只能生产小型锻件;胎模的使用寿命较短;工作时一般要靠人力搬动胎膜,因而劳动强度较大。因此,通常胎模锻用于生产中小批量的锻件。

3）锤上模锻

锤上模锻简称模锻,是指在模锻锤上利用模具（锻模）使毛坯变形而获得锻件的锻造方法。

（1）模锻的种类　能使坯料成形而获得模锻件的工具称为锻模。锻模分单模膛锻模和多模膛锻模两类。

① 单模膛锻模。图 3-14 所示为单模膛锻模及模件在模锻锤上固定的简图。加热好的坯料直接放在下模的模膛内,然后上、下模在分模面上进行锻打,直至上、下模在分模面上近乎接触为止。切去锻件周围的飞边,即可得到所需要的锻件。

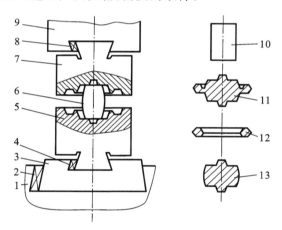

图 3-14　单模膛锻模及锻件成形过程

1—砧座;2,4,8—楔铁;3—模座;5—下模;6—坯料;7—上模;9—锤头;
10—坯料;11—带飞边的锻件;12—切下的飞边;13—成形锻件

② 多模膛锻模。形状复杂的锻件,必须经过几道预锻工序才能使坯料的形状接近锻件形状,最后才能在终锻模膛中成形。所谓多模膛锻模,就是在同一副锻模上,能够进行各种拔长、弯曲、镦粗等预锻工序和终锻工序。图 3-15 所示为弯曲轴线类锻件的锻模和锻件成形过程示意图,坯料 8 在延伸模膛 3 中被拔长,延伸坯料 9 在滚压模膛 4 中被滚压成非等截面坯料 10,坯料 10 在弯曲模膛 7 中产生弯曲,弯曲坯料 11 在预锻模膛 6 中初步成形,得到带有飞边的预锻坯料 12,最后经终锻模膛 5 锻造,得到带飞边的锻件 13,切掉飞边后即得到所需要的锻件。

（2）锤上模锻的特点和应用　锤上模锻与自由锻、胎模锻比较,有如下优点。

① 生产率高。

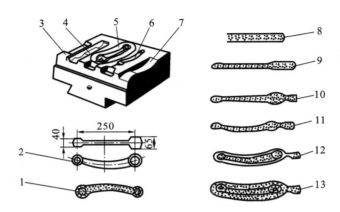

图 3-15　多模膛锻模及锻件成形过程

1—锻件；2—零件图；3—延伸模膛；4—液压模膛；5—终锻模膛；6—预锻模膛；7—弯曲模膛；
8—坯料；9—延伸坯料；10—滚压坯料；11—弯曲坯料；12—预锻坯料；13—带飞边的锻件

② 表面质量高，加工余量少，余块少甚至没有，尺寸准确（锻件公差比自由锻小 2/3～3/4）。可节省大量金属材料和机械加工工时。

③ 操作简单，劳动强度比自由锻和胎模锻都低。

锤上模锻的主要缺点是：模锻件的质量受到模锻设备能力的限制，大多在 70 kg 以下；锻模需要贵重的模具钢，加上模膛的加工比较困难，所以锻模的制造周期长、成本高；模锻设备的投资费用比自由锻大，锤上模锻一般用于大批量生产锻件。

2. 锻件缺陷的形成及预防

1）加热时产生的缺陷

（1）氧化　氧化是指金属坯料一般在加热时与炉中氧化性气体发生反应生成氧化物的现象，其结果是形成氧化皮。氧化不但会烧损材料，而且严重时危害锻件质量。加热温度越高、时间越长，氧化越严重。严格控制炉温、快速加热，向炉内送入还原气体（如 CO、H_2 等），采用真空中加热，这都是减少氧化的有力措施。表 3-1 所示为各类金属材料的锻造温度范围。

表 3-1　各类金属材料的锻造温度范围

钢 的 类 别	始锻温度/℃	终锻温度/℃
碳素结构钢	1 280	700
优质碳素结构钢	1 200	800
碳素工具钢	1 100	770
机械结构用合金钢	1 150～1 200	800～850
合金工具钢	1 050～1 150	800～850
不锈钢	1 150～1 180	825～850
耐热钢	1 100～1 150	850
高速钢	1 100～1 150	900～950
铜及铜合金	850～900	650～700
铝合金	450～480	380
钛合金	950～970	800～850

（2）脱碳　脱碳是指加热时坯料表层的碳与氧等介质发生化学反应造成表层碳的质量分数降低的现象。脱碳会使表层硬度降低，耐磨性下降。如脱碳层厚度小于机械加工余量，对锻件不会造成危害；反之，则会影响锻件质量。采用快速加热、在坯料表层涂保护涂料、在中性介质或还原性介质中加热都会减缓脱碳。图 3-16 所示为非合金钢的锻造温度范围，图 3-17 所示为合金元素含量与锻造温度范围的关系。

（3）过热　过热是指金属坯料加热温度超过始锻温度并在此温度下保持时间过长，从而引起晶粒迅速胀大的现象。过热会使坯料塑性下降，锻件的力学性能降低。严格控制加热温度，尽可能缩短高温阶段的保温时间可防止过热。

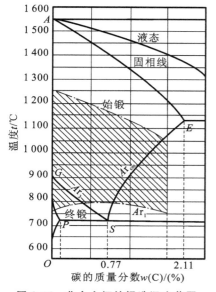

图 3-16　非合金钢的锻造温度范围

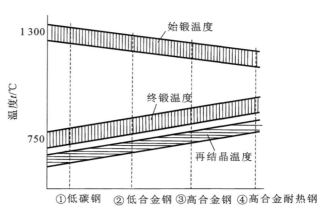

①低碳钢　②低合金钢　③高合金钢　④高合金耐热钢

图 3-17　合金元素含量与锻造温度范围的关系

（4）过烧　过烧是指坯料加热温度接近金属的固相线温度，并在此温度下长时间停留，金属晶粒边界出现氧化及形成易熔氧化物现象。过烧后，材料的强度严重降低，塑性很差，一经锻打即破碎成废料，是无法挽救的。因此，锻造过程中要严格防止出现过烧现象。

（5）裂纹　大型锻件加热时，如果炉温过高或加热速度过快，锻件心部与表层温度差过大，造成应力过大，从而导致内部产生裂纹的现象。因此，对于大型锻件的加热，要防止炉温过高和加热速度过快，一般应采取预热措施。

2）冷却时产生的缺陷

（1）外形翘曲　锻造过程中，冷却速度较快等因素会造成内应力过大，使锻件的轴心线产生弯曲，锻件即产生翘曲变形。锻件的一般翘曲变形是可以矫正过来的，但要增加一道修整工序。

（2）冷却裂纹　锻后快速冷却时应力增大，且金属坯料正从高塑性趋向低塑性，如果应力过大，会在锻件表面产生向内延伸的裂纹。深度较浅的裂纹是可以清除掉的，但若裂纹的深度超过加工余量，锻件便成为废品。

此外，不恰当的冷却还会导致锻件的表面硬化，给切削加工带来困难。除以上两种缺陷外，还会在锻造过程中产生一些缺陷。如胎模锻时由于合膜定位不准等原因，造成沿分模面的上半部相对于下半部的“错差”现象等。通过必要的质量检查和缺陷分析，就可以找到减少或防止锻件缺陷、提高锻件质量的途径。

3.1.2 锻件的结构工艺性

1. 自由锻件的结构工艺性需求

（1）锻件的形状应尽可能简单、对称、平直，这样才能适应自由锻时上、下都是平砧铁的设备特点。

（2）锻件上应避免有锥形和楔形面，如图 3-18 所示。

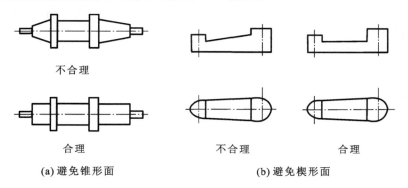

图 3-18　避免锥形面和楔形面的锻件结构

（3）避免圆柱面与圆柱面相交、圆柱面与棱柱面相交。因为这些表面的交接处是复杂的曲线，难以锻出，如图 3-19 所示。

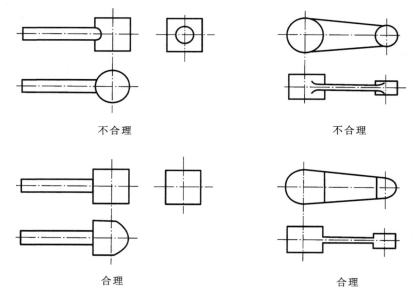

图 3-19　避免锻件上有复杂曲线的结构

（4）锻件上不能有加强肋。在铸件上用加强肋来提高零件的承载能力是正确的，用铸造方法生产带肋的铸件也不会有太大的困难。但是，在自由锻件上设加强肋显然是不合理的，因为在平砧铁上是不可能锻打出肋来的，合理的办法是增加零件的直径或壁厚，如图 3-20 所示。

（5）避免锻件上有凸台。因为凸台不可能用自由锻方法制造出来。图 3-21（a）所示为有 4 个凸台的法兰盘，若改为图 3-21（b）所示的鱼眼坑结构，则锻造出来是不会有太大困难的，因为这些鱼眼坑可以加上余块后再锻造。

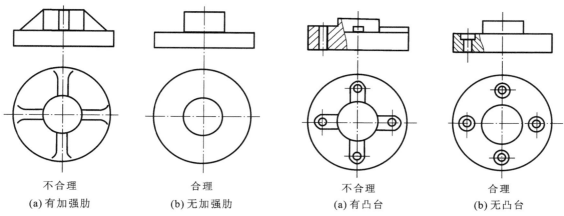

| (a) 有加强肋 | (b) 无加强肋 | (a) 有凸台 | (b) 无凸台 |

图 3-20　有无加强肋的锻件结构　　　图 3-21　改进小凸台结构的方法

（6）采用组装结构。对于断面尺寸相差很大的零件和形状比较复杂的零件，可以考虑将零件分成几个形状简单的部分分别锻造出来后，再用焊接或者螺纹连接的方法将它们连接成一个整体，如图 3-22 所示。

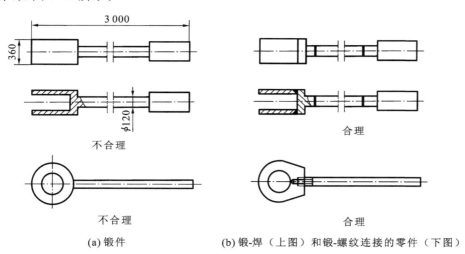

(a) 锻件　　　　　　　(b) 锻-焊（上图）和锻-螺纹连接的零件（下图）

图 3-22　锻-焊和锻-螺纹连接的结构

2. 胎模锻件和模锻件的结构工艺性要求

（1）零件的形状应力求简单、对称　如图 3-23(a)所示的零件，因有不对称的斜度，模锻时会产生侧向力而使锻模发生错移；若改为如图 3-23(b)所示的结构，则使模锻操作能够顺利进行。

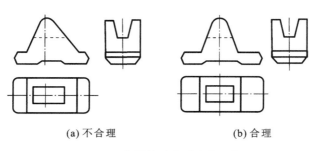

(a) 不合理　　　　　　　　(b) 合理

图 3-23　使零件形状对称的结构

（2）模锻件必须有一个合理的分模面，以保证锻件能从锻模中顺利取出来。

（3）模锻件上的非加工面若与锤击方向平行时，应当考虑有模锻斜度。

（4）为了使金属容易充满模膛，零件上应尽量避免相邻截面间尺寸相差过大，或者是有薄壁、高肋和凸起等结构。在图 3-24（a）中，宽度为 15 mm 的凸缘，既薄又高，很难锻出。图 3-24（b）所示为一扁薄形零件，特别是中间 8 mm 厚的部分，因锻造过程中冷却快，很难锻出所需要的厚度。

实践证明，零件上最小断面与最大断面之比大于 0.5 时，模锻时可保证有较高的生产效率和较低的废品率。

（5）对于形状过于复杂的零件，也可以考虑采用模锻-焊接的组合工艺生产毛坯。

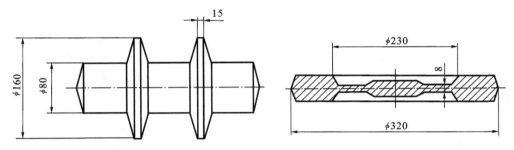

图 3-24　不利于模锻的凸缘和薄壁结构

（6）在零件结构允许的条件下，尽量避免零件上有深孔或多孔结构。如图 3-25 所示齿轮的辐板上有 4 个 ϕ20 mm 的孔，它们很难用锻造的方法制造出来。假如必须有这 4 个孔，则只有用机械加工的方法制作。

（7）尽量使零件不带有长而复杂的分枝或多向弯曲的结构。如图 3-26 所示的零件就不宜用模锻方法生产。

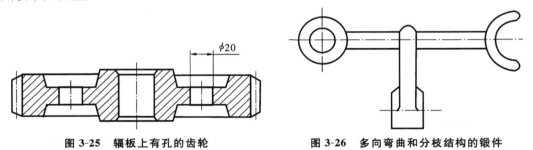

图 3-25　辐板上有孔的齿轮　　　　图 3-26　多向弯曲和分枝结构的锻件

3.1.3　自由锻设备的结构及操作任务实施

1. 自由锻设备结构及工作原理

空气锤由锤身（单柱式）、双缸（压缩缸和工作缸）、传动机构、操纵机构、落下部分和锤砧等几个部分组成，如图 3-27（a）所示。空气锤的工作原理如图 3-27（b）所示。

2. 设备操作步骤

操作空气锤的过程是：首先，接通电源，启动空气锤后通过手柄或脚踏杆操纵上、下旋阀，可使空气锤实现空转、锤头悬空、连续打击、压锤和单次打击五种动作，以适应各种加工需要。

（1）空转（空行程）　当上、下阀操纵手柄在垂直位置，同时中阀操纵手柄在"空程"位置时，压缩缸上、下腔直接与大气连通，压力变成一致，由于没有压缩空气进入工作缸，因此锤头

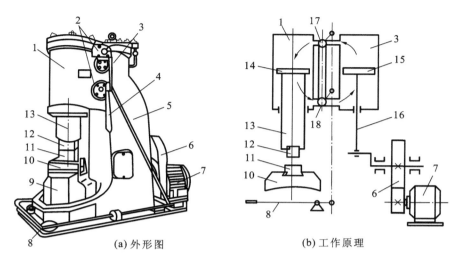

图 3-27　空气锤

1—工作缸；2—旋阀；3—压缩缸；4—手柄；5—锤身；6—减速机构；7—电动机；
8—脚踏杆；9—砧座；10—砧垫；11—下砧铁；12—上砧铁；13—锤杆；14—工作活塞；
15—压缩活塞；16—连杆；17—上旋阀；18—下旋阀

不进行工作。

（2）锤头悬空　当上、下阀操纵手柄在垂直位置，将中阀操纵手柄由"空程"位置旋转至"工作"位置时，工作缸和压缩缸的上腔与大气相通。此时，压缩活塞上行，被压缩的空气进入大气；压缩活塞进入下行，被压缩的空气由空气室冲开止回阀进入工作缸的下腔，使锤头上升，置于悬空位置。

（3）连续打击（轻打或重打）　当中阀操纵手柄在"工作"位置时，驱动上、下阀操纵手柄（或脚踏杆）向逆时针方向旋转使压缩缸上、下腔与工作缸上、下腔互相连通。当压缩活塞向下（或向上）运动时，压缩缸下腔（或上腔）的压缩空气进入工作缸的下腔（或上腔），将锤头提升或落下。如此循环，锤头产生连续打击。打击能量的大小取决于上、下阀旋转角度的大小，旋转角度越大，打击能量越大。

（4）压锤（压紧锻件）　当中阀操纵手柄在"工作"位置时，将上、下阀操纵手柄由垂直位置向顺时针方向旋转 45°，此时，工作缸的下腔及压缩缸的上腔和大气连通。当压缩活塞下行时，压缩缸下腔的压缩空气由下阀进入空气室，并冲开止回阀经侧旁气道进入工作缸的上腔，使锤头压紧锻件。

（5）单次打击　单次打击是通过变换操纵手柄的操作位置实现的。单次打击开始前，空气锤处于锤头悬空位置（即中阀操纵手柄处于"工作"位置），然后将上、下阀的操纵手柄由垂直位置迅速地向逆时针方向旋转到某一位置，再迅速地转到原来的垂直位置（或相应地改变脚踏杆的位置），这时便得到单次打击。打击能量的大小随旋转角度而变化，转到 45°时单次打击能量最大。如果将手柄或脚踏杆停留在倾斜位置（旋转角度小于或等于 45°），则锤头作连续打击。故单次打击实际上只是连续打击的一种特殊情况。

【知识链接】

锻压加工具有如下特点。

（1）改善了金属内部组织，提高了金属的力学性能　这是因为锻压可以将坯料中的疏松处压合，提高了金属的致密度；可以使粗大的晶粒细化；可以使高合金工具钢中的碳化物被击碎,并且均匀地分布。

(2)节省金属材料　由于锻压加工提高了金属的强度等力学性能,因此相对地缩小了同等载荷下的零件的截面尺寸,减轻了零件的质量。另外,采用精密锻压时,可使锻压件的尺寸精度和表面粗糙度接近成品零件,做到少切削或无切削加工。

(3)具有较高的生产率　锻压成形,特别是模锻成形的生产率,要比切削成形高得多。例如:生产内六角螺钉,用模锻成形的生产率是切削加工的50倍;采用冷镦工艺制造时,其生产效率是切削加工成形的400倍以上。

(4)具有较强的适应性　锻压加工既可以制造形状简单的锻件(如圆轴等),也可以制造外形比较复杂,不需要或只需要进行少量切削加工的锻件(如精锻齿轮等)。锻件的质量可以小到不足1 g,大到几百吨。锻件既可以单件小批生产,也可以大批大量生产。

锻压生产的缺点是:自由锻的精度比较低;胎膜锻和模锻的模具费用较高;与铸造生产相比,难以生产既有复杂外形又有复杂内腔的毛坯。

3.2　冲　压　工　艺

利用压力机和模具使材料产生分离或变形的加工方法称为冲压。因冲压通常是在冷态下进行的,故称为冷冲压。

(1)冲压基础知识　冲压件的结构工艺性,是指设计出的冲压件,在其结构、形状、尺寸、材料和精度要求等方面,要尽可能做到制作容易、节省材料、模具寿命长、不易出现废品,以达到既好又多又省的生产要求。

(2)其他锻压方法　随着工业的不断进步,锻压加工技术也在迅速发展,出现了许多先进的锻压加工方法,它们的应用也日益扩大。下面简要介绍零件轧制、精密模锻、挤压和拉拔的工艺原理、特点和应用范围。

(3)板料冲压操作技能　实训设备和材料包括冲床、冲模、试件等。板料冲压又称落料或拉伸工序,操作中要严格按照规范进行,否则,极易发生危险事故。

3.2.1　冲压基础知识

1.冲压的基本工序

冲压基本工序可分为分离和成形两大类。分离工序是指使坯料的一部分与另一部分相互分离的工序,如切断、落料、冲孔、切口、切边等,见表3-2。成形工序是指使板料一部分相对另一部分产生位移而不破裂的工序,如弯曲、拉深等,见表3-3。

表3-2　常见分离工序

工序名称	简　　图	特点及应用范围
切断		用剪刀或冲模切断板材,切断线不封闭
落料	工件 废料	用冲模沿封闭线冲切板料,冲下来的部分为制件

续表

工序名称	简 图	特点及应用范围
冲孔	工件 废料	用冲模沿封闭线冲切板料,冲下来的部分为废料
切口		在坯料上沿不封闭线冲出缺口,切口部分发生弯曲,如通风板
切边	废料	将制件的边缘部分切掉

表 3-3　常见变形工序

工序名称	简 图	特点及应用范围
弯曲		把板料弯曲成一定形状
拉深		把板料制成空心制件,壁厚不变或变薄
翻边		把制件上有孔的边缘翻出竖立直边

下面是几种常用的冲压工序。

1）切断

切断是指使坯料沿不封闭的轮廓分离的工序。切断通常是在剪床（又称剪板机）上进行的。图 3-28 所示为常见的一种切断形式。当剪床机构带动滑块沿导轨下降时,在上刀刃与下刀刃的共同作用下,板料被切断。挡块的作用是使板料定位,以便控制下料尺寸。切断工序可直接获得平板形制件。但是,生产中切断主要用于下料。

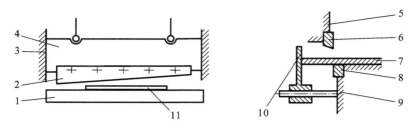

图 3-28　切断示意图

1、8—下刀刃；2、6—上刀刃；3—导轨；4、5—滑块；7、11—钢板；9—工作台；10—挡块

2）落料与冲孔

落料与冲孔又称冲裁,是指利用冲模将板料以封闭轮廓与坯料分离的工序,冲裁大多在冲床上进行。图 3-29 所示为冲裁示意图。当冲床滑块使凸模下降时,在凸模与凹模刃口的相对作用下,圆形板料被切断而分离出来。

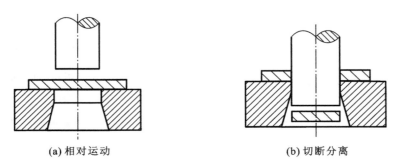

(a) 相对运动　　　　　　　　　(b) 切断分离

图 3-29　冲裁示意图

对于落料工序而言,从板料上冲下来的部分是产品,剩余板料则是余料或废料;对于冲孔而言,板料上冲出的孔是产品,而冲下来的板料则是废料。

2. 冲压件的结构工艺性

在设计冲压件结构、制定冲压工艺和设计模具时,必须了解冷却压件的结构工艺性要求。

1) 冲裁件的结构工艺性要求

(1) 冲裁件的形状应力求简单、对称,尽可能采用圆形或矩形等规则的形状,对于过长过窄的槽和悬臂需慎重考虑。若一定要有窄槽或悬臂结构时,必须符合图 3-30(a)所示的要求。

(2) 冲裁件的转角处要以圆弧过渡,避免尖角,如图 3-30(b)所示。这样,可以减少模具淬火或冲压时在尖角处产生裂纹。其圆角半径 r 与板厚 t 有关。当 $\alpha \geq 90°$ 时,$r \geq (0.3\sim0.5)t$;当 $\alpha < 90°$ 时,$r \geq (0.6\sim0.7)t$。

(3) 制件上孔与孔之间、孔与坯料边缘之间的距离 a 不宜过小,否则,凹模强度和制件质量会降低。一般取 $a \geq 2t$,而且保证 $a > 3\sim4$ mm,如图 3-30(c)所示。

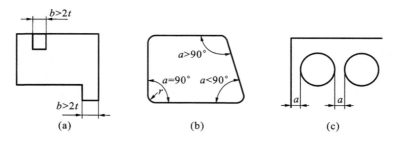

图 3-30　冲裁件的结构工艺性要求

(4) 冲孔时,孔的尺寸不能太小,否则,会因为凸模(即冲头)强度不足而发生折断。用一般冲模能冲出的最小孔径与板料厚度有关,具体数值见表 3-4。

表 3-4　最小冲孔尺寸

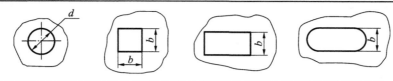

材　　料	圆孔	方孔	长方孔	长圆孔
硬钢	$d \geq 1.3t$	$d \geq 1.2t$	$d \geq 1.0t$	$d \geq 0.9t$
软钢、黄铜	$d \geq 1.0t$	$d \geq 0.9t$	$d \geq 0.8t$	$d \geq 0.7t$
铝	$d \geq 0.8t$	$d \geq 0.7$	$d \geq 0.6t$	$d \geq 0.5t$

2）弯曲件的结构工艺性要求

（1）弯曲件的半径不应小于最小弯曲半径；但是也不应过大，否则，回弹不易控制，难以保证制件的弯曲精度。

（2）弯曲边长 h 应大于等于 $(R+2t)$，如图 10-31(a) 所示。h 过小，弯曲边在模具上支持的长度过小，坯料容易向长边方向位移，从而会降低弯曲精度。

（3）在坯料一边局部弯曲时，弯曲根部容易被撕裂，如图 3-31(a) 所示。这时，应当使弯曲部分与不弯曲部分分离开，也就是使不弯曲部分离开弯曲变形区域。例如，可减小坯料宽度（A 减为 B）或改成如图 3-31(b) 所示的结构。

（4）若在弯曲附近有孔时，则孔容易变形。因此，应使空的位置离开弯曲变形区，如图 3-31(c) 所示。从孔缘到弯曲半径中心的距离应为 $l \geqslant t$（$t<2$ mm 时）或 $l \geqslant 2t$（$l \geqslant 2$ mm 时）。

（5）弯曲件上合理加肋，可以提高制件的刚度，减小板料厚度，节省金属材料。在图 3-32 中，图(a) 结构改为图(b) 结构后，$t_2<t_1$，既省材料，又减小弯曲力。

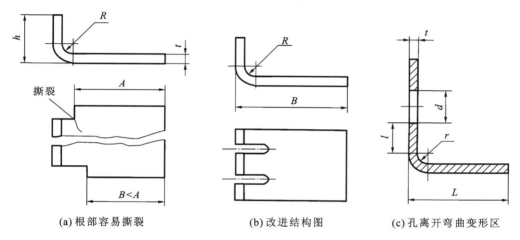

（a）根部容易撕裂　　　　　　（b）改进结构图　　　　　　（c）孔离开弯曲变形区

图 3-31　弯曲件的结构工艺性

3）拉深件的结构工艺性要求

（1）拉深件的形状应尽量对称　轴向对称零件，在周围方向上的变形比较均匀，模具也容易制造，工艺性最好。

（2）空心拉深件的凸缘和深度应尽量小　图 3-33 所示的制件，其结构工艺性就不好，一般应使 $d_{凸}<3d$，$h<2d$。

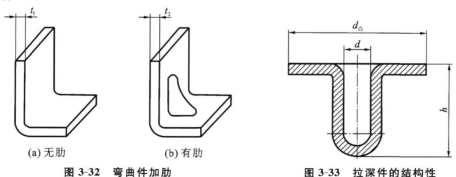

（a）无肋　　　　　（b）有肋　　　　　　　　　　　　
图 3-32　弯曲件加肋　　　　**图 3-33　拉深件的结构性**

（3）拉深件的制造精度（如制件的内径、外径和高度等）要求不宜过高。

3.2.2　其他锻压方法

1. 轧制

金属材料（或非金属材料）在旋转轧辊的压力作用下产生连续塑性变形，获得要求的断面形状并改变其性能的方法称为轧制。它又分为辊锻、辗环、齿轮轧制等成形方法。

（1）辊锻　指用一对相向旋转的扇形模具使坯料产生塑性变形，从而获得所需要锻件或锻坯的锻造工艺称为辊锻，如图 3-34 所示，辊锻变形是一种连续的静压过程，没有冲击和振动。它与锤上模锻相比，具有产生率高、劳动条件好、节省金属材料、辊锻设备结构简单、对厂房地基要求较低的优点。辊锻模可用廉价的球墨铸铁或冷硬铸铁制造，可节省贵重的模具钢，加工也比较容易。辊锻广泛应用于制造扳手、剪刀、镰刀、麻花钻头、柴油机连杆、航空发动机叶片、铁道道岔等。

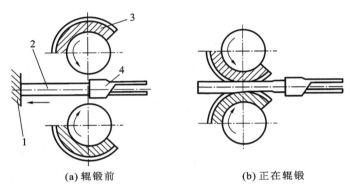

(a) 辊锻前　　　　　　　　　　　　(b) 正在辊锻

图 3-34　辊锻工作原理
1—挡板；2—坯料；3—扇形模具；4—夹钳

（2）辗环　将环形的毛坯在旋转的轧辊中进行轧制的方法称为辗环，如图 10-37 所示。辗环与辊锻的原理相同，不同之处在于辗环是沿着环形坯料的圆周方向产生塑性变形，辊锻则是沿着坯料直线方向变形。

如图 3-35 所示，辗环时的塑性变形是连续的和逐渐增大的。它与锤上模锻相比，具有以下特点：可减小环形件的壁厚误差和提高其圆柱度，同时，可减小机械加工余量 15%～25%，生产率可提高 30% 左右，设备投资费用少，劳动条件比较好。辗环法可以生产外径为 40～1 000 mm 的外形件，广泛应用于生产滚动轴承环、齿圈、轮箍等毛坯。

（3）齿轮轧制　用带齿形的工具（如齿轮轧辊等）边旋转、边进给，使毛坯在旋转过程中形成齿廓的成形方法称为齿轮轧制，如图 3-36 所示。

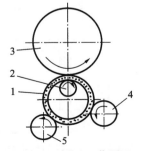

图 3-35　辗环工艺原理
1—坯料；2—心辊；3—辗压辊；4—导向辊；5—信号辊

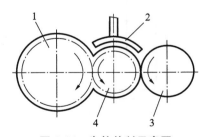

图 3-36　齿轮轧制示意图
1—齿轮轧辊；2—感应加热；3—光轧辊；4—齿坯

2. 精密模锻

精密模锻是提高锻件精度和降低表面粗糙度的一种先进锻压工艺。

1) 实现精密模锻的措施

(1) 精确地控制皮料尺寸,严格地清理坯料表面,使锻件既能达到轮廓清晰,又能达到少飞边或无飞边的要求。

(2) 进行少无氧化加热,保证坯料基本上不产生氧化皮,不产生脱碳缺陷。

(3) 提高模锻的精度,降低模膛的表面粗糙度。

(4) 对于形状、尺寸精度要求高的锻件,可先进行预锻,再进行精锻。

(5) 精锻后的锻件要在保护性气氛或石灰、炉渣中冷却。

2) 精密模锻的优点

(1) 锻件的加工余量和公差小,精度等级可达 IT12～IT15,表面粗糙度 Ra 值小于 5～1.25 μm。因此,锻件不需要再进行机械加工或只需要少许精整加工,从而可提高材料利用率和劳动生产率。

(2) 精密模锻能使金属流线合理分布,从而可提高锻件的力学性能,延长其使用寿命。

(3) 能够成批生产某些性状复杂、力学性能要求高或用切削加工法生产的零件,如锥齿轮、叶片等。

3) 挤压

坯料在三向不均匀应力作用下从模具的孔口或缝隙挤出,致使横断面积减小,长度增加,成为所需制品的加工方法称为挤压。按照变形时金属流动方向与凸模运动方向的不同,挤压可分为正挤压、反挤压和复合挤压三种,如图 3-37 所示。

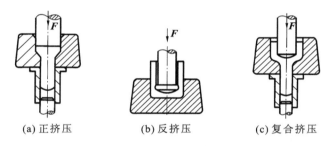

(a) 正挤压   (b) 反挤压   (c) 复合挤压

图 3-37　挤压示意图

4) 拉拔

坯料在牵引力作用下通过模孔拉出,致使产生塑性变形而得到断面缩小、长度增加的工艺称为拉拔,如图 3-38 所示。

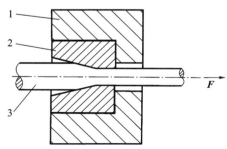

图 3-38　拉拔示意图

1—模套;2—拉模;3—坯料

3.2.3　板料冲压操作任务实施

1. 冲模安装

将装配好的冲模凸、凹模合好后，搬到冲床工作台上，使模柄对准冲床滑块的模柄孔，然后用手转动飞轮，使滑块下端面与上模座上平面接触（若滑块到了死点还未与凸模接触，则需调节连杆长度，使滑块在下死点时凸模进入凹模 1 mm 左右），锁紧连杆，最后，连续转动飞轮，使冲床完成一个行程（若无异常，则说明冲模已安装完毕）。

2. 安全操作

送进板料要准确，绝不能将手伸入冲模中，如图 3-39 所示。

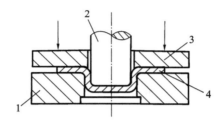

图 3-39　板料冲压示意图
1—凹模；2—凸模；3—压边圈；4—工件

【知识链接】

拉拔具有如下优点。

（1）拉拔产品尺寸精确，例如，拉拔直径为 1.0～1.6 mm 的钢丝，公差仅有 0.22 mm。

（2）拉拔一般是在室温下进行的，所以产品表面粗糙度 Ra 值低，而且具有表面冷变形硬化的效果。

（3）可拉拔各种形状的断面和极细的线材（最小直径为 0.035 mm）。

拉拔主要用于生产各种钢、有色金属材料的线材和管材。拉制出的各种类型的异型断面材料，可代替切削加工制作零件，如带槽的小轴、凸轮、小齿轮等。拉拔钢材还可作为自动车床加工零件的坯料。

锻压生产是机械制造业中获得毛坯的主要途径之一。在机床制造业中，主轴、传动轴、齿轮等重要零件及切削刀具等，都是用锻压的方法制成的。汽车上的锻压件质量占金属件总质量的 70 %左右。锻压生产在交通、电力、国防、农业及日常生活用品中也获得了广泛的应用。

第4章　焊工实训

【学习目标】

（1）了解焊接的方法及主要任务。

（2）熟悉焊接的安全知识。

（3）掌握焊条的选用原则和方法。

（4）熟悉焊接的一般工艺知识。

（5）了解气割的工作原理。

（6）了解气焊的工作原理。

（7）熟记气焊和气割的注意事项。

【能力目标】

（1）了解电弧焊引起火灾、爆炸事故的原因及防止措施。

（2）熟练掌握一般焊接工艺和方法。

（3）熟练应用运条技术进行焊接练习。

（4）掌握合理选择坡口形式的方法。

（5）熟练掌握平敷焊的焊接技术。

（6）能独自操作手工气割钢板技术。

【内容概要】

焊接技术在工业中应用的历史并不长,但其发展却非常迅速。在短短的几十年中,焊接结构已在许多工业部门的金属结构中,如建筑钢结构、船体、车辆、锅炉及压力容器中几乎全部取代了铆接结构。不仅如此,在机器制造业中,不少过去一直用整铸、整锻方法生产的大型毛坯,已改成了焊接结构,这样,就大大简化了生产工艺,降低了生产成本。

4.1　焊工入门指导

用焊接方法制造的金属结构称为焊接结构。在焊接作业过程中,焊工要与各种电流及电弧产生的高温发生联系。目前,许多尖端技术（如宇航、核动力等）如果不采用焊接结构,实际上是不可能实现的。世界上每年需要进行焊接加工的钢材接近钢材总产量的一半。

（1）焊工安全知识　焊接过程中会产生对人体有害的气体和金属粉尘。焊工还会接触到有害的紫外线和红外线。如果违反安全技术操作规程,可能引起触电、灼伤、起火、中毒以及爆炸等事故。因此,每一个焊工都必须遵守本工种的基本安全操作规程,并在生产全过程中贯彻始终。

（2）焊接方法　按照焊接过程中金属所处的状态不同,可以把焊接方法分为熔焊、压焊和钎焊三种类型。

4.1.1 焊工安全知识

1. 焊接安全用电知识

电弧焊操作时是接触带电体的操作,如移动和调节焊接设备及其他器具(如焊钳、焊枪、电缆等)、调换焊条,有时还要站在焊件上操作。我国目前生产的弧焊电源,其空载电压一般在 55~90 V 之间,超过了安全电压,另外,国产焊接电源的输入电压为 220 V/380 V、频率为 50 Hz 的工频交流电,一旦设备发生故障,焊钳、焊枪、焊机外壳就会导电,因此,触电事故是电弧焊的主要安全事故之一。

2. 电弧焊的安全防护

1) 弧光辐射防护

(1) 焊工必须保证使用完好的劳动防护用品,如白色帆布工作服、工作帽、绝缘鞋、绝缘手套、防护服,应根据具体的焊接和切割操作特点选择。防护服必须符合 GB 15701—1995 的要求,并可以提供足够的保护面积,不使皮肤裸露,防止弧光的辐射、金属液滴飞溅时灼伤皮肤。

(2) 选择合适的头罩(手持面罩)和护目镜片,面罩和护目镜必须符合 GB/T 3609—2008 的要求。一般要求是在能够看清焊缝熔池状态的情况下,选用颜色较深的高反射式护目镜片。它是在吸收式滤光镜片上镀铬-铜-铬三层金属薄膜制成的,能反射弧光,避免了滤光镜片将吸收的辐射光线转变为热能的缺点。

MS 型面罩用暗色纸板制成(见图 4-1)。图 4-1 (a)所示为手持式面罩,引弧前,左手拇指按按钮,利用平面连杆弹簧机构使镜片上下移动,可在镜框上形成 0~13 mm 的观察窗。这种面罩可以避免盲目引弧,焊接过程中观察焊缝、敲渣和重新引弧可不必移开面罩,能更有效地防止弧光伤害,具有绝缘性,便于焊接要求较高的焊件。图 4-1(b)所示为头盔式面罩,面罩上控制护目镜片自动闭启的闭启器动作与引弧及熄弧同步进行。另外,为了保护焊接工作场地周围其他人员免受弧光辐射伤害,应在工作地点周围放置防护屏。

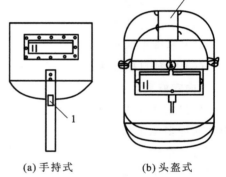

(a) 手持式　　　　(b) 头盔式

图 4-1　MS 型面罩
1—按钮;2—自动启动器

2) 烟尘和有害气体的防护

(1) 焊接时产生的有害气体的危害　焊接时产生的烟尘和有害气体会通过呼吸道,引起咽喉干燥疼痛、鼻干燥、眼痛、头痛、高热等症状;长期接触焊接烟尘并且通风防护不良时,会造成焊工尘肺、锰中毒和金属热等疾病;焊工在维修化工容器等进行施焊时,可能会吸入有毒气体而引发中毒事故。

(2) 焊接时产生的烟尘和有害气体的防护　工艺方面的措施有:采用低尘、低毒的焊条、焊剂等焊接材料;尽量采用自动或半自动焊接方法;焊接容器管道时,采用单面焊双面成形工艺等。

通风的技术措施主要有:在车间内施焊时,应保证焊接过程中产生的有害物质能及时排出;在船舱和密闭容器内施焊时所产生的有害气体,因条件限制只能排在室内时,须经过净化处理;根据作业现场及工艺等具体要求,通风时不得破坏气电焊时的气体保护层,不得影响施焊;通风设施应便于拆卸和安装,适合定期清理和修理的需要。

焊接车间全面通风主要有上抽排烟、下抽排烟和侧抽排烟三种,焊接作业点局部通风主要有送风和排风两种。局部排风是效果较好的通风措施,这种排风系统的结构如图 4-2 所示。

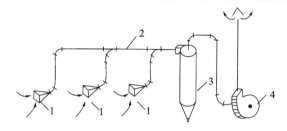

图 4-2 局部排风系统

1—局部排烟罩;2—风管;3—净化设备;4—排风机

4.1.2 焊接任务实施

1. 焊接

一台机器设备总是由各种不同的零部件连接而成,生产中零部件的连接方式有螺栓连接、铆接、黏结和焊接等形式(见图 4-3)。

螺栓连接属于可拆连接,铆接、黏结和焊接都是属于不可拆连接。

焊接与螺栓连接、铆接等连接方法相比,具有可以节省大量金属材料,减轻结构的重量,简化加工与装配工序,且接头的致密性好、强度高、经济效益好,并改善了劳动条件等一系列特点(见图 4-4)。

焊接材料既可以是各种同类或不同类的金属、非金属(如塑料、石墨、陶瓷、玻璃等),也可以是一种金属与一种非金属。金属连接在现代工业中具有最重要的实际意义,因此狭义地讲,焊接通常就是指金属的焊接。

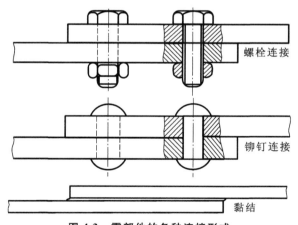

图 4-3 零部件的各种连接形式

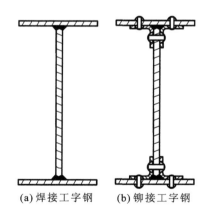

(a) 焊接工字钢 (b) 铆接工字钢

图 4-4 焊接工字钢与铆接工字钢对比

2. 焊接的分类

1) 熔焊

熔焊是在焊接过程中,将待焊处的母材加热至熔化状态,不加压完成焊接的方法。熔焊的关键是要有一个热量集中、温度足够高的局部加热热源。按照热源形式不同,常用的熔焊方法主要有电弧焊、气焊、电渣焊、电子束焊等。

2）压焊

压焊是在焊接过程中,必须对焊件施加压力(加热或不加热),以完成焊接的方法。常用的压焊方法有电阻对焊、闪光对焊、电阻点焊、缝焊、摩擦焊、旋转电弧焊及超声波焊等。

3）钎焊

钎焊是采用比母材熔点低的金属材料作为钎料,将焊件和钎料加热到高于钎料熔点,低于母材熔化温度,利用液态钎料润湿母材,填充接头间隙并与母材相互扩散实现连接焊件的方法。常用的钎焊方法有火焰钎焊、感应钎焊、炉中钎焊、盐浴钎焊和真空硬钎焊等。

【知识链接】

下面简要介绍电弧焊引起火灾、爆炸事故的原因及防止措施。

(1) 电弧焊引起火灾、爆炸事故的原因　电弧焊引起火灾、爆炸事故的原因主要是焊接设备及线路过热达到危险温度,以及在焊接加热后焊件传热的作用和熔滴飞溅引燃可燃物。

(2) 电弧焊引起火灾、爆炸事故的防止措施　焊接处 10 m 以内不得有可燃、易燃物,工作点通道宽度应大于 1 m,高空作业更应注意火花的飞行方向;操作时不乱扔焊条头;焊接结束后,必须检查是否留下火种,确认安全后方可离开现场;严禁在带压的容器、设备上操作。焊接管子、容器时,必须先把其上的阀门打开、泄压,才能进行焊接;焊接设备的绝缘装置必须保持完好;严禁将易燃、易爆管道作为焊接回路使用;作业场所必须备有足够的消防器材。

4.2　焊条电弧焊

焊条电弧焊的电源有交流和直流两大类,根据焊条的性质进行选择。通常,酸性焊条可采用交、直流两种电源,一般优选交流弧焊机。碱性焊条由于电弧稳定性差,所以必须使用直流弧焊机;对药皮中含有较多稳弧剂的焊条,也可使用交流弧焊机,但此时电源的空载电压应高些。

(1) 弧焊电源　焊接时,适当加大焊接电流,可加快焊条熔化速度,从而提高焊接生产率,但过大的焊接电流会造成焊缝的咬边、焊瘤、烧穿缺陷,而其接头的金属组织还会因过热而发生性能变化;电流过小时,则易形成夹渣、未焊透等缺陷,降低接头的力学性能。焊接时选择焊接电流的主要依据是焊条直径、焊缝位置和焊条类型。另外,还应考虑焊件厚度、接头形式和焊接层数等。焊接时凭经验来合理调节焊接电流也较重要。

(2) 焊条　焊条按用途不同,可分为低碳钢焊条、低合金高强度钢焊条(简称结构钢焊条)、不锈钢焊条、铬耐热钢焊条、堆焊焊条、低温钢焊条、铸铁焊条、镍及镍合金焊条、铜及铜合金焊条及铝及铝合金焊条等九大类;按药皮熔化后的熔渣特性不同,焊条又可分为酸性焊条和碱性焊条两大类。

(3) 电弧焊的一般工艺知识　在运条过程中必须时刻注意观察熔池(电弧作用下钢板熔化部分)。熔池由熔化金属和熔渣两部分组成,其中,颜色光亮的部分为熔化金属,正常状态应处于熔池的前半部;颜色较暗、较黏稠的部分为熔渣,处于熔池的后半部。

(4) 焊条电弧焊板件焊接　焊接过程中,当完成了焊道的起头之后,在运条过程中应注意始终控制熔池的大小与起头部分一致,以确保焊缝宽度的均匀。操作时,手持面罩,看准引弧位置,然后将焊条对准引弧位置,用面罩挡住面部,将焊条端部与钢板表面接触引弧,然后使电弧燃烧 3～5 s 时间,再熄灭电弧,反复做引弧和熄弧动作。

4.2.1　弧焊电源

1. 焊接电弧的性质及引燃方法

1) 焊接电弧及其性质

电弧是一种气体放电现象。电弧的产生,也即气体的放电,需要具备一定的条件,那就是气体的电离。在一般情况下,由于气体的分子和原子都呈中性,气体中几乎没有带电质点,因而不能导电。电流无法通过,电弧也就不能自发产生。要使气体导电,必须使气体电离,气体电离后,气体中原来的中性分子和原子转变为正离子、电子和带电质点,这样,电流才能通过气体间隙而形成电弧。

焊接时,将焊条与焊件接触后很快拉开,在焊条端部与焊件间会产生电弧(见图 4-5)。与一般气体的放电现象相比,焊接电弧具有能量大和连续持久的特点。焊接电弧是由焊接电源供给的,具有一定电压的两电极间或电极与焊件间产生强烈而持久的放电现象。

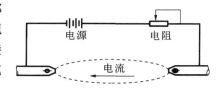

电弧有两个特性,即它能发出强烈的光和热。电弧的发热被用做所有电弧焊接的热源。

图 4-5　电弧示意图

2) 焊接电弧的引燃方法

焊接电弧的引燃方法主要有接触短路引燃法和高频高压(非接触)引燃法。

(1) 接触短路引燃法　主要用于焊条电弧焊以及埋弧自动焊的电弧引燃。将焊条与焊件接触短路产生短路电流,然后迅速将焊条提起 2~4 mm,这时,焊条与焊件表面之间立即产生一个空载电压,即焊机的空载电压,使空气电离而产生电弧。

(2) 高频高压(非接触)引燃法　主要用于氩弧焊和等离子焊的电弧引燃。利用高压(2 000~3 000 V)直接将两电极间的气体间隙击穿电离,引发电弧。由于高压对人身有危险,所以通常将其频率提高到 150~260 kHz。

2. 常用交、直流弧焊机

常用的交、直流弧焊机有弧焊变压器、弧焊整流器和逆变式弧焊电源。

1) 弧焊变压器

弧焊变压器是一种具有下降外特性的降压变压器,通常又称交流弧焊机。获得下降外特性的方法是增加电路的电感,即在焊接回路中串联一可调电感。此电感可以是一个独立的电抗器,也可以利用弧焊变压器本身的漏感来代替。常用国产弧焊变压器的型号见表 4-1。

表 4-1　国产弧焊变压器的型号

类　　型	结构形式	国产常用型号
串联电抗器式	分体式	BP-3X500, BN-300, BN-500
	同体式	BX-135, BX2-500, BX2-1000
增强漏磁式	动铁芯式	BX1-135, BX1-300, BX1-330, BX1-500
	动圈式	BX3-300, BX3-500, BX3-1-300, BX1-500
	抽头式	BX6-120-1, BX6-160, BX5-120

2) 弧焊整流器

弧焊整流器是将弧焊变压器输出的交流电用整流元件整流成直流电的一种弧焊电源。弧焊整流器用的变压器都是三相的,其目的是使整流后的电流波形比较平直。图 4-6 所示为晶闸管式 ZX5-400 型弧焊整流器。

图 4-6　ZX5-400 型弧焊整流器

图 4-7　ZX7-400 型弧焊逆变器

3) 逆变式弧焊电源

将直流电变为交流电称为逆变,实现这种转变的装置称为逆变器。为焊接电弧提供电能,并具有弧焊方法所要求性能的逆变器,称为弧焊逆变器或称为逆变式弧焊电源。图 4-7 所示为 ZX7-400 型弧焊逆变器。

4.2.2　焊条

1. 焊条的组成及作用

进行焊条电弧焊时,焊条作为其焊接材料,一方面,在熔化后作为填充金属过渡到熔池,与液态的母材熔合形成焊缝金属;另一方面,它也是电弧焊中的电极。因此,焊条不仅影响电弧的稳定性,而且直接影响焊缝金属的化学成分和力学性能。焊条是由焊芯(金属芯)和药皮两部分组成的(见图 4-8)。在焊条的前端有 45°左右的倒角,主要是为了便于引弧。在尾部有一段裸焊芯,约占焊条总长的 1/16,便于焊钳夹持并有利于导电。焊条的直径(焊芯的直径)通常有 2.0 mm、2.5 mm、3.2 mm 或 3.0 mm、4.0 mm、5.0 mm、5.8 mm 等几种,常用焊芯的是 $\phi3.2$、$\phi4.0$、$\phi5.0$ 三种,其长度一般在 250~450 mm 之间。

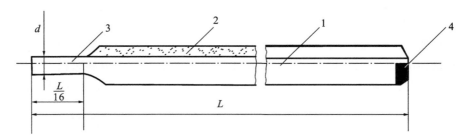

图 4-8　焊条组成示意图
1—焊芯;2—药皮;3—夹持端;4—引弧端

1) 焊芯

焊芯在焊接过程中作为填充金属,占焊缝金属的 50%~70%。焊芯是指在焊条中被药皮覆盖的金属芯,它一般是一根具有一定长度及直径的钢丝。做焊芯用的焊丝都是经过特殊冶炼的,并规定了它的牌号与成分。当作为焊接用的专用焊丝,用于制造焊条时,称为焊芯;若用于埋弧焊、电渣焊、气焊以及气体保护焊等焊接方法时,则称为焊丝。

2）药皮

涂在焊芯表面上的涂料层称为药皮。药皮在焊接过程中起着机械保护、冶金处理、渗合金和改善焊接工艺性能等作用。焊条药皮由各种矿物、铁合金和其他金属、有机物及化工产品（水玻璃）等原料组成。焊条药皮的组成成分相当复杂，一种焊条药皮的配方中，组成物有七八种之多，其中焊接过程中所起的作用见表 4-2。

表 4-2　药皮各种组成物的作用

组成物	稳弧剂	造渣剂	造气剂	脱氧剂	合金剂	稀释剂	黏结剂	增塑剂
作用	改善焊条引弧性能、提高电弧稳定性	形成熔渣，产生机械保护作用和冶金处理作用	造成保护气氛、有利于熔滴过渡	对熔渣和焊缝金属进行脱氧	向焊缝渗入合金成分	降低熔渣的黏度、增加熔渣的流动性	将药皮黏结在焊芯上	改善涂料的塑性和滑性，便于涂压

2. 焊条的储存及保管

焊条是极易返潮变质的材料，所以应加强储存和保管，具体措施如下。

（1）焊条必须在干燥和通风良好的室内存放，且应放于架子上，架子离地面高度和离墙面的距离不少于 300 mm。焊条发放应做到先入库的先使用。

（2）对于受潮、药皮变色、焊芯有锈的焊条须经烘烤后进行质量评定，各项性能指标合格后才能入库。存放一年以上的焊条，发放前也应进行各种性能试验。

（3）焊条在使用前应进行烘烤，酸性焊条视受潮情况在 75～150 ℃烘烤 1～2 h；碱性焊条应在 350～400 ℃烘烤 1～2 h；烘烤的焊条应放在 100～105 ℃保温桶内，随用随取。

（4）低氢性焊条一般在常温下放置超过 4 h，应重新烘烤，重新烘烤的次数不宜超过 3 次。

3. 焊条的选用原则

1）等强度原则

对于承受静载或一般载荷的工件或结构，通常选用抗拉强度与母材相等的焊条。如 20 钢抗拉强度在 400 MPa 左右，可选用 43 系列的焊条。

2）等同性原则

在特殊环境下工作的结构如要求耐磨、耐蚀、耐高温或耐低温等具有较高的力学性能时，则应选用能保证熔敷金属的性能与母材相近或相近似的焊条。如焊接不锈钢时，应选用不锈钢焊条。

3）等条件原则

根据工件或焊接结构的工作条件和特点选择焊条。如焊件需要受动载荷或冲击载荷作用时，应选用熔敷金属冲击韧度较高的低氢型焊条；反之，焊接一般结构时，应选用酸性焊条。

4.2.3　电弧焊的一般工艺知识

1. 焊接接头的形式及分类

用焊接方法连接的接头称为焊接接头。焊接接头包括焊缝、熔合区和热影响区三部分，如图 4-9 所示。

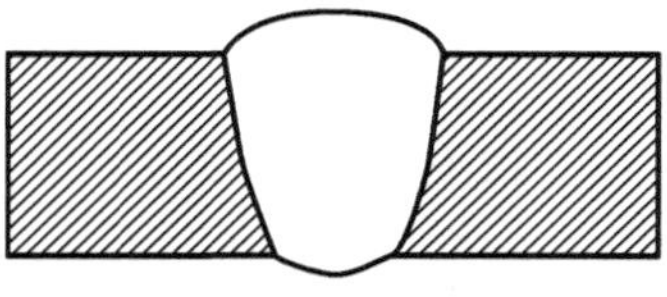

图 4-9　焊接接头

在电弧焊中,由于焊件的厚度、结构形状及使用条件不同,其接头形式和坡口形式也不同。根据国家标准 GB/T 985—2008《气焊、焊条电弧焊、气体保护焊和高能束焊的推荐坡口》规定,焊接接头的基本形式为:对接接头、T 形接头、角接接头、搭接接头四种。

2. 坡口的形式

对于板件对接接头,当板厚达到 6 mm 以上时,一般要采用开坡口的形式进行焊接。所谓坡口就是根据设计或工艺需要,在焊件的待焊部位加工出一定几何形状的沟槽。

开坡口常用的方法有机械加工、火焰加工或电弧加工等几种。在将坡口加工成一定的几何形状之后,还需要在坡口的端部留有一定的钝边,其目的是为了防止烧穿,但钝边的尺寸要保证第一层焊缝焊透。接头中根部还需留有一定的间隙,其目的是为了保证根部能够焊透。常见的坡口形式主要有以下几种。

1)I 形坡口

当钢板的厚度在 6 mm 以下,一般不开坡口,也被称为 I 形坡口。I 形坡口只留 1～2 mm 的根部间隙,如图 4-10 所示。但这也不是绝对的,在有些重要的结构中,当钢板厚度大于 3 mm 时就要求开坡口。

2)V 形坡口

当钢板的厚度为 7～40 mm 时,采用 V 形坡口。V 形坡口的主要形式有 V 形坡口(不留钝边)、钝边 V 形坡口、单边 V 形坡口和带钝边单边 V 形坡口等几种,如图 4-11 所示。V 形坡口的特点是加工容易,但焊后焊件易产生角变形。

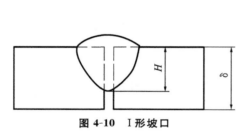

图 4-10　I 形坡口

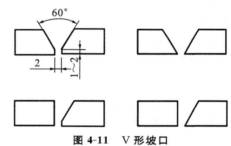

图 4-11　V 形坡口

3)X 形坡口

X 形坡口也称双面 V 形或双面 Y 形坡口。与 V 形坡口相比,X 形坡口在相同厚度下,其焊着金属量约为前者的二分之一,焊后的变形量和产生的应力也小些,主要用于大厚度及要求变形较小的结构中,如图 4-12 所示。一般来说,当板厚在 12～60 mm 之间时,可采用 X 形坡口。

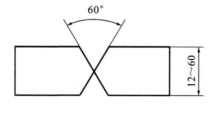

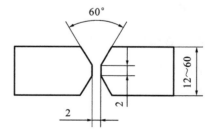

图 4-12　X 形坡口

4)U 形坡口

U 形坡口有带钝边 U 形坡口、双 U 形带钝边坡口,如图 4-13 所示。当钢板的厚度在 20

～60 mm 时,采用带钝边 U 形坡口;当厚度为 40～60 mm 时,采用双 U 形带钝边坡口。U 形坡口的特点是焊着金属量少,焊件产生变形小,焊缝金属中母材所占比例也少,但这种坡口加工较困难,一般用于较重要的焊接结构。

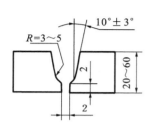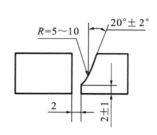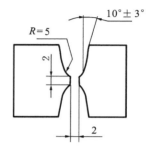

图 4-13　U 形坡口

4.2.4　焊条电弧焊板件焊接任务实施

1. 焊条电弧焊平敷焊

平敷焊为焊条在板件平面上进行焊接的一种方法,主要用于对焊接基本操作手法的练习,也可用于堆焊的操作。

1) BX3-300 型焊机的使用

BX3-300 型弧焊变压器属交流弧焊电源,其外形如图 4-14 所示。

(1) 设备结构　BX3-300 型弧焊变压器是一台动圈式单相焊接变压器,变压器的初级绕组(又称一次线圈)分成两部分,固定在"口"字形铁芯的底部,如图 4-15 所示;次级绕组(又称二次线圈)也分为两部分,装在两铁芯上部并固定在可移动的支架上,通过丝杆连接,经手柄转动可使次级绕组上下移动,以改变初、次级绕组间的距离,调节焊接电流的大小。初、次级绕组可分别接成串联(接法Ⅰ)和并联(接法Ⅱ),使之获得较大的电流调节范围。

图 4-14　BX3-300 型弧焊变压器外形

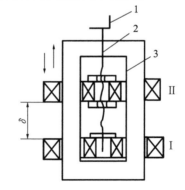

图 4-15　动圈式弧焊变压器结构
Ⅰ——一次线圈(固定);Ⅱ——二次线圈(可动)
1—手柄;2—调节螺杆;3—铁芯

(2) 电流调节　焊接电流的调节分粗调节和细调节两种。

2) 引弧的基本方法

在进行焊接操作之前,应先穿戴好焊接防护工作服、裤和手套,准备好面罩,将焊机输出端电缆的地线夹夹在钢板上,然后打开焊机开关,调节焊接电流至所需要的值,并将焊条按 90°夹于焊钳上。焊接电流可按表 4-3 选取。

表 4-3　　不同直径的焊条所选用焊接电流(E4303 焊条)

焊条直径/mm	2.5	3.2	4.0
焊接电流/A	70～90	120～140	165～185

平焊一般采用蹲式操作姿势,如图 4-16 所示。蹲姿要自然,两脚之间的夹角为 70°～85°,两脚距离为 240～260 mm。持焊钳的胳膊半伸开,要悬空无依托操作。引弧的操作方法一般有划擦法或直击法两种,其动作要领如下。

(a) 蹲式操作姿势

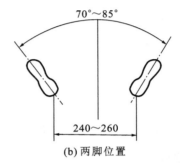
(b) 两脚位置

图 4-16　平焊操作姿势

① 划擦法。将焊条前端对准焊件,然后将手腕扭转,使焊条在焊件表面轻轻划擦一下,焊条提起 2～3 mm,使电弧燃烧;引弧后,一般应保持电弧长度不超过焊条的直径,如图 4-17(a)所示。

② 直击法。先将焊条前端对准焊件,然后将手腕下弯,使焊条轻轻碰一下焊件,再迅速将焊条提起 2～3 mm,使电弧引燃;引弧后,手腕放平,使弧长保持在与所用焊条相适应的范围内,如图 4-17(b)所示。

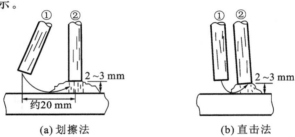
(a) 划擦法　　　　　　　　　(b) 直击法

图 4-17　引弧方法

3) 运条基本方法

引弧后可以进行运条。运条时应使焊条保持与焊件垂直,与焊接方向成 70°～80°夹角,如图 4-18 所示。运条方式一般采用直线运条,其要领为:保持焊条角度和电弧长度不变,同时进行两个基本运动,即沿焊条中心线向熔池和沿焊接方向的移动。

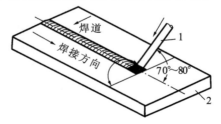

图 4-18　平敷焊操作图

1—焊条;2—母材

焊接过程中应注意保持一条焊缝的直线度,可预先在钢板表面上用直尺和划针划出若干条直线,沿着直线进行运条,如图 4-19 所示。

4)焊道起头、连接和收尾

(1)焊道的起头 焊道的起头是指焊接刚开始时焊道起始段 10 mm 左右的焊接。起头焊道的处理应当在引弧后适当将电弧拉长,起到将焊件预热的作用。从距离始焊点前 10 mm 左右处引弧,回到始焊点,逐渐压低电弧,同时焊条作微微摆动,从而达到所需要的焊缝宽度,然后进行正常的焊接,如图 4-20 所示。

图 4-19 钢板划线

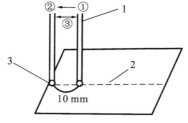

图 4-20 焊道的起头

1—焊条;2—焊线;3—始焊点

(2)焊道的连接 在焊接操作时,由于受焊条长度的限制或操作姿势的变换,一根焊条往往不可能完成一条焊道,因此出现了焊道前后两段连接的问题。焊道的连接一般有如图 4-21 所示的几种方式。

(3)焊道的收尾 焊道的收尾是指焊接一条焊道结束时的熄弧操作。一条焊道结束时收尾,如果立即将电弧熄灭,会在焊道尾端出现低于焊件表面的弧坑,过深的弧坑会使焊道收尾处强度减弱,并易造成应力集中而产生裂纹。所以,焊道的收尾应不是简单的收弧,而应将弧坑填满。

2. 焊条电弧焊不开坡口(Ⅰ形)平对接焊

1)ZX5-400 型焊机的使用

ZX5-400 型晶闸管整流弧焊机采用晶闸管整流,电源效率高,单位容量耗材小,省电,动特性良好,电网电压波动时,可通过补偿电流使焊接电流稳定。ZX5-400 型晶闸管整流弧焊机外形如图 4-22 所示。焊机有遥控操作和面板操作两种方法。在焊接结束关机前,须让焊机在空载状态下运行 3 min 左右,然后按下电源按钮开关,关闭电源。当人员离开焊机时,应切断电网输入电压。

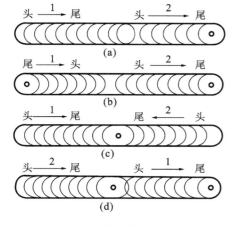

图 4-21 四种焊道接头的方式

1—先焊焊道;2—后焊焊道

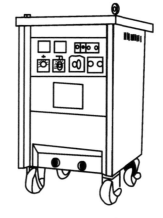

图 4-22 ZX5-400 型弧焊整流器外形图

2) 工件组对与定位焊

组对装配时,将厚度 4~8 mm 的两块钢板置于平板上,根部间隙在 0.5~2.0 mm 时,采用 ϕ3.2 mm 的 E4303 焊条、130~140 A 的焊接电流在两端焊接约 10 mm 长的焊缝定位(见图 4-23)。定位焊时焊接电流应比正式焊接时大 10%~15%,以免出现未焊透等缺陷。

装配时,应保证两板对接处平齐,无错边。如板厚较小,可沿接头间隔 70~100 mm 进行多点定位。定位焊一般要形成最终焊缝金属,因此,选用的焊条要与正式焊接用焊条相同。另外,定位焊缝余高不能太大,如定位焊缝有开裂、未焊透、超高等缺陷,必须铲除或打磨,必要时需重新定位。

3) 焊接

调节焊接电流为 120~130 A。先进行正面焊缝的焊接,然后再将焊件翻转进行背面焊缝的焊接。焊接时,一般采用直线运条,为获得较大的熔深和宽度,运条速度可慢一些或作微微搅动。平对接焊接操作如图 4-24 所示。

正面焊缝焊完后,将焊件翻转,清理熔渣,选择稍大的焊接电流进行焊接,以避免产生未焊透现象。如果在焊接时焊件温度较高,可采用稍快的焊接速度进行焊接。如果焊接厚度在 3 mm 以下的薄焊件,焊接时易出现烧穿,装配时可不留间隙,定位焊缝可采用多点密集形式。操作中采用短弧和快速直线往复运条法,也可以用分段焊接。必要时可将一头垫起,使其倾斜 5°~10° 进行下坡焊,如图 4-25 所示。

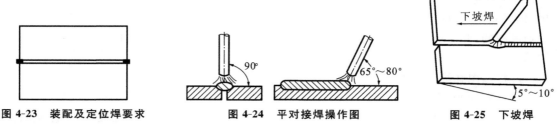

图 4-23　装配及定位焊要求　　　图 4-24　平对接焊操作图　　　图 4-25　下坡焊

3. 焊条电弧焊 T 形接头船形焊及平角焊

1) 船形焊

(1) 工件组对定位焊　将焊件装配成 90° 夹角的 T 形接头(可用样板定位),不留间隙,采用正式焊接用焊条进行定位焊,定位焊的位置应在焊件两端的前后对称处,如图 4-26 所示。四条定位焊缝的长度均为 10~15 mm。装配完毕须校正焊件,保证立板的垂直度。

图 4-26　T 形接头定位焊　　　　图 4-27　船形焊焊条角度

(2) 焊接　分两层介绍如下。

① 第一层的焊接。采用 ϕ3.2 mm 的焊条进行焊接,焊接电流为 130~140 A。将 T 形接头焊件翻转 45° 放置,如图 4-27 所示。焊接时焊条与两侧钢板之间的夹角为 45°,与焊接方向

的夹角为 70°～80°,焊接时采用锯齿形或月牙形运条,电弧在焊道两侧稍作停留。尽量控制两侧焊脚的均匀,运条过程摆动幅度要一致。待 T 形接头一侧焊缝完成后,将焊件翻转至另一侧位置,再进行焊接。

　　② 第二层的焊接。将第一层焊缝的熔渣去除,改用 φ4.0 mm 的焊条,焊接电流调至 180 A 左右,采用与第一层同样的方法焊接第二层焊缝。焊缝表面成形呈下凹形为好;若呈凸起状,则说明焊条摆动时两侧停顿不足或焊接速度太慢。将完成的焊件焊缝表面及飞溅清理干净,使露出金属光泽。焊缝表面不得有焊瘤、气孔、夹渣、咬边等缺陷。

　　2) 平角焊

　　(1) 单道平角焊　分两层介绍如下。

　　① 第一层的焊接。可采用 φ3.2 mm 的焊条,焊接电流为 130 A 左右。焊接时可采用直线运条,焊条位于两板接缝部位;焊接速度要均匀;焊条与平板的夹角为 45°,与焊接方向的夹角为 65°～80°(见图 4-28)。焊接过程中要始终注视熔池中的情况,一方面要保持熔池在焊接处不上偏或下偏,另一方面要保持熔渣对熔化金属的保护作用,既不超前,也不拖后。超前会引起夹渣,拖后会导致焊缝表面粗糙。在第一条焊缝完成之后,翻转焊件进行另一侧焊缝的焊接。

　　② 第二层的焊接。在第一层焊缝完成之后,清理焊缝表面的熔渣,更换直径为 4.0 mm 的焊条,焊接电流调整至 180 A 左右进行第二层焊缝的焊接。焊接时采用图 4-29 所示的斜圆圈形运条,依靠运条达到所需要的焊脚尺寸。焊接过程中应始终注意保持焊条角度的正确,注意焊脚尺寸的一致性,焊道收尾时要填满弧坑。

　　(2) 多道多层平角焊　与其他 T 形接头定位焊的相同。第一层焊接与前面平角焊焊接第一层同。第二层焊接将第一层焊缝表面熔渣清理干净,焊条直径和焊接电流不变,进行第二层共两道焊缝的焊接,如图 4-30 所示。

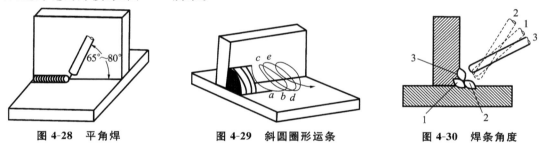

图 4-28　平角焊　　　　图 4-29　斜圆圈形运条　　　　图 4-30　焊条角度

　　① 第一道焊缝(总第二道)的焊接。在焊接第二层第一道焊缝时,应使焊缝覆盖第一层焊道的 2/3 以上,并保证这条焊道的下边缘是所要求的焊脚尺寸线。此时焊条与下板的角度在 45°～55°之间,以使水平板与焊道熔合良好。焊条与焊接方向的夹角为 70°～80°,采用直线运条或斜圆圈形运条。这条焊道应保持平直而且宽窄一致,以获得良好成形的基础。

　　② 第二道焊缝(总第三道)的焊接。第二道焊缝的焊接应覆盖第一道焊缝的 1/3～1/2,焊条的落点应在第一道焊缝与立板的夹角处,焊条与水平板的夹角为 40°～45°,采用直线运条。

　　【知识链接】

　　焊缝是焊件焊接后所形成的结合部分。焊缝按不同分类方法可分为下列几种形式。

　　(1) 按焊缝在空间的位置的不同可分为平焊缝、横焊缝、立焊缝和仰焊缝四种形式,如图 4-31 所示。

　　(2) 按焊缝结合形式不同可分为对接焊缝、角焊缝和塞焊缝三种形式。

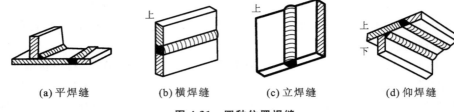

(a) 平焊缝　　　　(b) 横焊缝　　　　(c) 立焊缝　　　　(d) 仰焊缝

图 4-31　四种位置焊缝

（3）按焊缝断续情况可分为以下三种。

① 定位焊缝。焊前为装配和固定焊件的位置而焊接的短焊缝,称为定位焊缝。

② 连续焊缝。沿接头全长连续焊接的焊缝。

③ 断续焊缝。沿接头全长具有一定间隙的焊缝,称为断续焊缝。它又可分为并列断续焊缝和交错断续焊缝。断续焊缝只适用于对强度要求不高,以及不需要密封的焊接结构。

4.3　气焊与气割

氧气是气焊、气割过程中的一种助燃气体,其化学性质极为活泼。高压的氧气如果与油脂等易燃物质相接触时,就会发生剧烈的氧化反应而使易燃物自行燃烧,在高压和高温的作用下,氧化反应更加剧烈而引起爆炸;乙炔是气焊、气割过程中一种可燃气体,乙炔具有爆炸的危险性,当压力在 0.15 MPa 时,如果气体温度达到 580～600 ℃,乙炔就会自行爆炸。

（1）气焊　气焊是利用气体燃烧火焰作为热源的一种熔化焊方法。

（2）气割　气割是利用可燃性气体与助燃性气体混合燃烧所放出的热量作为热源,进行金属材料切割的一种方法。

4.3.1　气焊

1. 气焊、气割的设备

1) 氧气与氧气瓶

气焊、气割时所使用的氧气是储存于高压氧气瓶中的,氧气瓶的外表涂天蓝色,瓶体上用黑漆标注"氧气"字样。常用气瓶的容积为 40 L,在 150 MPa 压力下,可储存 6 m³ 的氧气。氧气瓶的形状如图 4-32 所示,由瓶体、瓶帽、瓶阀及瓶箍等组成,瓶阀的一侧装有安全膜;当瓶内压力超过规定值时,安全膜片即自行爆破,从而保护了氧气瓶的安全。

气焊、气割时氧气的纯度越高,工作质量和生产率越高,氧气的消耗量就越小,因而氧气的纯度越高越好。一般来说,对于质量要求较高的气焊,氧气的纯度不应低于 99.2 %,气割时氧气的纯度不应低于 98.5 %。

使用氧气瓶时,应注意以下几点。

（1）氧气瓶在使用时应直立放置,安放平稳,防止倾倒。只有在特殊情况下才允许卧放,但瓶头一端必须垫高,防止滚动。

（2）瓶阀可用扳手直接开启与关闭。氧气瓶开启时,焊工应站在出气口的侧面,先拧开瓶阀吹掉出气口内的杂质,再与氧气减压器连接。开启和关闭不要用力过猛。

（3）氧气瓶内的氧气不能全部用完,至少应保持 0.1～0.3 MPa 的压

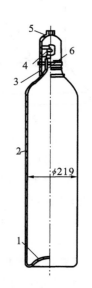

图 4-32　氧气瓶

1—瓶底;2—瓶体;

3—瓶箍;4—氧气瓶阀;

5—瓶帽;6—瓶头

力,以便充氧时鉴别气体性质和吹除瓶阀内的杂质,还可以防止在使用中可燃气体倒流或空气进入瓶内。

（4）夏季露天操作时,氧气瓶应放置在阴凉处,避免阳光的强烈照射。

（5）储运时应在瓶阀上戴安全帽;瓶身应装上减振圈;装、卸车及运输时应避免撞击,要轻装轻卸。

2）乙炔与乙炔瓶

乙炔是一种无色而带有特殊臭味的碳氢化合物,其分子式为 C_2H_2。在标准状态下密度比空气小。乙炔与氧气混合燃烧时产生的火焰温度为 $3\,000\sim3\,300$ ℃,足以迅速将金属加热到较高温度进行焊接与切割。压力越高或温度越高,乙炔越容易自行爆炸。

乙炔与纯铜或纯银长期接触后生产一种爆炸性的化合物乙炔铜或乙炔银,当它们受到剧烈震动或者加热到 $110\sim120$ ℃时就会引起爆炸。所以凡是与乙炔接触的器具设备禁止用纯银或纯铜制造,只能用铜的质量分数不超过 70％的铜合金制造。乙炔和氯、次氯酸盐等化合会发生燃烧与爆炸,所以乙炔燃烧时,绝对禁止用四氯化碳来灭火。

乙炔瓶的形状和构造如图 4-33 所示,外表涂白色,并用红漆标注"乙炔"字样。乙炔瓶内装着浸有丙酮的多孔填料,最高压力为 1.5 MPa,使乙炔稳定而安全地储存在乙炔瓶内,以便溶解再次注入的乙炔。使用乙炔必须严格按照安全规则使用。

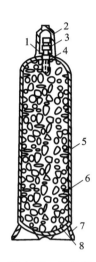

图 4-33 乙炔瓶

1—瓶口;2—瓶帽;
3—瓶阀;4—石棉;
5—瓶体;6—多孔性填料;
7—瓶座;8—瓶底

3）减压器

减压器具有减压和稳压作用。由于气瓶内的压力较高,而气焊、气割时所需的工作压力却较小,如氧气的工作压力一般要求为 $0.1\sim 0.5$ MPa,乙炔的工作压力最高不超过 0.15 MPa,因此,需要用减压器把储存在气瓶内的高压气体降为低压气体,才能输送到焊、割炬内使用。在使用时,随着气体的消耗,气瓶内气体的压力是逐渐下降的,即在气焊、气割工作中气瓶内的气体压力是时刻变化的,这种变化会影响气焊（割）过程的顺利进行。因此,这就需要使用减压器保持输出气体的压力和流量都不受气瓶内气体压力下降的影响,使工作压力自始至终保持稳定。

图 4-34 所示为氧气减压器的构造,图 4-35 所示为乙炔减压器的外形。

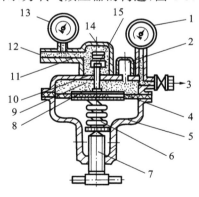

图 4-34 氧气减压器

图 4-35 乙炔减压器的外形

1—低压表;2—安全阀;3—气体出口;4—弹性薄膜;5—外壳;6—主弹簧;
7—调节螺丝;8—传动杆;9—低压室;10—活门室;11—高压室;
12—气体入口;13—高压表;14—副弹簧;15—减压活门

2. 气焊、气割的材料

1）气焊丝

气焊丝为气焊过程中的填充金属材料。常用的气焊丝有碳素结构钢焊丝、合金结构钢焊丝、不锈钢焊丝、铜及铜合金焊丝、铝及铝合金焊丝和铸铁焊丝等。在气焊过程中，焊缝金属的化学成分和质量很大程度上是取决于焊丝的化学成分。一般来说，焊接黑色金属和有色金属所用的焊丝化学成分基本上是与被焊金属的化学成分相同的，有时为了使焊缝具有较好的质量，在焊丝中也加入其他合金元素。

2）气焊熔剂

气焊过程中，被加热后的熔化金属极易与周围空气中的氧化生成氧化物，使焊缝产生气孔和夹渣等缺陷。为了防止金属的氧化及消除已形成的氧化物，在焊接有色金属（如铜及铜合金、铝及铝合金等）、铸铁及不锈钢等材料时，通常必须采用气焊熔剂。气焊熔剂可以在焊前直接撒在焊件坡口上或者蘸在气焊丝上加入熔池。

3）焊炬

气焊时用于控制气体混合比、流量及火焰并进行焊接的工具称为焊炬。焊炬的作用是将可燃气体和氧气按一定的比例混合，并以一定速度喷出燃烧而生成具有一定能量、成分和形状稳定的焊接火焰。焊炬按可燃气体与氧气混合的方式不同可分为低压焊炬和等压焊炬两类，低压焊炬又分为换嘴式和换管式两种，常用的是低压焊炬。低压焊炬的构造如图 4-36 所示。

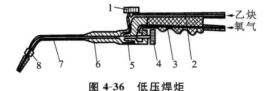

图 4-36　低压焊炬

1—乙炔阀；2—乙炔管；3—氧气管；4—氧气阀；5—喷嘴；6—射吸管；7—混合气管；8—焊嘴

4.3.2　气割

1. 割炬及气割的辅助工具

1）割炬

割炬是气割工作的主要工具。割炬的作用是将可燃气体与助燃气体按一定比例和方式混合燃烧后，形成具有一定热量和形状的预热火焰，并在预热火焰中心喷射出切割氧气以进行切割。按可燃气体与氧气混合的方式不同，割炬可分为低压割炬和等压割炬两种，其中低压割炬使用较多，如图 4-37 所示。按用途不同，割炬可分为普通割炬、重型割炬、焊割两用炬等。

割炬与焊炬不同点在于焊嘴与割嘴的结构形式不同，割嘴混合气体的喷射孔有环形和梅花形两种，如图 4-38 所示。

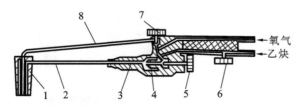

图 4-37　低压割炬的构造

1—割嘴；2—混合气管；3—射吸管；4—混合室；
5—氧气阀；6—乙炔阀；7—切割氧气阀；8—切割氧管

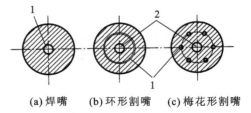

(a) 焊嘴　(b) 环形割嘴　(c) 梅花形割嘴

图 4-38　割嘴与焊嘴的截面比较

1—混合气体喷孔；2—高压氧喷孔

2）气割的辅助工具

（1）护目镜 主要是保护焊工的眼睛不受火焰光的刺激，以便在气割过程中仔细观察割缝，还可防止飞溅金属微粒溅入眼睛内。护目镜的镜片颜色和深浅，根据焊工需要进行选择。一般宜用 3 号到 7 号的黄绿色镜片。

（2）氧气和乙炔胶管 输送氧气瓶和乙炔瓶中气体的橡皮管，根据 GB 9448—1999 规定，氧气管为黑色，内径为 8 mm，允许工作压力为 1.5 MPa；乙炔管为红色，内径为 10 mm，允许工作压力为 0.5 MPa。连接割炬的胶管长度一般在 10～15 m 为宜。皮管应禁止油污和漏气，严禁互换使用。

（3）点火枪 使用手枪式点火枪点火最为安全方便，可以避免气割时手被烧伤。

（4）其他工具 清理割缝的工具，如钢丝刷、手锤、锉刀等；连接和启闭气体通路的工具，如钢丝钳、铁丝、皮管夹头、扳手等；清理割嘴用的通针，一般为粗细不等的钢质通针一组，以便于清除堵塞割嘴的脏物。

2. 回火及回火保险器

1）回火

在气焊、气割工作中有时会发生气体火焰进入喷嘴内逆向燃烧的现象，称为回火。回火有逆火和回烧两种。发生回火的根本原因是混合气体从焊炬喷射孔的喷出速度小于混合气体燃烧的速度。

2）回火保险器

为了防止回火的发生，必须在乙炔软管和乙炔瓶之间装置专门的防止回火的设备——回火保险器。回火保险器可以把倒流的火焰与乙炔瓶隔绝开来，在回烧发生时立即将乙炔的来源断绝，避免倒流的火焰烧到乙炔瓶内。操作过程中，一旦发生回火（火焰爆鸣熄灭，并发出"嗞嗞"的火焰倒流声），应迅速关闭乙炔调节阀门和氧气调节阀门，切断乙炔和氧气的来源。当回火焰熄灭后，再打开氧气阀门，将残留在焊割炬内的余焰和烟灰彻底吹除，重新点燃火焰继续进行工作。若工作时间很长，焊割炬过热，可放入水中冷却，清除喷嘴上的飞溅物后，再重新使用。

3. 气割原理

气割是利用气体火焰的热能，将工件切割处预热到一定温度后，喷出高速氧气流，使其燃烧并放出热量实现切割的过程。氧气切割的过程包括下列三个阶段：气割开始时，用预热火焰将金属（起割处）预热到燃点；向金属喷射出切割氧，使其燃烧；金属燃烧氧化后生成熔渣和产生反应热，熔渣被切割氧吹除，所产生的热量和预热火焰热量将下层金属加热到燃点，从而持续地将金属割穿，随着割炬的移动，就切割成所需的形状和尺寸，如图 4-39 所示。

氧气切割的过程是预热→燃烧→吹渣过程。但并不是所有的金属都能满足这一过程的要求，进行气割的金属必须具备下述条件。

（1）金属的燃点低于熔点：如碳的质量分数大于 0.7% 的高碳钢、铝、铜及铸铁的燃点比熔点高，不能用普通氧气切割。

（2）金属气割时形成氧化物的熔点应低于金属本身的熔点。

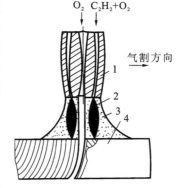

O₂ C₂H₂+O₂

气割方向

图 4-39 气割过程示意图

1—割嘴；2—切割氧射流；
3—预热焰；4—割件

（3）金属在切割氧中燃烧应是放热反应，如气割低碳钢时，由金属燃烧所产生的热量约占70%，预热火焰所产生的热量约占30%，共同对金属进行加热，才能使气割持续进行。

（4）金属的导热性不应高。

（5）金属中阻碍气割过程和提高可淬性的杂质要少。

4. 气割工艺参数

1）气割氧的压力

在其他条件一定的情况下，如氧气压力不足，会引起金属燃烧不完全，会降低气割速度，同时熔渣难以全部吹除，出现割不透的问题，而且割缝的背面会有挂渣。如氧气压力太大，过剩的氧起到了冷却作用，不仅影响气割速度，而且割口表面粗糙、割缝加大，也浪费氧气。一般选择氧气压力的根据是：随割件厚度和割嘴号码的增大而增大；氧气纯度低时，应相应增大气割氧的压力。

2）气割速度

气割速度与割件厚度和割嘴形状有关。割件越厚，气割速度越慢；反之，则气割速度越快。气割速度过慢，会使割缝边缘熔化；速度过快，会产生很大的后拖量（沟纹倾斜）或割不穿。气割速度可根据割缝后拖量 $l(l')$ 来判断。所谓后拖量，是指切割面上的切割氧流轨迹的始点与终点在水平方向的距离，如图 4-40 所示。

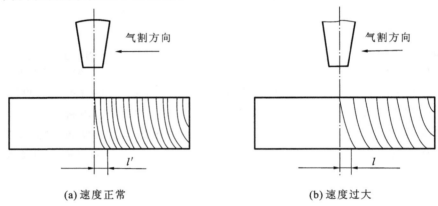

(a) 速度正常　　　　　　　　　　(b) 速度过大

图 4-40　切割速度对后拖量的影响

3）预热火焰的能率

预热火焰的能率与割件厚度有关。割件越厚，火焰能率应越大；但火焰能率过大会使割缝边缘熔化，同时造成割缝的背面黏渣增多而影响气割质量。当火焰能率过小时，割件得不到足够的热量，使气割速度减慢，甚至使气割过程发生困难。

4）割嘴与割件的倾斜角度

割嘴与割件的倾角，直接影响气割速度和后拖量。当割嘴沿气割方向的相反方向倾斜一定的角度时，能使氧化燃烧而产生的熔渣吹向切割线的前缘，这样，可充分利用燃烧反应产生的热量来减少后拖量，从而使气割速度提高。

5）割嘴与割件表面的距离

减小割嘴与割件表面的距离，能提高气割速度和质量。但距离过近，会造成割件边缘熔化，钢板表面的氧化皮会堵塞嘴孔从而造成回烧，所以割嘴与割件表面的距离不能太近。在通常情况下，其距离为 3～5 mm。

4.3.3　焊接任务实施

1. 板件气焊

1) 焊前准备

设备与工具主要有氧气瓶、乙炔瓶、焊炬、护目镜、通针、打火枪、电动角磨机、钢丝钳等。焊件可采用两块厚度 $\delta=2$ mm 的低碳钢板。焊接材料为氧气、乙炔、H08 型焊丝($\phi 1.6$ mm)。焊前将焊件待焊处两侧的氧化皮、铁锈、油污、脏物等用电动角磨机或砂纸进行清理,使焊件露出金属光泽。

将两块钢板水平对接放置在耐火砖上,预留 0.5～1 mm 的间隙,按图 4-41 所示进行每间隔 50 mm 的定位焊,每段定位焊长度为 5～7 mm。定位焊如产生缺陷,必须铲除或打磨修补,以保证质量。定位焊后的焊缝,预先制作 20° 左右的反变形,如图 4-42 所示。

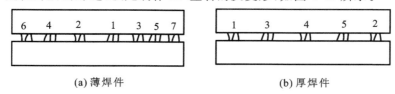

(a) 薄焊件　　　　　　　　　　(b) 厚焊件

图 4-41　焊件定位焊的顺序

2) 焊接

采用左焊法,从距右端 30 mm 处进行施焊,待焊至终点后再从原起焊点左侧 5 mm 处进行反向施焊。焊炬与焊丝端头的位置如图 4-43 所示。

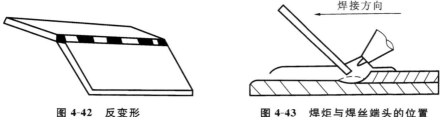

图 4-42　反变形　　　　　　**图 4-43　焊炬与焊丝端头的位置**

焊接过程应先使火焰加热焊件至出现完整的熔池,然后将焊丝融入。焊炬在移动过程中应作适当的摆动,但摆动的方法要视焊件厚度而定,常用的摆动方法如图 4-44 所示。焊接过程中如发现熔池不清,有气泡、火花飞溅或熔池沸腾现象,应及时将火焰调整为中性焰,然后继续进行焊接;要始终控制熔池大小的一致,如出现熔池过小,焊丝不能与焊件熔合,应增大焊炬的倾角,减小焊接速度;如出现熔池过大,则应迅速提起火焰或减小焊炬的倾角、增大焊接速度,并要多加焊丝。

焊薄件 $\delta<2$ mm　　　　　焊较厚件 $\delta=2～5$ mm　　　　　焊厚件 $\delta>5$ mm

图 4-44　火焰摆动方法

焊后用钢丝刷对焊缝进行清理,检查焊缝质量。焊缝不可有裂纹、焊瘤、烧穿、凹陷、气孔等缺陷。焊缝余高为 1～2 mm,焊缝宽度为 6～8 mm 为宜。

3) 板件气焊时应注意的问题

焊接过程中对熔池温度的控制是关键。开始练习时可采用将火焰挑起的方法控制熔池温度不致连续升高,左手加焊丝的动作要连贯,当熔池温度升高时可同时加快焊接速度和送丝速度。

2. 手工气割钢板

1）气割前准备

使用的设备与工具有氧气瓶、乙炔瓶、氧气减压器、乙炔减压器、G01-30 型割炬（含割嘴）及辅助工具（如护目镜、通针、扳手、点火枪、钢丝刷、钢丝钳等）。割件可采用 Q235 钢板，厚度为 4 mm、10 mm 及 28 mm 三种。

2）中厚板气割

将 10 mm 的钢板用钢丝刷仔细清理表面，去除鳞皮、铁锈等，背面用耐火砖将割件垫起。

点火后，调节火焰为中性焰或轻微氧化焰。中性焰为氧气和乙炔混合比为 1.1～1.2 时气体燃烧所形成的火焰，如图 4-45 所示。先检查割炬的射吸能力和切割氧流的形状（风线形状）。打开切割氧阀门，观察风线，应为笔直而清晰的圆柱体，并有一定的挺度。若风线不规则，应当关闭割炬所有阀门，用通针修整切割氧喷嘴或割嘴；若调整不好，则应更换割嘴。

　　(a) 中性焰　　　　　　(b) 碳化焰　　　　　　(c) 氧化焰

图 4-45　氧炔焰的种类、外形及构造图

操作姿势一般采用蹲姿。双脚成"八"字形蹲在割件一旁，右手握住割炬手柄，同时用拇指和食指握住预热氧的阀门，右臂靠右膝盖，左臂悬空在两脚中间，左手的拇指和食指把住并控制切割氧的阀门，其余手指平稳地托住混合管，左手同时起把握方向的作用。

在割件的割线右端开始预热，待预热处呈现亮红色时，将火焰略微移至边缘以外，同时慢慢打开切割氧阀。当看到预热的红点在氧气中被吹掉，再进一步加大切割氧阀门，割件的背面飞出鲜红的氧化铁渣，说明割件已被割透，再将割炬以正常的速度从右向左移动。

需要停止切割时，应先将切割氧阀门关闭，再将割嘴从割件上移开。

练习气割时可先在钢板上划线，用割炬不点火进行练习，然后再进行实际切割。

3）厚板的切割

将 28 mm 的钢板用耐火砖垫好，然后进行切割。厚板的切割应注意采用较大的火焰能率和较慢的切割速度；起割处割嘴向切割方向倾斜一定的角度（5°～10°）；正常切割时保持割嘴与割件表面垂直；在停割前应先将割嘴沿切割方向的反向倾斜一定的角度，以便将钢板下部提前割透，再将割件割完后停割。必要时割嘴可在切割时作横向月牙形或"之"字形摆动。

割嘴的各种倾斜角度如图 4-46 所示。

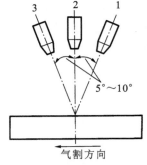

图 4-46　割嘴的倾斜角
1—割嘴沿切割反向的倾角；2—割嘴垂直；
3—割嘴沿切割方向的倾角

4）薄板的切割

将 4 mm 厚的钢板用耐火砖垫好，然后进行切割。薄板的切割应注意采用较小的火焰能率和较快的切割速度，切割时应将割嘴沿切割方向的反向倾斜一定的角度（30°～60°），以防止切割处过热而熔化。另外，切割时应使割嘴与割件表面保持较大的距离，防止热量过分集中。

5）气割切口表面质量要求

气割切口表面质量主要有：切口表面应光滑干净，割纹要粗细均匀；气割的氧化铁挂渣要少，且容易脱落；气割切口的间隙要窄，而且宽窄一致；气割切口的钢板没有熔化现象，棱角完整；切口应与割件平面相垂直；割缝不歪斜。

6）气割的注意事项

（1）气割前必须检查和调整好风线的形状。

（2）气割时除了要仔细观察割嘴和割缝外，同时要注意，当听到"噗噗"声时为割穿，否则未割穿。

（3）气割过程中身体要放松，呼吸要自然，手握割炬不可太紧。

（4）切割过程中应熟练掌握割炬上各个调节阀的开与关。

（5）若割缝较长，气割者的身体要更换位置时，应先关闭切割氧阀门，待身体移好位置后，再对准割缝的切割处重新预热起割。

（6）割炬移动的速度要均匀，割嘴到割件表面的距离应保持一定。

【知识链接】

使用乙炔瓶时，应注意以下几点。

（1）乙炔瓶在使用时只能直立放置，不能横放；否则，会使瓶内的丙酮流出，甚至会通过减压器流入乙炔胶管和焊割炬内，引起燃烧或爆炸。

（2）乙炔瓶应避免剧烈的振动和撞击，以免填料下沉形成空洞，影响乙炔的储存甚至造成乙炔的爆炸。

（3）工作时，使用乙炔的压力不允许超过 0.15 MPa，输出流量不能超过 1.5～2.5 L/min。

（4）乙炔瓶阀与减压器的连接必须可靠，严禁在漏气的状态下使用。

（5）乙炔瓶内的乙炔不能完全用完，当高压表读数为零，低压表的读数为 0.01～0.03 MPa 时，应关闭瓶阀，禁止使用。

（6）乙炔瓶表面的温度不应超过 30～40 ℃，夏季使用乙炔瓶时应注意不可使其在阳光下曝晒，应将其置于阴凉通风处。

（7）乙炔瓶与氧气瓶禁止混放。使用时，乙炔瓶应与氧气瓶相距 5 m 以上。

常用金属气割性能见表 4-4。

表 4-4　常用金属气割性能

金　　属	金属熔点／℃	氧化物熔点／℃	金属燃点／℃	气割性能
纯铁	1 535	1 300～1 500	1 100	气割顺利
低碳钢	1 500	1 300～1 500		气割顺利
高碳钢	1 300～1 400	1 300～1 500	>1 100	气割困难
灰铸铁	1 200	1 300～1 500		不能气割
紫铜	1 083	1 230～1 326		不能气割
铝	657	2 020		不能气割

焊接是通过加热或加压或者两者并用，并且用或不用填充材料，使金属材料达到原子结合的加工方法。与其他的连接方法相比，焊接具有节省金属材料、接头密封性好、经济性好等优点。目前，在机械制造、造船工业、电力设备生产、航空航天工业和建筑行业中都得到了广泛的应用。

第5章　钳工实训

【学习目标】

（1）了解钳工的种类及主要任务。

（2）了解钳工实习工作场地布局。

（3）熟悉钳工常用设备的使用及维护保养。

（4）了解钳工实习场地的规章制度及安全文明生产的要求。

（5）了解丝锥的结构特点及类型。

（6）掌握传动机构的装配方法及轴承的装配和调整方法。

（7）掌握平面和曲面刮削的方法和研磨质量的检测方法。

【能力目标】

（1）学会平面划线和立体划线的方法步骤。

（2）熟练掌握锉、锯、钻等钳工基本技能，并达到一定的精度要求。

（3）熟练运用各种钳工设备，并对一般工件进行加工制作。

（4）正确地检查、修补各配合面的间隙，并达到锉配要求。

（5）掌握起锯和锯削技能。

（6）掌握錾子和手锤的握法及锤击动作，錾削的姿势、动作应正确且协调自然。

（7）掌握攻螺纹、套螺纹的加工方法，能够分析和解决攻、套螺纹时经常出现的各种问题。

【内容概要】

钳工是指使用钳工工具或机械设备，按技术要求对工件进行加工、修整、装配的工种。本章主要介绍钳工的一些基本知识，包括钳工的工作场地、钳工的常用设备、安全文明生产知识，以及金属切削与刀具知识。

5.1　钳工入门知识

使用钳工工具、钻床等，以手工操作为主，对金属材料进行加工，完成零件的制作，以及机器装配、调试和修理的工种称为钳工。钳工的工作范围很广，灵活性很大，适用性很强。

（1）钳工概述　在工业生产中，各种机械设备的装配和调试最终都由钳工来完成；设备在使用过程中出现故障、损坏、丧失精度等，都需要钳工来维护、修理；工具、夹具、量具及模具的制造、维修、调整等，也需要钳工来完成；另外，技术改造、工装改进、零件的局部加工，甚至用机械设备无法进行的零件加工，都需要由钳工来完成。

（2）钳工常用设备　钳工工作场地内常用的设备有：钳工工作台、台虎钳、台式钻床、立式钻床、摇臂钻床等。

5.1.1　概述

1. 钳工概述

1）钳工的主要工作任务

钳工是机械制造业中不可缺少的工种。它们的主要任务是：零部件的划线、产品加工、装配、检查、调试、维修，以及制造工具、夹具、量具、模具等。

2）钳工种类

钳工按工作性质分主要有装配钳工、机修钳工、划线钳工、模具钳工、工具钳工五类。

2. 钳工常用设备

1）钳工工作台

钳工工作台，也称钳台或钳桌，是钳工专用的工作台。台面上装有台虎钳、安全网，也可以放置平板、钳工工具、量具、工件和图样等，如图 5-1 所示。

钳台多为铁木结构，台面上铺有一层软橡皮。其高度一般为 $800 \sim 900$ mm，长度和宽度可根据需要而定。装上台虎钳后，操作者工作时的高度应比较合适，一般多以钳口高度恰好等于人的手肘高度为宜。

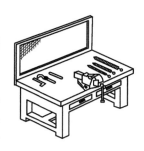

图 5-1　钳工工作台

2）台虎钳

台虎钳由两个或三个紧固螺栓固定在钳台上，用来夹持工件。其规格以钳口的宽度来表示，常用的有 100 mm、125 mm、150 mm 等。

台虎钳有固定式和回转式两种，如图 5-2（a）和（b）所示。后者使用较方便，应用较广。它由丝杠 1、活动钳身 2、固定钳身 4、螺母 5、转盘座 7 和导轨 9 等主要部分组成。

操作时，顺时针转动长手柄 8，可使丝杠 1 在螺母中旋转，并带动活动钳身 2 向内移动，将工件夹紧；当逆时针旋转长手柄 8 时，可使活动钳身向外移动，将工件松开。固定钳身 4 装在转盘座 7 上，并能绕转盘座轴心线转动，当转到要求的方向时，扳动松紧装置 6 使夹紧螺钉旋紧，将台虎钳整体锁紧在钳桌上。

（a）固定式台虎钳

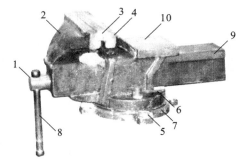

（b）回转式台虎钳

图 5-2　台虎钳

1—丝杠；2—活动钳身；3—钳口；4—固定钳身；5—螺母；6—松紧装置；
7—转盘座；8—长手柄；9—导轨；10—砧板

3）台式钻床

台式钻床是一种小型钻床，简称台钻。其结构简单，操作方便，可用来钻直径在 13 mm 以下的孔,适用于加工小型工件。台钻主轴转速较高,常用带传动,由五级带轮变换转速,因此,一般不宜在台钻上进行锪孔、铰孔和攻螺纹等加工。台式钻床主轴的进给只有手动进给,而且一般都具有表示或控制孔深度的装置,如刻度盘、刻度尺、定位装置等。钻孔后,主轴能在弹簧的作用下自动上升复位。如图 5-3 所示,电动机 6 通过五级带轮 3 可使主轴 1 获得 5 种不同的转速。机头 2 套在立柱 8 上,摇动摇把 4 作上下移动,并可绕立柱中心转动,调整到适当位置后用锁紧手柄 9 锁紧。

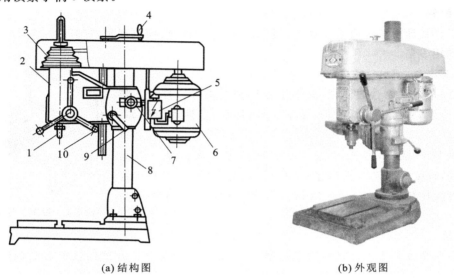

(a) 结构图　　　　　　　　　　　　　　　　(b) 外观图

图 5-3　台式钻床

1—主轴;2—机头;3—带轮;4—摇把;5—接线电源;6—电动机;
7—螺钉;8—立柱;9—锁紧手柄;10—进给手柄

4) 立式钻床

立式钻床是一种中型钻床,按最大的钻孔直径区分,有 25 mm、35 mm、40 mm 和 50 mm 等规格,适用于钻孔、扩孔、铰孔和攻螺纹等加工,其结构如图 5-4 所示。

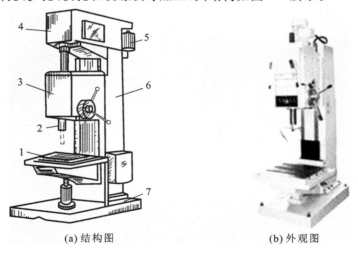

(a) 结构图　　　　　　　　　　　　　　　　(b) 外观图

图 5-4　立式钻床

1—工作平台;2—主轴;3—进给箱;4—变速箱;5—电动机;6—立柱;7—底座

电动机通过主轴变速箱(齿轮转动)驱动主轴旋转,变更变速手柄的位置可使主轴获得多种转速。通过进给变速箱,可使主轴获得多种机动进给速度,转动进给手柄可以实现手动进给。工作台装在床身导轨的下方,可沿床身导轨上下移动,以适应不同工件的加工。

5)摇臂钻床

摇臂钻床是一种大型钻床,适用于对笨重的大型、复杂工件及多孔工件的加工。其结构如图 5-5 所示,主要靠移动主轴来对准工件孔的中心,使用时比立式钻床方便。其最大钻孔直径有 63 mm、80 mm、100 mm 等多种规格。摇臂钻床的主轴变速箱 3 能在摇臂 4 上作大范围的移动,而摇臂 4 又能绕立柱 2 回转 360°,并可沿立柱 2 上下移动,所以应用范围较广。加工时工件可压紧在工作台 5 上,也可以直接放在底座 6 上加工。

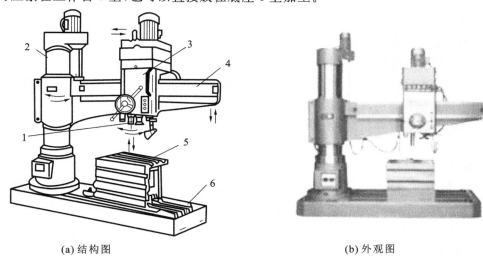

(a)结构图　　　　　　　　　　　　　　　　　　(b)外观图

图 5-5　摇臂钻床

1—主轴;2—立柱;3—主轴箱;4—摇臂;5—工作平台;6—底座

5.1.2　钳工基本操作任务实施

1. 使用台虎钳时的注意事项

(1)安装台虎钳时,一定要使固定钳身的钳口工作面露出钳台的边缘,以便夹持条形的工件。此外,固定台虎钳时螺钉必须拧紧,钳身工作时不能松动,以免损坏台虎钳或影响加工质量。

(2)在台虎钳上夹持工件时,只允许依靠手臂的力量来扳动手柄,决不允许用锤子敲击手柄或用管子接长手柄夹紧,以免损坏台虎钳。

(3)在台虎钳上进行錾削等强力作业时,应使作用力朝向固定钳身。

(4)台虎钳的砧座上可用手锤轻击作业,但不能在活动钳身上进行敲击作业。

(5)丝杠、螺母和其他配合表面应保持清洁,并加油润滑,以使操作省力,防止生锈。

2. 使用台式钻床时的注意事项

(1)严禁带手套操作,必须戴好安全帽。

(2)钻床工作台上禁止堆放物件。

(3)钻削时,必须用夹具夹持工件,禁止用手拿工件,钻通孔时应在其下部垫上垫块。

(4)钻出的切屑禁止用手或棉纱之类物品清扫,也不能用嘴吹,清扫切屑应该用毛刷。在使用过程中,工作台面必须保持清洁。

(5) 应对钻床定期添加润滑油。

(6) 使用钻夹头装卸麻花钻时,需用紧固扳手,不许用手锤等工具敲打。

(7) 变换转速、装夹工件、装卸钻头时,必须停车。

(8) 钻通孔时必须使钻头能通过工作台面上的让刀孔,或在工件下面垫上垫铁,以免钻坏工作台面。

(9) 操作者离开钻床时,必须停车;使用完毕后,及时切断电源。

3. 使用立式钻床时的注意事项

(1) 使用前必须空运转试车,机床各部分运转正常后方可进行操作。

(2) 使用时如采用自动进给,必须脱开自动进给手柄。

(3) 调整主轴转速或自动进给时,必须在停车后进行。

(4) 经常检查润滑系统的供油情况。

(5) 使用完毕后必须清扫设备,保持整洁,上油并切断电源。

4. 使用摇臂钻床时的注意事项

(1) 主轴箱或摇臂移位时,必须先松开锁紧装置,移动至所需位置夹紧后方可使用,操作时可用手拉动摇臂回转。

(2) 钻床使用过程中保持台面整洁。

(3) 发现工件不稳,钻头松动,进刀有阻力时,必须停车检查,清除缺陷后,方可继续加工。

(4) 摇臂钻床工作结束后,必须将主轴变速箱移至摇臂的最内端,以保证摇臂的精度。

(5) 操作者使用完毕后必须将场地清扫整洁,维护保养好钻床,并切断电源。

【知识链接】

(1) 合理布置主要设备　钳工工作台应安放在光线适宜、工作方便的地方,钳工工作台之间的距离应适当。还应在面对面放置的钳工工作台中间安装安全网。砂轮机、钻床应安装在场地的边缘,尤其是砂轮机一定要安装在安全可靠的地方。

(2) 毛坯和工件的放置　毛坯和工件要分别摆放整齐,工件尽量放在搁架上,以免磕碰。

(3) 合理摆放工、夹、量具　常用工、夹、量具应放在工作位置附近,便于随时取用。工具、量具用后应及时保养并放回原处存放。

(4) 工作场地应保持整洁　每个工作日下班后,应按要求对设备进行清理、润滑,并把工作场地打扫干净。

5.2 划　　线

划线是根据加工图样的要求,在毛坯或半成品表面上准确划出加工界线的一种钳工操作技能。划线的作用是给加工者以明确的标志和依据,便于工件在加工时找正和定位,通过借料划线得到补救,合理分配加工余量。

(1) 划线概述　根据图样和技术要求,在毛坯或半成品上用划线工具划出加工界线,或划出作为基准的点、线的操作过程称为划线。

(2) 平面划线和立体划线　划线的方法可以分为平面划线和立体划线两种。平面划线一般要划两个方向的线条,而立体划线一般要划三个方向的线条。

5.2.1　划线概述

划线方法有平面划线和立体划线两种:只需要在工件一个表面上划线后即能明确表示加工界限的,称为平面划线,如图 5-6 所示;需要在工件几个互成不同角度的表面上划线,才能明确表示加工界限的,称为立体划线,如图 5-7 所示。划线的要求是线条清晰、均匀,定形、定位尺寸准确。由于划线的线条有一定的宽度,一般要求划线的精度达到 0.25~0.5 mm。

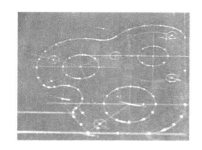

图 5-6　平面划线

图 5-7　立体划线

1. 划线的作用

(1) 确定工件加工余量,使加工有明显的尺寸界限。

(2) 为便于复杂工件在机床上的装夹,可按划线找正定位。

(3) 能及时发现和处理不合格的毛坯。

(4) 当毛坯误差不大时,可通过借料划线的方法进行补救,提高合格率。

2. 划线工具

1) 划线平台

划线平台(又称划线平板)是由铸铁毛坯经精刨或刮削制成。其作用是用来安放工件和划线工具,并在平台工作面上完成划线过程,如图 5-8 所示。

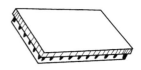

图 5-8　划线平台

2) 划针

如图 5-9(a)所示,划针是直接在毛坯或工件上划线的工具。在已加工表面上划线时,经常使用 $\phi 3 \sim \phi 5$ mm 的弹簧钢丝或高速钢制成的划针,将划针尖部刃磨成 $15° \sim 20°$,并经淬火处理以提高其硬度和耐磨性,如图 5-9(b)所示。在铸件、锻件等表面上划线时,常用尖部焊有硬质合金的划针。划线时,划针应向划线方向倾斜 $45° \sim 75°$。

3) 划规

如图 5-10 所示,划规是用来划圆、划圆弧、等分线段、等分角度和量取尺寸的工具。

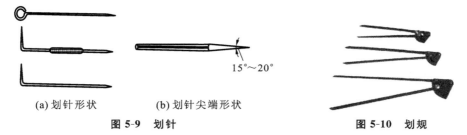

(a) 划针形状　　　　　　(b) 划针尖端形状

图 5-9　划针　　　　　　　　　　　　　　图 5-10　划规

划规的两脚长度要磨得稍有不等长,两脚合拢时脚尖才能靠紧。划圆弧时应将手力作用到作为圆心的一脚,以防中心滑移。

4）划线盘

如图 5-11 所示，划线盘是直接划线或找正工件位置的工具。一般情况下，划针的直头用来划线，弯头用来找正工件。使用划线盘进行划线时，划针应尽量处于水平位置，底面与划线平板之间应保持清洁，划较长直线时要采用分段划线。

5）钢直尺

钢直尺是一种简单的测量工具和划线的导向工具。尺身上有尺寸刻线，最小刻线距离为0.5 mm。

6）高度游标卡尺

如图 5-12 所示，高度游标卡尺是比较精密的量具及划线工具，它可以用来测量高度，又可以用量爪直接划线。其读数精度一般为 0.02 mm。在划线时，划线脚与工件的划线表面之间应成 45°角。毛坯料一般不能直接用高度游标卡尺划线，使用完毕后应及时上油。

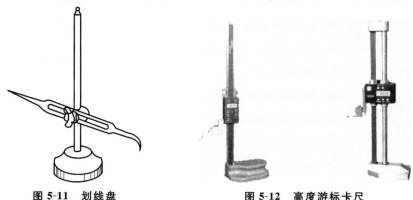

图 5-11　划线盘　　　　　　　　　图 5-12　高度游标卡尺

7）样冲

如图 5-13 所示，样冲用于在工件所划的加工线条上打样冲眼，作为加强工件界限标志，还可用于圆弧中心或钻孔时的定位中心打眼。

图 5-13　样冲及其使用方法

8）支承夹持工件的工具

划线时支承夹持工件的常用工具有垫铁、V 形架、角铁、方箱和千斤顶，分别如图 5-14 至图 5-18 所示。

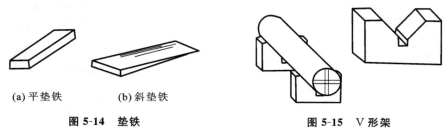

(a)平垫铁　　　　(b)斜垫铁

图 5-14　垫铁　　　　　　　　　　图 5-15　V 形架

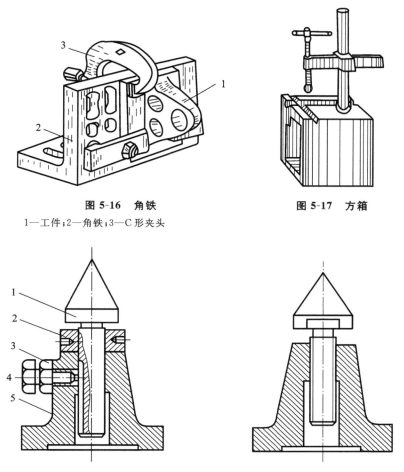

图 5-16 角铁   图 5-17 方箱

1—工件;2—角铁;3—C形夹头

图 5-18 千斤顶

1—顶尖;2—螺母;3—锁紧螺母;4—螺钉;5—基体

5.2.2 平面划线和立体划线

1. 平面划线

1) 样板划线法

样板划线法是指根据工件形状和尺求要求,将加工成形的样板放在毛坯适当的位置上划出加工界限的方法。它适用于形状复杂、批量大、精度要求一般的场合。其优点是容易对正基准,加工余量留得均匀,生产效率高。在板料上用样板划线可以合理排料,提高材料利用率。

2) 几何划线法

几何划线法是根据图样的要求,直接在毛坯或零件上利用平面几何作图的基本方法划出加工界限的方法。它适用于小批量、较高精度要求的场合。它的基本线条有平行线、垂直线、圆弧与直线、圆弧和圆弧连接线等。

2. 立体划线

立体划线时工件的放置、找正、借料及基准的选择简介如下。

1) 工件或毛坯的放置

立体划线时,零件或毛坯放置位置的合理选择十分重要。一般较复杂的零件都要经过 3

次或 3 次以上的位置选择,才能将全部线条划出,而其中特别重视第一划线位置的选择。

2)划线基准的选择

立体划线的每一划线位置都有一个划线基准,而且划线往往就是在这一划线位置开始的。它的选择原则是:尽量与设计基准重合;对称形状的零件,应以对称中心线为划线基准;有孔或凸台的零件,应以主要的孔或凸台的中心线为划线的基准;未加工的毛坯,应以主要的、面积较大的不加工面为划线的基准;加工过的零件,应以加工后的较大表面为划线基准。

3)划线时的找正和借料

找正是利用划线工具检查或校正零件上有关的表面,使加工表面的加工余量得到合理的分布,使零件上加工表面与不加工表面之间尺寸均匀。零件毛坯划线时,经找正后某些部位的加工余量仍不够,这时就要进行借料。所谓借料就是通过试划和调整,使各个加工表面的加工余量合理分配,互相借用,从而保证各个加工表面都有足够的加工余量,而误差和缺陷可以在加工后排除。它是提高毛坯工件合格率的方法之一。

5.2.3　立体划线任务实施

1. 立体划线前的准备工作

(1)划线前,必须认真地分析图样和工件的加工工艺规程,合理选择划线的基准,确定划线方法和找正借料的方案。

(2)清理毛坯件的浇口、冒口,锻件毛坯的飞边和氧化皮,已加工工件的锐边、毛刺等。

(3)根据不同工件,选择适当的涂色剂,在工件上的划线部位均匀涂色。

2. 立体划线的步骤

(1)根据图样分析工件形体结构、加工要求以及与划线有关的尺寸关系,明确划线内容和要求。

(2)清理工件表面,去除铸件上的浇冒口、披缝及表面黏砂等,并对工件涂色,选定划线基准。

(3)根据图样,检查毛坯工件是否符合要求。

(4)恰当地选用工具和正确地安放工件。

(5)找到基准后,进行划线。

(6)复检,并仔细检查有无线条漏划。

(7)划好线条后,再打上检查样冲眼。

【知识链接】

平面划线基准的选择方法简介如下。

划线时,首先要选择和确定基准线和基准平面,然后根据它们划出其余的线。一般可选用图样上的设计基准或重要孔的中心线作为划线基准;如工件上个别平面已加工过,则应选加工过的平面为基准。

常见的划线基准有三种(分别见图 5-19、图 5-20 和图 5-21)。

(1)以两个相互垂直的平面为基准。

(2)以一条中心线和与它垂直的平面为基准。

(3)以两条互相垂直的中心线为基准。

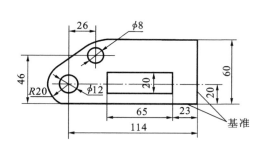

图 5-19　两平面为基准

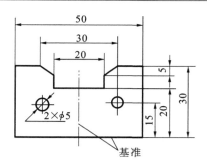

图 5-20　一中心线和一平面为基准

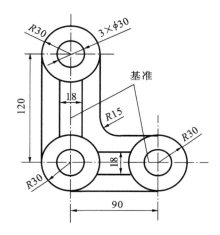

图 5-21　两中心线为基准

5.3　锯　　削

用锯对材料或工件进行切断或切槽等的加工方法,称为锯削。它可以锯断各种原材料或半成品,锯掉工件上多余部分或在工件上锯槽等。

(1) 锯削工具和锯削方法　虽然电火花、线切割在锯料的过程中起着非常重要的作用,但是在企业生产中,采用手锯来进行锯削却还是不可缺少的重要加工方法。锯削加工也是钳工的基本操作技能之一。

(2) 各种材料的锯削方法及常见问题　根据不同的材料能正确选用锯条,对材料进行正确的锯削,操作姿势正确,并能达到一定的锯削精度。

5.3.1　锯削工具和锯削方法

1. 手锯

手锯是由锯弓和锯条两个部分组成的。

1) 锯弓

锯弓的作用是张紧锯条,且便于双手操持。锯弓分可调节式和固定式两种,分别如图 5-22、图 5-23 所示。锯弓的两端都装有夹头,一端是固定的,一端是活动的。当锯条装在两端夹头的固定销后,旋紧活动夹头上的翼形螺母就可以把锯条拉紧。

2）锯条

锯条是用来直接锯削材料或工件的工具。锯条一般由渗碳钢冷轧制成，也有用碳素钢或合金钢制成，经热处理淬硬后才能使用。锯条的长度以两端安装孔中心距来表示，常用的锯条长度为 300 mm。

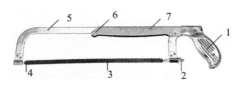 

图 5-22　可调式锯弓　　　　　　　　　　图 5-23　固定式锯弓

1—锯弓握把；2—碟形螺母；3—锯条；4—安装销；

5—活动锯身；6—定位销；7—固定锯身

（1）锯齿的粗细　锯齿的粗细是以锯条每 25 mm 长度内的锯齿数来表示。一般分为粗、中、细三种，齿数越多表示锯齿越细，锯齿粗细的选择应根据材料的软硬和厚薄来选用。

（2）锯路　如图 5-24 所示，制造锯条时，将锯齿按一定规律左右错开，排列成一定的形状，称为锯路。锯路主要有交叉形和波浪形等。锯条有了锯路后，使锯缝的宽度大于锯条的厚度，这样，锯削时就减少了锯缝与锯条之间的摩擦，锯条不会被锯缝卡住或折断，锯条也不至于因摩擦过热而加快磨损，延长了锯条的使用寿命，提高了锯削效率。

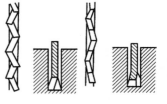

图 5-24　锯路

2. 锯削的操作方法

1）锯削前的准备

（1）锯条的安装　手锯向前推时才起切削的作用，因此，锯条安装时一定要注意锯齿应向前倾斜，如图 5-25 所示。如果装反了，则锯齿的前角为负值，就不能正常锯削了。

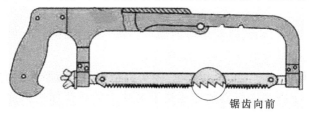

锯齿向前

图 5-25　锯条的正确安装

锯条安装的松紧程度是通过调节翼形螺母来控制的，不能太紧也不能太松。锯条安装的松紧程度以手扳动锯条，感觉硬实即可。装好的锯条应与锯弓保持在同一平面内，以保证锯缝正直，防止锯条折断。

（2）工件的夹持　工件一般应夹持在台虎钳的左面，以便操作。工件伸出钳口不应过长，防止工件在锯削时产生振动，一般锯缝离开钳口侧面为 20 mm 左右，且锯缝线保持与钳口侧面平行，便于控制锯缝不偏离划线线条。夹持要牢靠，避免锯削时工件移动或使锯条折断，同时要避免将工件夹变形和夹坏已加工面。

2）起锯方法

起锯质量的好与坏，直接影响到锯削的质量。如图 5-26 所示，起锯时，用左手拇指靠住锯条，使锯条能够正确地锯在所需的位置上，起锯行程要短，压力要小，速度要慢。起锯分远起锯和近起锯,一般情况下,采用远起锯的操作方法。当起锯后锯到槽深为 2 ～3 mm 时,锯条已不会滑出槽外,左手拇指可离开锯条,扶正锯弓逐渐使锯痕向后(向前)成为水平,然后往下正常锯削。锯削时应尽量使锯条的全部有效齿在每次行程中都参加锯削,以减少局部锯齿的磨损。

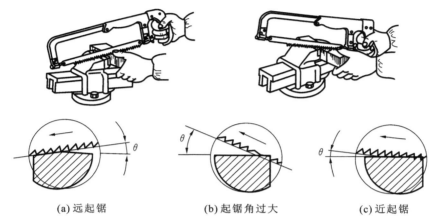

(a) 远起锯　　　　　　　　　(b) 起锯角过大　　　　　　　　(c) 近起锯

图 5-26　起锯的方法

无论采用哪一种起锯方法,起锯角度 θ 都要小,一般 θ 在 15°左右,如果起锯角度太大,则起锯不易平稳,锯齿容易被棱边卡住,从而引起崩齿,尤其是在近起锯时。但起锯角度也不易过小,否则,因为同时与工件接触的齿数多而不易切入材料,锯条还可能打滑而使锯缝发生偏离,在工件表面锯出许多锯痕,影响表面质量。

3) 锯削姿势及要领

(1) 握锯的方法　手锯的握法如图 5-27 所示,右手满握锯弓手柄,大拇指压在食指上。左手控制锯弓方向,大拇指在弓背上,食指、无名指扶在锯弓前端。

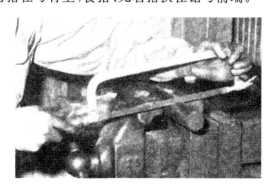

图 5-27　双手握锯的方法

(2) 锯削姿势　锯削时站位,身体摆动姿势与锉削基本相似,摆动要自然。

(3) 锯削的动作　如图 5-28 所示,锯削开始时,右腿站稳伸直,左脚略有弯曲,身体向前倾斜 10°左右,保持自然,重心落在左脚上,双手握正手锯,左臂略弯曲,右臂尽量向后放,与锯削的方向保持平行。向前锯削时,身体和手锯一起向前运动,此时,左脚向前弯曲,右脚伸直向前倾,重心落在左脚上。当手锯继续向前推进时,身体倾斜角度也随之增大,左右手臂均向前伸出,当手锯推进至 3/4 时行程时,身体停止前进,两臂继续推进手锯向前运动,身体随着锯削的反作用力,重心后移,退回到 15°左右。锯削行程结束后,取消压力将手和身体恢复到原来的位置,再进行第二次锯削。

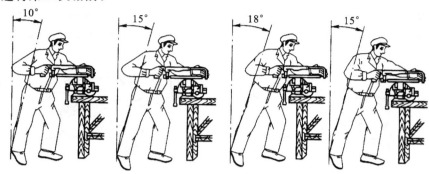

图 5-28　锯削时的动作

(4)锯削压力　锯削运动时,推力和压力由右手控制,左手主要起配合右手扶正锯弓的作用,压力不要过大。手锯向前时要进行切削,故要施加压力,而返回行程不切削所以不加压力自然返回。当工件将被锯断时,施加的压力一定要小。

5.3.2　各种材料锯削方法的任务实施

1. 棒料的锯削

如图 5-29 所示,如果锯削的断面要求平整,则应从开始到结束连续锯。若锯出的断面要求不高,可分几个方向锯削,这样,由于锯割的面变小而容易锯下,可提高工作效率。

2. 管子的锯削

如图 5-30 所示,锯削薄壁管子和精加工的管子时,应夹在带有 V 形槽的两木板之间,以防管材夹扁或夹坏表面。

图 5-29　棒料的锯削方法

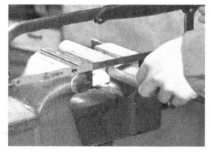

图 5-30　管子的夹持和锯削方法

锯削薄壁管子时不可在一个方向从开始连续锯削至结束,否则,锯齿容易被管壁钩住而崩裂。正确的锯削方法是先从一个方向锯削到管子内壁处,然后把管子向推锯方向转过一定角度,仍旧锯到管子内壁处,如此不断改变方向,直到锯断为止。

3. 薄板的锯削

如图 5-31 所示,薄板材料锯削时尽可能从宽面上锯下去,由于板料截面小,锯齿容易被钩住和崩齿,可用两块木板夹持一起锯下去,这样,避免崩齿和减少振动。另一种方法,是把薄板夹在台虎钳上,用手锯横向斜推锯,使薄板料与锯齿的接触面增大,避免锯齿崩裂。

4. 深缝锯割

如图 5-32 所示,当正常安装的锯条一直锯到锯弓碰到工件为止,再将锯条转过 90° 安装,使锯弓转到工件的侧面,或将锯弓转过 180°,锯条装夹成锯齿朝向锯缝内进行锯割。

(a) 木板夹持锯削

(b) 横向斜推锯

图 5-31 薄板料的锯削方法

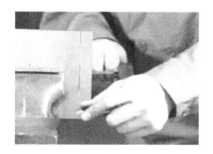

(a) 锯条转90°安装

(b) 锯条转180°安装

图 5-32 深缝锯削的方法

5. 型钢的锯割

型钢的锯割应从宽面进行锯割,这样锯缝较长,参加锯削的锯齿也多,锯削的往复次数少,锯齿不易被钩住而崩断。角铁在锯好一个面后,将其转过一下方向再锯。这样,才能得到比较平整的断面,锯齿也不易被钩住。槽钢的锯削方法与锯削角铁相似,如图 5-33 所示。

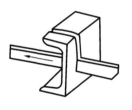

第一步　　　　　　第二步　　　　　　第三步　　　　　　错误

图 5-33 槽钢锯削的方法

【知识链接】

锯削运动一般采用小幅度的上下摆动式,就是手锯推进时,身体略向前倾,双手随着压向手锯的同时,左手上翘,右手下压,回程时右手上抬、左手自然跟回。对锯缝底面要求平直锯割,锯弓必须采用直线运动。锯割时的运动速度一般为 40 次/分钟,锯削较软的工件可以快些,而锯削较硬的材料时,必须慢些。速度过慢,影响了锯削的效率;速度过快,锯条因磨损温度较高,锯齿容易磨损,必要时可加乳化液或机油进行冷却润滑,以减轻锯条的磨损。锯削行程应保持匀速,返回时速度相对快些。

5.4 錾 削

用手锤锤击錾子对工件进行切削加工的操作方法称为錾削。其操作工艺较为简单,切削效率和切削质量不高。目前,主要用于某些不便于机械加工的工件表面的加工,如清除铸锻件和冲压件的毛刺、飞边,分割材料,錾切油槽等。

(1) 錾削工具　錾子是錾削工件的刀具,一般用碳素工具钢(T7A 或 T8A)经锻打成形后再进行刃磨和热处理而成。

(2) 錾削姿势及要领　錾削时两脚成丁字形自然站立,左脚和钳口的垂直平分线成30°夹角。左脚跨前半步,人体的重心稍微偏向后方,眼睛的视线落在工件的切削部分。錾子的握法、锤子的握法和挥锤的方法也是必须掌握的知识。

(3) 錾削的方法　常用錾削板料的方法有:在台虎钳上錾切,在铁砧上或平板上錾切,用密集排孔配合錾削。錾切平面和油槽所用的錾子不一样。

5.4.1 錾削工具

1.錾子

1) 錾子的构造

如图 5-34 所示,錾子由头部 1、切削刃 2、切削部分 3、斜面 4 和柄 5 等组成。錾身一般制成八棱形,便于控制錾刃方向。头部做成圆锥形,顶部略带球面,使锤击时的作用力易于和刃口的錾切方向一致。切削部分由前刀面、后刀面和切削刃组成,如图 5-35 所示。

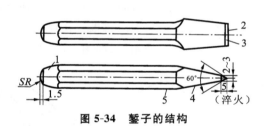

图 5-34　錾子的结构　　　　图 5-35　錾削示意图

2) 錾子的种类

如图 5-36 所示,根据用途不同,錾子一般可分为以下几种。

(1) 扁錾　扁錾又称阔錾,切削的部分扁平,切削刃较长,且略带圆弧,其作用是在平面上錾去微小的凸起部分时,切削刃两边不易损坏平面的其他部分。常用于錾削平面,切割,去凸缘、毛刺和倒角等,是用途最广泛的一种錾子。

(2) 狭錾　狭錾又称尖錾或窄錾,狭錾切削刃较短,且刃的两侧从切削刃至柄部逐渐变窄,其作用是防止錾槽时錾子两侧面被工件卡住。狭錾斜面有较大的角度,是为了保证切削部分有足够的强度。常用于錾沟槽、分割曲面和板料等。

(3) 油槽錾　油槽錾的切削刃很短,两切面呈弧形,为了能够在开式的滑动轴承孔壁上錾削油槽,切削部分制成弯曲形状,油槽錾常用来錾削润滑油槽。

2.手锤

手锤又称榔头,是钳工常用的敲击工具,錾削、矫正、弯曲、铆接和装拆零件等都常用手锤来敲击。如图 5-37 所示,手锤由锤头和木柄组成,锤头一般用工具钢制成,并经热处理淬硬,木柄用比较坚韧的木材制成,如胡桃木、白蜡木、檀木等。木柄装锥孔后用楔子楔紧,以防锤头脱落。手锤的规格用锤头的质量来表示,常用的有 0.25 kg、0.5 kg 和 1 kg 等。

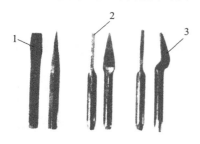

图 5-36　錾子的种类

1—扁錾;2—窄錾;3—油槽錾

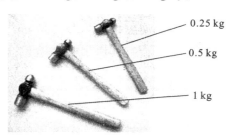

图 5-37　手锤

5.4.2　錾削姿势及要领

1. 錾子的握法

（1）正握法　手心向下,腕部伸直,用中指、无名指握住錾子,小指自然合拢,食指和大拇指自然伸直地松靠,錾子头部伸出约 20 mm。錾子不能握得太紧,否则,手掌所承受的振动就大。錾削时,小臂自然平放成水平位置,肘部不能抬高或下垂,使錾子保持正确的后角。正握法是錾削中主要的握錾方法,如图 5-38(a)所示。

（2）反握法　手心向上,手指自然捏住錾子,手掌悬空,如图 5-38(b)。

(a) 正握法

(b) 反握法

图 5-38　錾子的握法

2. 手锤的握法

（1）紧握法　右手无名指紧握锤柄,大拇指扣在食指上,虎口对准锤头方向,木柄尾端露出 15～30 mm。在挥锤和锤击的过程中,五指始终紧握,如图 5-39 所示。

（2）松握法　大拇指和食指始终紧握锤柄,在挥锤时,小指、无名指和中指则依次放松,在锤击时,又以相反的次序收拢握紧,如图 5-40 所示。

图 5-39　手锤紧握法

图 5-40　手锤的松握法

3. 站立姿势

如图 5-41 所示，錾削时，身体在台虎钳的左侧，左脚跨前半步与台虎钳呈 30°角，左腿略弯曲，右脚习惯站立，一般与台虎钳的中心线约呈 75°角，两脚相距 250～300 mm，右脚要站稳伸直，不要过于用力。身体与台虎钳中心线呈 45°角，并略向前倾，保持自然。

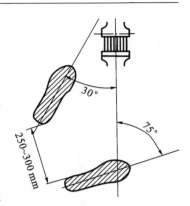

图 5-41　錾削站立姿势

4. 挥锤方法及要领

1）挥锤的方法

挥锤的方法有腕挥、臂挥、肘挥三种。

（1）腕挥　是用手腕的动作进行锤击运动，采用紧握法握锤，一般用于錾前余量较少及錾削的开始和结尾。

（2）肘挥　是利用手腕和肘部一起挥动作锤击动作，采用松握法握锤，因挥动幅度较大，故锤击力也较大，应用广泛。

（3）臂挥　是用手腕、肘和全臂一起挥动，其锤击力最大，用于需要大力錾削的工作。

2）锤击的要领

锤击时，锤子在右上方划弧线上下运动，眼睛要看在切削刃和工件之间，这样，才能顺利地工作及保证产品质量。

锤击要稳、准、狠，其动作要一下一下有节奏地进行，锤击的速度一般在肘挥时约为 40 次/分钟，腕挥时约为 50 次/分钟。

锤击时，手锤敲下去应有加速度，以增加锤击的力量。

5. 錾削的注意事项

（1）錾子要保持锋利，过钝的錾子不但费力，錾削的表面不平，且容易产生打滑伤手。

（2）錾子头部有明显毛刺时要及时磨掉，避免铁屑碎裂飞出伤人，前方应加防护网。

（3）錾子头部，锤子头部和木柄部均不应沾油，以防打滑，木柄松动时要及时更换。

（4）工件必须夹紧稳固，伸出钳口高度 10～15 mm，且工件下要加垫木。

（5）拿工件时，要防止錾削表面锐角划伤手指。

（6）掌握动作要领，錾削疲劳时要作适当休息。

5.4.3　錾削的任务实施

1. 平面錾削方法

1）起錾和终錾

如图 5-42 所示，起錾时采用斜角起錾，先在工件边缘尖角处起錾，将錾子尾部略向下倾斜，锤击力较小，先錾切出一个约 45°的小斜面后，缓慢地把錾子移到小斜面中间，然后按正常錾削角度进行錾削，当接近尽头 10～15 mm 时，必须调头錾削，如图 5-43 所示。

图 5-42　斜角起錾

图 5-43　正常錾削

2）錾削平面

錾削平面时，一般采用扁錾，常取后角在$5°～8°$之间。錾削过程中，一般每錾削两三次后，可将錾子退回一些，稍微停顿，然后再将刃口顶住錾削处继续錾削，每次錾削材料厚度为$0.5～2$ mm。

在錾削较宽的平面时，当工件被切削面的宽度超过錾子切削面的宽度时，一般要先用狭錾以适当的间隔开出工艺直槽，然后再用扁錾将槽间的凸起部分錾平，如图 5-44 所示。在錾削较窄的平面时（如槽间、凸起部分等），錾子的切削刃最好与錾前前进方向倾斜一个角度，使切削刃与工件有较大的接触面，这样，在錾削过程中容易使錾子掌握平稳，如图 5-45 所示。

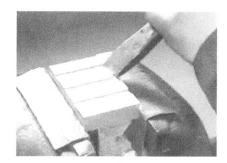
图 5-44　錾宽平面

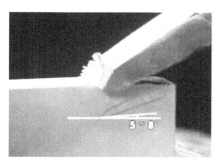
图 5-45　錾窄平面

2. 錾削板料的方法

錾削板料的常用方法有以下几种。

（1）工件夹在台虎钳上錾切　如图 5-46 所示，錾切时，要使板料的划线（切断线）与钳口平齐，用扁錾沿着钳口并斜对着板料（约成 $45°$）自右向左錾切。錾切时，錾子的刃口不能正对着板料錾切，否则，由于板料的弹动和变形造成切断处产生不平整或出现裂缝。

（2）铁砧上或平板上錾切　如图 5-47 所示，对尺寸较大的板料或錾切线有曲线而不能在台虎钳上錾切时，可在铁砧（或旧木板）上进行。此时，切断用錾子的切削刃应磨成适当的弧形，以使前后錾痕连接齐整。当錾切直线段时，錾子切削刃的宽度可宽些（用扁錾）；錾切曲线时，刃宽应根据其曲率半径大小而定，以使錾痕能与曲线基本一致。錾切时，应由前向后錾，开始时錾子应放斜些，似剪切状，然后逐步放垂直，依次逐步錾切。

图 5-46　在台虎钳上錾切

图 5-47　在平板上錾切

（3）用密集钻孔配合錾子錾切　如图 5-48 所示，当工件轮廓线复杂的时候，为了减少工件变形，一般先按轮廓钻出密集的排孔，然后再用扁錾、尖錾逐步錾切。

3. 錾削油槽

油槽錾的切削部分应根据图样上油槽的断面形状，尺寸进行刃磨，同时，在工件需錾削油

图 5-48　工件轮廓线复杂可采取排孔錾切

槽部位划线,如图 5-49(a)所示。

　　起錾时,錾子要慢慢地加深到要求尺寸,錾到尽头时刃口必须慢慢翘起,保证槽底圆滑过渡。如果在曲面上錾油槽,錾子倾斜情况应随着曲面而变动,使錾削的后角保持不变,保证錾削顺利进行,如图 5-49(b)所示。

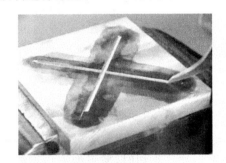

(a) 平面上錾油槽

(b) 曲面上錾油槽

图 5-49　錾削油槽的方法

【知识链接】

　　(1)錾子的刃磨要求　錾子的几何形状及合理的角度值要根据用途及加工材料的性质而定。錾子楔角 β 的大小,要根据被加工的材料的硬软来决定,錾削较软的金属时,可取 30°~50°,錾削较硬的金属时,可取 60°~70°;一般硬度的钢件或铸铁,可取 50°~60°,切削刃与錾子的几何中心线垂直,且应在錾子的对称面上,并使切削刃十分锋利。为此錾子的前刀面和后刀面必须磨得光滑、平整,必要时在砂轮机上刃磨后再在油石上精磨,可使切削刃既锋利又不易磨损,因为此时切削刃的单位负荷减小了。

　　(2)錾子刃磨方法　如图 5-50 所示,双手握持錾子,在旋转着的砂轮缘上进行刃磨。刃磨时,必须使切削刃高于砂轮水平中心线,在砂轮全宽上左右移动,并要控制錾子的方向、位置,保证磨出所需的楔角值,刃磨时,加在錾子上的压力不易过大,左右移动要平稳、均匀,并且刃口要经常蘸水冷却,以防退火。

图 5-50　錾子的刃磨

5.5   锉   削

用锉刀对工件表面进行切削加工,使其尺寸、形状、位置和表面粗糙度等都达到要求,这种加工方法称为锉削。锉削加工的精确度可达到 0.01 mm,表面粗糙度 Ra 可达到 0.8 μm。锉削可以加工工件的内、外平面,内、外曲面,内、外角,沟槽和各种复杂形状的表面,在现代化的生产条件下,有些不便于机械加工的场合,仍需要锉削来完成。锉削技能的高低,往往是衡量一个钳工技能水平高低的重要标志。

(1)锉刀   锉刀的形状虽有方形、三角形和圆柱形等,但它们的主要加工表面形状都是一样的。通过锉刀的形状,就可以看出,在整个加工刀面上,锉刀在柄部有一段水平面,而到三分之二处就有一个明显的弯弧,把锉刀工作面垂直于水平面上观察,就会发现,锉刀刀面并不平直。从理论上讲,即使你双手是水平运动,锉刀的刀面运动也是不平直的,其运动轨迹是变化的。

(2)锉削姿势和锉削方法   锉削中尽量保持水平运动状态,在工件上前推锉刀前刀面时,左手稍用力,右手保持平衡;到后段,则右手用力,同时左手保持平衡。然后,通过观察锉削纹路来判定锉削的效果,如采用交叉锉削,从纹理相互结合状态上看,可清楚地知道锉削平面的加工情况,便于随时调整锉刀的用力方向和保持加工面的一致性。

(3)平面锉削   利用锉刀上的圆弧面对平面进行加工,要有意识和目的地对加工零件的凸面进行锉削消除,同时多次测量,与角尺、塞尺等对比,直到锉出合格的产品为止。使用圆弧面注意不要把工件加工成凹状。同时,这种方法可以引申到对圆孔、方孔和键槽等形状的加工。

(4)曲面锉削和角度锉削   曲面锉削包括内、外圆锥面的锉削,球面的锉削以及各种成形面的锉削等,有些曲面件机械加工较为困难,如凹凸曲面模具,曲面样板以及凸轮轮廓曲面等的加工和修整,必须用曲面锉削来增加工件的外形美观。

5.5.1   锉刀

1. 锉刀的构造

锉刀是锉削的主要工具,锉刀用高碳工具钢 T13 或 T12 等材料制成,经加热处理后,工作部分的硬度可达到 62 HRC 以上。目前,锉刀已经标准化,其结构如图 5-51 所示。

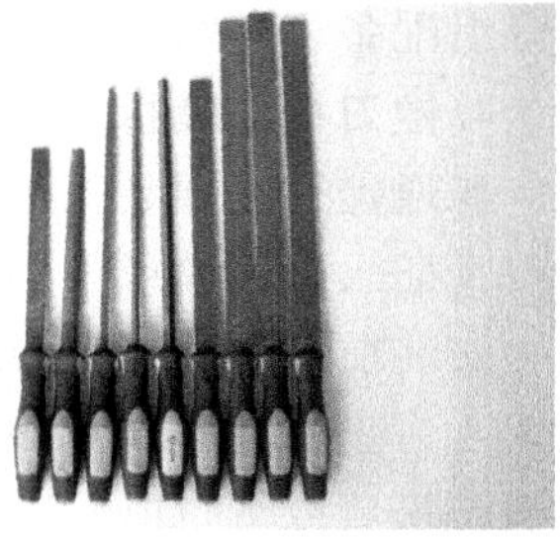

2. 锉齿和锉纹

锉刀有无数个锉齿,锉削时每个锉齿相当于一把錾子

图 5-51   锉刀的构造

对金属材料进行切削。锉纹是锉齿有规则排列的图案,锉刀的齿纹有单齿纹和双齿纹两种,锉刀的锉齿由铣齿法铣成或剁锉机剁成。

(1)单齿纹锉刀   如图 5-52(a)所示,单齿纹锉刀上只有一个方向上的齿纹,锉削时全齿宽同时参加切削,切削力大,因此常用来锉削软材料。

(2)双齿纹锉刀   如图 5-52(b)所示,双齿纹锉刀上有两个方向排列的齿纹,齿纹浅的称为底齿纹,齿纹深的称为面齿纹。底齿纹和面齿纹的方向和角度不一样,锉削时能使每一个齿的锉痕交错而不重叠,使锉削表面粗糙度值小,所以适用于硬材料的锉削。

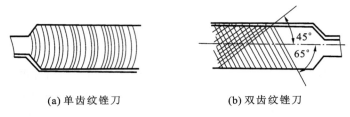

(a) 单齿纹锉刀   (b) 双齿纹锉刀

图 5-52 锉刀的齿纹

3. 锉刀的种类

一般钳工所用的锉刀按其用途不同,可分为普通钳工锉、异形锉和整形锉三类。

(1) 普通钳工锉 普通钳工锉按其断面形状不同,可分为平锉(大、小板锉)、方锉、三角锉、半圆锉和圆锉五种。如图 5-53(a)所示。

(2) 异形锉 异形锉是用来锉削工件特殊表面用的,有刀口锉、菱形锉、扁三角锉、椭圆锉、圆肚锉等。如图 5-53(b)所示。

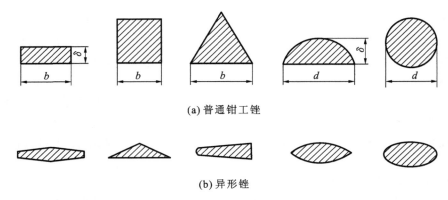

(a) 普通钳工锉

(b) 异形锉

图 5-53 锉刀的种类

(3) 整形锉 整形锉又称什锦锉,主要用于修理工件上的细小部分,通常以多把为一组,因分组配备多种断面形状的小锉而得名,每套一般为 5 支、8 支、10 支和 12 支。

4. 锉刀柄的装拆

普通锉刀必须装上木柄后才能使用。锉刀柄安装前应先检查其头上铁箍是否脱落,防止锉刀舌插入后松动或刀柄裂开。

安装前先加箍,然后用左手挟住柄,右手将锉刀挟正,用手锤轻轻击打直至插刀木柄长度的 3/4 为止,如图 5-54(a)所示。拆卸手柄可以在台虎钳上进行,也可在工作台边轻轻撞击,将木柄敲松后取下,如图 5-55 所示。

(a) 正确安装   (b) 不当操作

图 5-54 锉刀柄的装卸

图 5-55 在台虎钳上拆锉刀柄

5.5.2　锉削姿势和锉削方法任务实施

1. 锉削操作

1）锉刀的握法

锉刀握法正确与否,对锉削质量、锉削力量的发挥及疲劳程度都有一定的影响。由于锉刀的形状和大小不同,锉刀的握法也不同。

对于较大的锉刀(250 mm 以上),锉刀柄的圆头端顶在右手心,大拇指压在锉刀柄的上部位置,自然伸直,其余四指向手心弯曲紧握锉刀柄,左手放在锉刀的另一端;当使用长锉刀,且锉削余量较大时,用左手掌压在锉刀的另一端部,四指自然向下弯,用中指和无名指握住锉刀,协同右手引导锉刀,使锉刀平直运行。而对于中小型锉刀,由于其尺寸较小,锉刀本身的强度较低,锉削加工时所施加的压力和推力应小于大锉刀。常见的握法如图 5-56 所示。

图 5-56　锉削时手的握法

2）工件的正确装夹

（1）工件尽量夹持在台虎钳钳口宽度方向的中间。锉削面靠近钳口,以防止锉削时工件产生振动,特别是薄形工件。

（2）装夹工件要稳固,但用力不可太大,以防工件变形。

（3）装夹已加工表面和精密的工件时,应在台虎钳钳口衬上纯铜皮或铝皮等软的衬垫,以防止夹坏已加工表面。

3）锉削姿势及动作

锉削时的站立位置和姿势如图 5-57 所示,锉削动作如图 5-58 所示。锉削加工时,两手握住锉刀放在工件上面,左臂弯曲,小臂与工件锉削面的左右方向保持基本平行,右小臂要与工件锉削面的前后方向保持基本平行,但要自然;锉削行程中,身体先于锉刀,右脚伸直并稍向前倾,重心在左脚,左膝部呈弯曲状态;当锉刀锉至约四分之三行程时,身体停止前进,两臂继续将锉刀向前锉到头,同时,左腿自然伸直并随着锉削时的反作用力,将身体恢复原位,并顺势将锉刀收回;当锉刀收回将近结束,身体又开始先于锉刀前倾,作第二次锉削的向前运动。

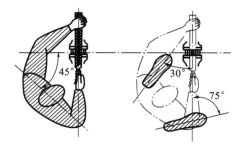

图 5-57　锉削时的站立姿势

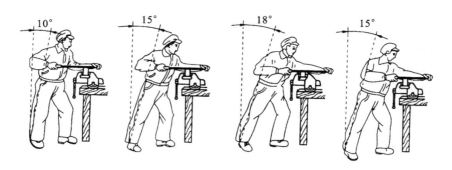

图 5-58 锉削时的动作

4）锉削时两手的用力和锉削速度

锉削时，推力的大小由右手控制，而压力的大小则应由两手同时控制。为了保持锉刀直线的锉削运动，必须满足以下条件。锉削的速度要根据加工工件大小、被加工工件的软硬程度以及锉刀规格等具体情况而定，一般应在 40 次/分钟左右：太快，容易造成操作疲劳和锉齿的快速磨损；太慢，效率降低。如图 5-59 所示，锉削过程中，推出时速度稍慢，回程时稍快，且不加压力，以减小锉齿的磨损，动作要自然。

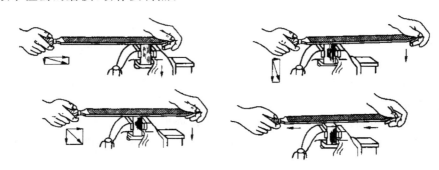

图 5-59 锉削时的用力方法

2. 锉削时的安全文明生产

（1）锉刀是右手工具，应放在台虎钳的右面，放在钳台上时锉刀柄不可露在钳桌外面，以防落在地上砸伤脚或损坏锉刀。

（2）柄已裂开的锉刀或没有加柄箍和装柄的锉刀不可使用。

（3）锉削时锉刀柄不能撞击到工件，以免锉刀柄脱落而刺伤手。

（4）不能用嘴吹铁屑，以防切屑飞入眼中，也不能用手清除切屑，以防扎伤手，同时由于手上有油污，不可用手摸锉削面，否则，会使锉削时锉刀打滑而造成事故。

（5）锉刀不可以作为撬棒或手锤使用。

5.5.3 平面锉削

1. 平面锉削的方法

1）普通锉削法

锉削时向前推压，后拉时稍把锉刀提起并沿工件横向移动，锉刀的运动方向是单向的，锉削速度快，但不易锉平，要求操作者有较好的基本功，一般用于较大工作面的粗加工、封闭面或半封闭面的锉削。

2）顺向锉

锉削时,锉刀运动方向与工作夹持方向始终一致,在每锉完一次返回时,锉刀横向适当移动,再做下一次锉削。顺向锉的锉纹整齐一致,且具有锉纹清晰、美观和表面粗糙度较小的特点,主要适用于面积不大的平面和最后锉光阶段,如图 5-60 所示。

图 5-60　顺向锉削

3）交叉锉

交叉锉是从两个以上不同方向交替交叉锉削的方法。锉削时,锉刀运动方向与工件夹持方向成 30°～40°角。它具有锉削平面度好的特点,但表面粗糙度稍差,且锉纹交叉。锉刀与工件的接触面较大时,锉刀易掌握平稳;从锉痕上可以判断出锉削面高低情况,便于不断地修正锉削部位,如图 5-61 所示。交叉锉一般适用于粗锉,精锉时必须采用顺向锉,以使纹理一致。

图 5-61　交叉锉削

2. 平面锉削时的测量

（1）刀口直尺的结构　刀口直尺是用透光法来检测平面零件直线度和平面度的常用量具,其结构如图 5-62 所示。刀口直尺有 0 级和 1 级两种精度,常用的规格有 75 mm、125 mm、175 mm 等。

图 5-62　刀口直尺的结构

（2）平面度的检测方法　通常采用刀口直尺通过透光法来检查锉削面的平面度,如图 5-63(a)所示。在工件检测面上,迎着亮光,观察刀口直尺与工件表面间的缝隙,若较均匀,微弱的光线通过,则平面平直。平面度误差值的确定,可在平板上用塞尺塞入检查(见图 5-63(e))。如图 5-63(b)所示,若两端光线极微弱,中间光线很强,则工件表面中间凹,误差值取检测部位中的最大直线度误差值计。如图 5-63(c)所示,若中间光线极弱,两端处光线较强,则工件表面中间凸,其误差值应取两端检测部位中最大直线度的误差值计。检测有一定的宽度的平面度时,要使其检查位置合理、全面,通常采用“米”字形逐一检测整个平面,如图 5-63(d)所示;另外,也可以采用在标准平板上用塞尺检查的方法。

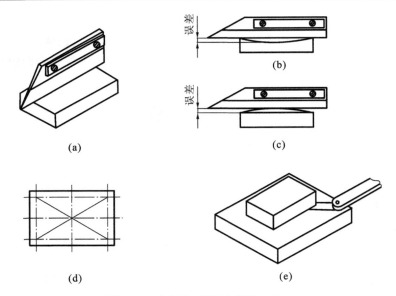

图 5-63　直线度、平面度的检查方法

注:(a)测平面度、直线度;(b)、(c)、(d)、(e)用塞尺检查平面。

5.5.4　曲面锉削和角度锉削

1. 曲面锉削的方法

1) 锉削外圆弧

锉削外圆弧所用的锉刀,都为扁锉。锉削时锉刀要同时完成前进运动和锉刀绕工件圆弧中心的转动两个运动。锉削外圆弧面的方法有两种。

（1）顺着圆弧面锉削　如图 5-64 所示,锉削时,锉刀向前,右手下压,左手随着上抬,这种方法能使圆弧面锉削得光洁、圆滑,但锉削位置不易掌握且效率不高,故适用于精锉圆弧面。

（2）横着圆弧面锉削　如图 5-65 所示,锉削时,锉刀作直线运动,同时锉刀不断随圆弧面摆动,这种方法锉削效率高且便于按划线均匀地锉近弧线,但只能锉成近似圆弧面的多棱形面,故适用于圆弧面的粗加工。

2) 锉削内圆弧面的方法

锉削内圆弧面时,锉刀可选用圆锉、半圆锉及方锉(圆弧半径较大时)。锉削时如图 5-66所示,锉刀同时完成三个运动:前进运动;随圆弧面向左或向右移动;绕锉刀中心线转动。三个运动要协调配合,才能保证锉出的弧面光滑、准确。

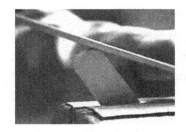

图 5-64　外圆弧顺向锉

图 5-65　外圆弧横向锉

图 5-66　内圆弧面锉削方法

2. 圆弧面锉削的检验和角度锉削

圆弧面质量包括轮廓尺寸精度、形状精度和表面粗糙度等内容。当要求不高时可用圆弧样板检查,缝隙均匀、透光微弱则合格。角度的锉削是在平面锉削的基础上用万能角度尺辅助测量来进行加工的。

【知识链接】

合理使用和保养锉刀,可以提高锉刀的使用时间和切削效率。因此,使用时注意以下几点。

(1) 锉刀放置时避免与其他金属硬物相碰,也不能堆叠,避免损伤锉纹。

(2) 不能用锉刀来锉削毛坯的硬皮或氧化皮以及碎硬的工件表面,而应用其他工具或锉刀的锉梢端、锉刀的边齿来加工。

(3) 锉削时应先使用一面,用钝后再用另一面,否则,会因锉刀面容易锈蚀而缩短使用期限。另外,锉削加工过程中要充分使用锉刀的有效工作长度,避免局部磨损。

(4) 在锉削过程中,及时消除锉纹中嵌入的切屑,以免刮伤工件表面;锉刀用完后,应该用钢丝刷刷去锉齿中残留的切屑,以免生锈。

(5) 防止锉刀沾水,沾油,以防锈蚀或使用时打滑。

(6) 不能把锉刀当成装拆、敲击或撬物的工具,防止锉刀折断。

(7) 使用整形锉时,用力不能过猛,以免折断锉刀。

5.6 孔及螺纹加工

孔是工件上经常出现的加工表面,选择适当的方法对孔进行加工是钳工重要的工作之一。本节主要研究钻孔、扩孔、铰孔、锪孔的方法,钻头的刃磨,钻削的用量,铰削的用量,钻孔的安全文明生产知识。

(1) 钻孔 用钻头在实体材料上加工出孔的工作称为钻孔。用钻床钻孔时,工件装夹在钻床工作台上固定不动,钻头装在钻床主轴上随主轴旋转,并沿轴线方向作直线运动。

(2) 扩孔和铰孔 扩孔是用扩孔钻或麻花钻对已加工出的孔进行扩大加工的一种方法,扩孔常作为孔的半精加工和铰孔前的预加工。用铰刀从工件孔壁上切除微量金属层,以提高孔的尺寸精度和降低表面粗糙度的方法称为铰孔。由于铰刀的刀齿数量多,切削余量小,导向性好,因此切削阻力小,加工精度高,一般可达到 IT7 级～IT9 级,表面粗糙度 Ra 达 $0.8~\mu m$,属于孔的精加工。

(3) 锪孔 用锪钻在孔口表面锪出一定形状的孔和表面的加工方法称为锪孔。锪孔的目的是保证孔端面与孔中心线的垂直度,以便与孔连接的零件位置正确,连接可靠。

(4) 攻螺纹与套螺纹 螺纹加工是金属切削中的重要内容之一,广泛用于各种机械设备、仪器仪表中。作为连接、紧固、传动、调整的一种机构,螺纹加工的方法多种多样,一般比较精密的螺纹都需要在车床上加工,而钳工只能加工三角螺纹,特别适合单件生产和机修场合,其加工方法是攻螺纹与套螺纹。

5.6.1 钻孔

钻孔时,由于钻头的刚性和精度较差,因此钻孔加工的精度不高,一般为 IT10～IT9,表面粗糙度 Ra 不小于 $12.5~\mu m$。常用的钻床有台式钻床、立式钻床、摇臂钻床。

1. 麻花钻

钻头是钻孔的主要工具,种类较多,有麻花钻、中心钻、扁钻和深孔钻等。麻花钻是钳工最常用的钻头之一。

1) 麻花钻的构成

麻花钻一般用高速钢制成,淬火后为 62～68 HRC。麻花钻由柄部、颈部和工作部分等组成,如图 5-67 所示。

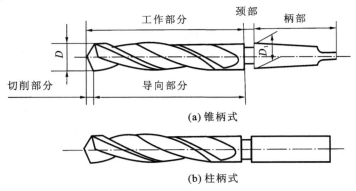

图 5-67　麻花钻的构成

（1）柄部　柄部是麻花钻的夹持部分,用以定心和传递动力,分为锥柄和柱柄两种,一般直径小于 13 mm 的钻头做成直柄,直径大于 13 mm 的做成锥柄。

（2）颈部　颈部是为磨制钻头时砂轮退刀而设计的,钻头的规格、材料和商标一般也刻在颈部。

（3）工作部分　工作部分由切削部分和导向部分组成。

① 导向部分用来保持麻花钻工作时的正确方向,有两条螺旋槽,其作用是形成切削刃及容纳和排除切屑,便于切削液沿着螺旋槽流入。

② 切削部分主要起切削作用,由六面五刃组成。两个螺旋槽表面就是前刀面,切屑沿其排除;切削部分顶端的两个曲面称为后刀面,它与工件的切削表面相对,钻头的棱带是与已加工表面相对的表面,称为副后刀面;前刀面和后刀面的交线称为主切削刃,两个后刀面的交线称为横刃,前刀面与副后刀面的交线称为副切削刃,如图 5-68 所示。

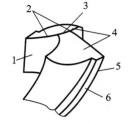

图 5-68　麻花钻切削部分构成

1—前刀面;2—主切削刃;

3—横刃;4—后刀面;

5—副切削刃;6—副后刀面

2. 钻孔时的注意事项

（1）钻孔前检查钻床的润滑、调速是否良好,工作台面应清洁干净,不准放置刀具、量具等物品。

（2）操作钻床时不可戴手套,袖口必须扎紧,戴好工作帽。

（3）检查工件是否夹紧,开始钻削时,钻钥匙不应插在钻轴上。

（4）钻孔时不应用嘴吹和用手来清除切屑,必须用刷子清除;如果是长切屑,必须用钩子钩去或停车清除。

（5）掌握好手动进给的压力,快钻穿时要减小进给力。

（6）钻床启动状态下,严禁装拆和检验工件。

（7）钻头用钝后须及时刃磨，清洁钻床或加注润滑油时，必须切断电源。

（8）钻孔完毕后，先用游标卡尺测量，再用止通规校验，如图 5-69 所示。

图 5-69　用止通规校验孔

5.6.2　扩孔和铰孔

1. 扩孔钻的特点

实际生产中，一般用麻花钻代替扩孔钻使用，扩孔钻多用于成批大量生产。扩孔钻工作部分有 3～4 条螺旋槽，增加了切削的齿数，提高了导向性能；钻芯较粗，加强了扩孔钻的强度和刚度，提高了切削稳定性，改善了扩孔加工的切削条件。

2. 扩孔时的注意事项

（1）扩孔前钻孔直径的确定　用扩孔钻扩孔时，预钻孔直径为要求孔径的 0.9 倍，用麻花钻扩孔时，预钻孔直径为要求孔径的 0.5～0.7 倍。

（2）扩孔的切削用量　扩孔的进给量为钻孔的 1.5～2 倍，其切削速度为钻孔的 0.5 倍。

（3）除铸铁和青铜外，其他材料的工件扩孔时，都要使用切削液。

（4）在实际生产中，用麻花钻代替扩孔钻使用时，应适当减少后角，以避免扎刀现象。

3. 铰刀的种类

如图 5-70 所示，铰刀有手用铰刀和机用铰刀两种。铰刀一般由工作部分、颈部和柄部三个部分组成。切削刃有 6～12 个，容屑槽较浅，横截面大，因此铰刀的刚性和导向性好。机铰刀一般用高速钢制作，手用铰刀用高速钢或高碳钢制作。

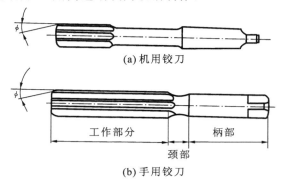

(a) 机用铰刀

(b) 手用铰刀

图 5-70　铰刀及种类

4. 铰孔时的注意事项

（1）铰刀是精加工工具，要求保护好刃口，避免碰撞；刀刃上有毛刺或切屑黏附时，可用油石小心地磨去。

（2）铰刀排屑功能差，须经常取出清屑，以免铰刀被卡住。

（3）铰定位圆锥销孔时，因锥度小有自锁性，其进给量不能太大，以免铰刀被卡死或折断。

（4）了解铰孔中常出现的问题，加工时注意避免。

5.6.3　锪孔

1. 锪孔钻的种类和结构特点

如图 5-71 所示，锪孔钻分柱形锪钻、锥形锪钻和端面锪钻三种。

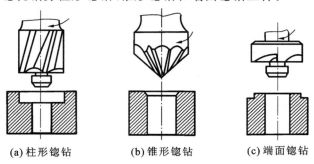

(a) 柱形锪钻　　　(b) 锥形锪钻　　　(c) 端面锪钻

图 5-71　锪孔钻的种类

1）柱形锪钻

锪圆柱形埋头孔的锪钻称为柱形锪钻。柱形锪钻起主要切削作用的是端面刀刃，接端结构可分为带导柱、不带导柱和带可换导柱三种。

2）锥形锪钻

锪锥形埋头孔的锪钻称为锥形锪钻。按切削部分锥角分为 60°、75°、90°、120°四种。刀齿齿数为 4～12 个，为改善钻尖处的容屑条件，每隔一齿将刀刃切去一块。如图 5-72 所示，用锥形锪钻进行孔口倒角。

3）端面锪钻

专门用来锪平孔口端面的锪钻称为端面锪钻。其端面刀齿为切削刃，前端导柱用来导向定心，以保证孔端面与孔中心线的垂直度。

图 5-72　用锪孔钻进行孔口倒角

2. 用麻花钻改磨锪钻

标准锪钻虽有多种规格，但一般适用于成批大量生产，不少场合使用麻花钻改制的锪钻。

（1）麻花钻改制成的锥形锪钻　主要是保证其顶角 2ϕ 应与要求锥角一致，两切削刃要磨得对称。为减少振动，一般磨成双重后角：$\alpha_0 = 6° \sim 10°$，对应的后面宽度为 $1 \sim 2$ mm，$\alpha = 15°$。外缘处的前角适当修整为 $\gamma_0 = 15° \sim 20°$，以防扎刀。

（2）麻花钻改磨柱形锪钻　带导柱的柱形锪钻，前端导向部分与已有孔为间隙配合，钻头直径为圆柱埋头孔直径，导柱刃口要倒钝，以免刮伤孔壁。不带导柱的锪钻可用来锪平底盲孔。

3. 锪孔时的注意事项

锪孔方法与钻孔方法基本相同，但锪孔时刀具容易振动，特别是使用麻花钻改制的锪钻，易在所锪端面或锥面上产生振痕，影响加工质量，因此，锪孔时需注意以下几点。

（1）锪孔钻的各切削刃应磨得对称，以保持切削平稳。

（2）制作或改磨的锪钻要尽量短，以减少振动。

（3）锪钻的后角和外缘处的前角应适当减小，以防止产生扎刀现象。

（4）使用装配式锪钻锪孔时，刀杆和刀片都要装夹牢靠，工件要压紧。

（5）锪孔时，要在导柱和切削表面加些切削液。

（6）锪削速度要低（一般钻削速度的 1/2～1/3），以获得光滑表面，减少振动。

（7）手进刀时压力要轻，用力要均匀，以防打刀和扭损刀杆。

5.6.4 攻螺纹与套螺纹

1. 攻螺纹的工具

1）丝锥

（1）丝锥类型 丝锥是用来切削内螺纹的工具，分手用和机用两种。手用丝锥由合金工具钢或轴承钢制成，手用丝锥的切削部分长些；机用丝锥由高速钢制成，其切削部分要短些。

（2）丝锥的构造 如图 5-73 所示，丝锥由工作部分和柄部组成，工作部分包括切削部分和校准部分。切削部分磨出锥角，使切削负荷分布在几个刀齿上，这样，不仅工作省力、丝锥不易崩刃或折断，而且攻螺纹时的导向好，也保证了螺纹的质量。校准部分有完整的牙型，用来校准、修光已切出的螺纹，并引导丝锥沿轴向前进。丝锥的柄部有方榫，用以夹持并传递切削转矩。

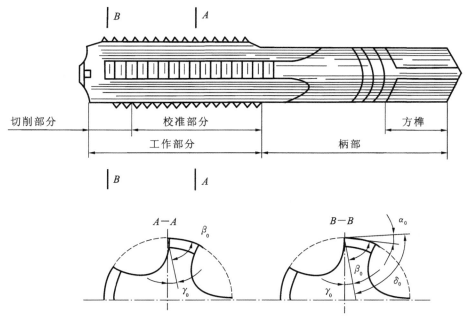

图 5-73 丝锥的构造

（3）丝锥的成组分配 为了减少攻螺纹时的切削力和提高丝锥的使用寿命，一般将整个切削工作分配给几只丝锥来完成。通常 M6～M24 的丝锥一套有两支；M6 以下和 M24 以上的丝锥一套有三支；细牙普通螺纹丝锥不论大小，均为一套两支。

2）铰杠

铰杠是用来夹持锥柄部的方锥、带动丝锥旋转切削的工具。铰杠分普通铰杠和丁字形铰杠两类，而普通铰杠又分固定式铰杠和活络式铰杠两种，分别如图 5-74 和图 5-75 所示。

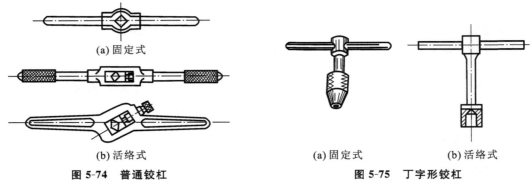

图 5-74 普通铰杠   图 5-75 丁字形铰杠

2. 套螺纹的工具

1）圆板牙

圆板牙是加工外螺纹的工具，其基本结构像一个圆螺母，只是上面钻几个排孔并形成切削刃。

（1）圆板牙的构造　圆板牙由切削部分、校准部分和排屑孔组成。排屑孔形成刃口。切削部分在板牙两端的锥形部分，其锥角为 30°～60°，前角在 15° 左右，后角约 8°。校准部分在板牙的中部，起导向和修光作用。圆板牙两端都是切削部分，一端磨损后可换另一端使用。

（2）圆板牙的分类　如图 5-76 所示，板牙有封闭式和开槽式两种结构。

2）板牙架

板牙架是装夹板牙的工具，板牙放入相应规格的板牙架孔中，通过紧定螺钉将板牙固定，并传递套螺纹时的切削转矩，如图 5-77 所示。

(a)封闭式　(b)开槽式

图 5-76 板牙   图 5-77 板牙架

5.6.5 钻孔,攻、套螺纹的任务实施

1. 钻孔的方法

1）钻孔时工件的划线

按图样中有关位置尺寸要求，划出孔的十字中心线和孔的检查线（检查图或检查方框），并在孔的中心位置打好样冲孔眼。

2）钻孔时工件的装夹

钻孔前一般都需将工件夹紧固定，以防钻孔时工件移动使钻头折断或使孔位偏移。当小型工件或薄板件钻小孔时，可将工件放置定位块上，用手虎钳进行夹持。

3）钻头装拆

如图 5-78 所示，直柄钻头用钻夹头装夹。钻夹头装在钻床主轴下端，用转夹头钥匙转动小锥齿轮时，直柄钻头被夹紧或松开。

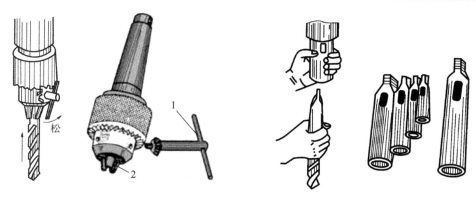

图 5-78 直柄钻头装夹
1—紧固扳手;2—自动定心夹爪

图 5-79 锥柄钻头装夹

如图 5-79 所示,锥柄钻头用柄部的莫氏锥体直接与钻床主轴连接。拆卸时,将楔铁插入钻床主轴的长孔中将钻头挤出。

4) 钻削用量

钻削用量的三要素包括切削速度(v)、进给量(f)和切削深度(a_p),其选用原则是:在保证加工精度和表面粗糙度及保证刀具合理寿命的前提下,尽量先选较大的进给量 f,当 f 受到表面粗糙度和钻头刚度的限制时,再考虑较大的切削速度 v。

5) 切削液的选择

钻头在钻削过程中,由于切屑的变形及钻头与工件摩擦所产生的切削热,严重影响到钻头的切削能力和钻孔精度,甚至使钻头退火或无法钻削。为了使钻头散热冷却,延长使用寿命,提高加工精度,钻削时根据不同的工件材料和不同的加工要求应合理选用切削液(见表 5-1)。

表 5-1 钻孔用切削液

工 件 材 料	冷却润滑液
各类结构钢	3%～5%乳化液,7%硫化乳化液
不锈钢,耐热钢	3%肥皂水加 2%亚麻油水溶液,硫化切削液
纯铜,黄铜,青铜	不用或用 5%～8%乳化液
铸铁	不用或用 5%～8%乳化液,煤油
铝合金	不用或用 5%～8%乳化液,煤油,煤油与菜油的混合油
有机玻璃	用 5%～8%乳化液,煤油

6) 起钻及钻孔加工

钻孔时,先将钻头对准钻孔中心起钻出一浅坑,观察钻孔位置是否正确,并要不断校正,使起钻浅坑与划线圆同轴。校正方法:如偏位较少,可在起钻的同时用力将工件向偏位的反方向推移,以达到逐步校正;如偏位较多,可在校正方向打上几个中心冲眼或用油槽錾錾出几条槽,以减少此处的钻削阻力,达到校正目的。

当起钻达到钻孔位置要求后,即可按要求完成钻孔。手动进给时,进给用力不应使钻头产生弯曲,以免钻孔轴线歪斜。当孔要钻穿时,必须减少进给量,如果是采用自动进给,此时最好改为手动进给。钻不通孔时,可按钻孔深度调整挡块,并通过测量实际尺寸来检查钻孔的深度是否达到要求。钻深孔时,钻头要经常退出排屑,防止因堵屑而折断钻头。钻 $\phi30$ mm 以上的大孔，一般分两次进行，第一次用 0.6～0.8 倍孔径钻头，再用所需直径的钻头钻削。钻 $\phi 1\,mm$ 以下的小孔时，切削速度可选在 2 000～3 000 r/min 以上，进给力小且平稳，不宜过大过快，防止钻头弯曲和滑移，应经常退出钻头排屑，并加注切削液。

2. 扩孔和铰孔的方法

1）扩孔的方法

（1）钻孔后，在不改变工件和机床主轴互相位置的情况下，立即换上扩孔钻进行扩孔。这样，可使钻头与底孔的中心重合，使切削均匀平稳。

（2）扩孔前，先用镗刀镗出一段直径与底孔相同的导向孔，这样，可以在扩孔一开始就有较好的导向，而不至于随原有不正确的孔偏斜，多用于铸孔、锻孔上进行扩孔。

（3）采用钻套引导进行扩孔。

2）铰孔方法

（1）装夹工件时，必须严格保证钻床主轴、铰刀和工件孔三者之间的同轴度。

（2）手铰时，可用右手通过铰孔轴线施加进给压力，左手转动铰刀。正常铰削时两手用力应平稳，铰削速度要均匀，进给时不要猛压铰刀。

（3）铰刀铰孔或退出铰刀时，均不能反转，以防止刃口磨钝以及切屑嵌入刀具后面与孔壁间，将已铰好的孔壁划伤，如图5-80所示。

（4）当铰刀切削部分进入孔内以后，即可改用机动进给，并合理选用切削液。

图 5-80　手用铰刀铰孔

（5）铰削盲孔时，应经常退出铰刀，清除铰刀和孔内切屑，防止因堵屑而刮伤孔壁。

（6）孔铰完后，应先退出铰刀，然后再停车，以防退出时将孔壁拉出刀痕。

3. 锪孔方法

（1）锪锥形埋头孔时，按锥角要求选用锥形锪孔钻。锪孔深度一般控制在埋头螺钉装入后低于工件表面约 0.5 mm，加工表面应无振痕。

（2）锪柱形埋头孔时，底面要平整并与底孔轴线垂直，加工表面无振痕。如果用麻花钻改制的不带导柱的锪钻锪柱形埋头孔时，必须先用标准麻花钻扩出一个台阶孔作导向，然后用平底锪钻锪至深度尺寸。

（3）锪孔时的切削速度一般是钻孔速度的 1/2～1/3。精锪时，甚至可以利用钻床停止时主轴的运动惯性来锪孔。

4. 攻螺纹和套螺纹的方法

1）攻螺纹的方法

（1）划线，计算底孔直径，然后选择合适的钻头钻出底孔。

（2）在螺纹底孔的孔口倒角，通孔螺纹两端都倒角，倒角直径可略大于螺孔直径，这样，可以使丝锥开始切削时容易切入，并防止孔口出现挤压出的凸边。

（3）如图 5-81 所示，起攻时用头锥，可用一只手掌按住铰杠中部沿丝锥轴线用力加压，另一只手配合作顺向旋进。或两只手握住铰杠两端均匀施加压力，并将丝锥顺向旋进。应保证丝锥中心线与孔中心线重合，不能歪斜。在丝锥攻入 2 圈时，可用刀口直角尺在前后、左右方向进行检查，并不断校正，如图 5-82 所示。当丝锥切入 3～4 圈时，不允许继续校正，否则，容易折断丝锥。

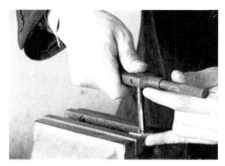
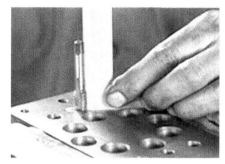

图 5-81　起攻时的动作　　　　　　　　图 5-82　丝锥垂直度检验

（4）当丝锥的切削部分进入工件时，就不需要再施加压力，而靠丝锥作自然旋进切削。此时，两手用力要均匀，一般顺时针转 1～2 圈，就需倒转 1/4～1/2 圈，使切屑碎断，避免切屑阻塞而使丝锥卡住或折断。

（5）攻螺纹时必须按头锥、二锥、三锥的顺序攻削，以减小切削负荷，防止丝锥折断。

（6）攻不通螺纹时，可在丝锥上做好深度标记，并要经常退出丝锥，清除留在孔内的切屑；否则，会因切屑堵塞使丝锥折断或达不到规定深度。

（7）攻韧性材料的螺孔时，要加切削液，以减小加工螺孔的表面粗糙度和延长丝锥寿命。攻钢件时用机油；螺纹质量要求高时，可用工业植物油；攻铸件时，可用柴油。

　2）套螺纹的方法

（1）确定圆杆直径，切入端应倒角成 15°～20°的锥角。

（2）用软钳口或硬木做的 V 形块将工件夹持牢固，注意圆杆要垂直于钳口，且不能损伤外表面。

（3）起套方法与攻螺纹起攻方法相似，开始套螺纹时，应检查校正，必须使板牙端面与圆杆轴线垂直。

（4）适当加压力并旋转扳手，当板牙切入圆杆 1～2 圈螺纹，再次检查板牙是否套正，如有歪斜应慢慢校正后再继续加工；当切入圆杆 3～4 圈后，应停止施加压力，平稳地旋动铰手，但要经常倒转板牙断屑。

（5）为了提高螺纹表面质量和延长使用寿命，套螺纹时要加切削液。常用的有机油和乳化液，要求高时可用工业植物油。

【知识链接】

标准麻花钻使用一段时间后，会出现钝化现象，或因使用时温度高而出现退火、崩刃或折断等问题，故需重新刃磨钻头才能使用，如图 5-83 所示。

1. 刃磨要求

（1）顶角 2ϕ 为 $118°\pm2°$。

（2）外缘处的后角 α_0 为 $10°\sim14°$。

（3）横刃斜角 φ 为 $50°\sim55°$。

（4）两主切削刃的长度以及和钻头轴心线组成的两角要相等。

（5）两个主后刀面要刃磨光滑。

2. 刃磨步骤

（1）将主切削刃置于水平状态并与砂轮外圆平行。

（2）保持钻头中心线和砂轮外圈面成 ϕ 角。

（3）右手握住钻头导向部分前端,作为定位支点,刃磨时使钻头绕其轴心线转动,左手握住的柄部,作上下扇形摆动,磨出后角,同时,掌握好作用在砂轮上的压力。

（4）左右两手的动作要协调一致,相互配合。一面磨好后,翻转180°刃磨另一面。

（5）在刃磨过程中,主切削刃的顶角、后角和横刃斜角同时磨出。为防切削部分过热退火,应注意蘸水冷却。

（6）刃磨后的钻头,常用目测法进行检查,也可如图5-84所示的方式用样板检验。

图 5-83　麻花钻的刃磨　　　　　　　　　图 5-84　麻花钻刃磨后的检验

5.7　刮削、研磨及装配

刮削与研磨是钳工工作中非常重要的精加工方法,广泛应用于机械制造业中。在刮削的同时,刮刀对工件还有推挤和修光的作用,这样,经过反复地显示和刮削,就能使工件的加工精度达到预定的要求。研磨是以物理和化学作用除去零件表层金属的一种加工方法,因而包含着物理和化学的综合作用。

（1）刮削　用刮刀刮除工件表面上的薄层,从而提高加工精度,以满足使用要求的加工方法称为刮削。刮削主要分为平面刮削和曲面刮削。

（2）研磨　用研磨工具和研磨剂,从工件上研去一层极薄表面层的精加工方法,称为研磨。经研磨后的表面粗糙度 Ra 可达 $0.8\sim0.05\ \mu m$。研磨有手工操作和机械操作两种。

（3）装配　机械产品一般由许多零件和部件组成,按规定的技术要求,将若干零件结合成部件或若干个零件和部件结合成机器的过程称为装配。

5.7.1　刮削

1. 刮削原理

刮削工作主要应用于机床导轨及相配合表面、滑动轴承接触表面、工具及量具的接触面,以及密封表面等场合。刮削时,先在工件与校准工具或工件与其配合件之间的配合面上涂上显示剂,经相互对研后显出工件表面高点,然后用刮刀刮去高点,如此反复地显示高点和刮削高点。在刮削过程中,刮刀对工件还有推挤和修光作用。

2. 刮削的工具

1）刮刀的种类

刮刀一般用碳素钢 T10A、T12A 或弹性好的轴承钢 GCr15 锻制而成,硬度可达60 HRC左右。刮削淬火硬件时,可用硬质合金刮刀。刮刀分平面刮刀和曲面刮刀两大类。

（1）平面刮刀用来刮削平面和外曲面，平面刮刀又分普通刮刀和活头刮刀两种，其中普通刮刀按所刮表面精度不同，又分为粗刮刀、细刮刀和精刮刀三种，如图 5-85 所示。

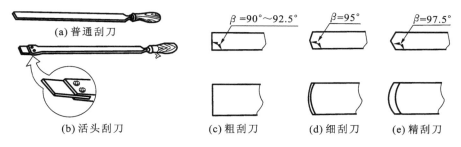

图 5-85 平面刮刀

（2）曲面刮刀用来刮削内曲面，如滑动轴承等，常用的有三角刮刀和蛇头刮刀两种，如图 5-86 所示。

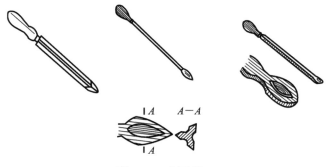

图 5-86 曲面刮刀

2）校准工具

校准工具是用来推磨研点和检查被刮面准确性的工具，也称研具。常用的有校准平板、校准直尺、角度直尺等，如图 5-87 所示。

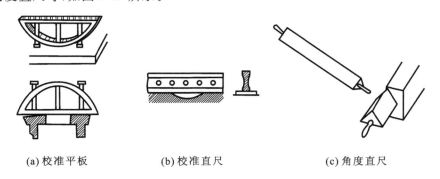

(a) 校准平板   (b) 校准直尺   (c) 角度直尺

图 5-87 校准工具

3）显示剂

显示剂主要用于工件与校研工具的对研表面之间，其作用是清晰地显示出工件表面上的高点。常用的显示剂有红丹粉和普鲁士蓝油。

显示剂的使用方法：粗刮时，显示剂调得稀些，涂在校准件表面涂得较厚，这样，显示点子较暗淡，大而少，切屑不易黏附在刮刀上；精刮时，显示剂调得干些，薄而均匀地涂抹在零件表面，显示点子细小清晰，便于提高刮削精度。

5.7.2 研磨

1. 研磨概述

1）研磨原理

研磨的基本原理包含物理和化学的综合作用。

（1）物理作用 研磨时要求研具材料比被研磨的工件软，这样，在受到一定压力后，研磨剂中微小磨料被压嵌在研具表面上。这些细微的磨料具有较高的硬度，像无数刀刃一样。

（2）化学作用 在研磨过程中，利用氧化铬、硬脂酸等化学研磨剂，与空气接触的工件表面，很快形成一层极薄的氧化膜，又不断地被磨掉，经过这样的多次反复，工件表面就能很快地达到预定要求。

2）研磨作用

（1）可以使工件得到很高的尺寸精度和形位精度。

（2）可以使工件获得较小的表面粗糙度值，增加耐磨性和耐蚀性。

3）研磨余量

研磨是微量切削，每研磨一遍所能磨去的金属层不超过 0.02 mm，因此，研磨余量不应太大，一般在 0.05～0.3 mm 之间比较适宜，有时研磨余量就留在工件尺寸公差之内。

2. 研磨工具

1）研具材料

在研磨加工中，研具是保证研磨工件几何形状正确的主要因素，因此研具的材料组织要细致均匀，要有很高的稳定性，表面粗糙值要小，常用研具材料有如下几种。

（1）灰铸铁 它有润滑性好，磨耗较慢，硬度适中，研磨剂在其表面容易涂布均匀等优点，是一种研磨效果较好、价廉易得的研具材料，得到广泛的应用。

（2）球墨铸铁 它比灰铸铁更容易嵌存磨料，且更均匀、牢固、适度，同时还能增加研具的耐用度。采用球墨铸铁制作的研具材料，广泛用于精密工件的研磨。

（3）软钢 软钢的韧度较高，不容易折断，常用来做小型研具。

（4）铜 铜的性质较软，表面容易被磨料嵌入，适用于作研磨软钢类工件的研具。

2）研磨平板

研磨平板主要用来研磨平面，如研磨量块、精密量具的平面等。它分为有槽的和光滑的两种，前者用于粗研，后者用于精研，如图 5-88 所示。

(a) 有槽平板

(a) 光滑平板

图 5-88 研磨平板

3）研磨环

研磨环主要用来研磨套类工件的内孔,研磨环分固定式和可调节式两种,如图 5-89 所示。固定式制造容易,但磨损后无法补偿,多用于单件工件或机修当中。可调节式尺寸可在一定范围内调整,其寿命较长,适用于成批生产中工件孔的研磨,应用较广泛。

图 5-89　研磨环

3. 研磨剂

研磨剂是由磨料、研磨液和辅料调和而成的混合剂。

1）磨料

磨料在研磨中起切削作用,研磨工作的效率、工件的精度和表面粗糙度都与磨料有密切的关系,常用磨料有以下几种,见表 5-2 所示。

表 5-2　磨料的种类、特性与适用范围

系列	磨料名称	代号	特 性	适 用 范 围
氧化铝	棕刚玉	A	棕褐色,硬度高,韧度高,价格低	粗、精研铸铁及黄铜
	白刚玉	WA	白色,硬度比棕刚玉高,韧度比其低	精研磨淬火钢、高速钢及非铁金属
	铬刚玉	PA	玫瑰红或紫红色,韧度高	研磨各种钢件、量具、仪表工具等
	单晶刚玉	SA	淡黄色或白色,硬度和韧度比白刚玉的高	研磨不锈钢、高钒高速钢等强度高、韧度高的材料
碳化物	黑碳化硅	C	黑色,硬度比白刚玉高,脆而锋利,导电良好	研磨铸铁、黄铜、铝、耐火材料及非金属材料
	绿碳化硅	GC	绿色,硬度和脆性比黑碳化硅高	研磨硬质合金、硬铬、宝石、陶瓷、玻璃等
	碳化硼	BC	灰黑色,硬度仅次于金刚石	精研和抛光硬质合金、人造宝石等硬质材料
金刚石	天然金刚石	JT	硬度最高,价格昂贵	精研和超精研硬质合金
	人造金刚石	JR	无色透明或淡黄,硬度好,比天然金刚石脆,表面粗糙	粗、精研硬质合金和天然宝石
软磨料	氧化铁		红色至暗红色,比氧化铬软	精研或抛光钢、铸铁、玻璃、单晶硅等材料
	氧化铬	PA	深红色,硬度高,切削力强	

2）研磨液

研磨液在研磨中起调和磨料、冷却和润滑作用。常用的研磨液用煤油、汽油、10 号与 20 号机油、工业用甘油、透平油及熟猪油等。

3）辅助配剂

在磨料和研磨液中加入适量的石蜡、蜂蜡等填料以及黏度较高而氧化作用强的油酸、脂肪酸、硬脂酸和工业甘油等，即可配成研磨剂。一般工厂采用成品研磨膏，使用时，加机油稀释即可。

5.7.3 装配

装配前要研究和熟悉装配图、工艺文件和技术要求，了解产品的结构、工作原理、各零部件的作用、相互关系和连接方式等。

1. 螺纹连接装配

螺纹连接是一种可拆卸的固定连接。它结构简单、连接可靠、装拆方便、成本低廉，因而在机械产品中应用非常普遍，如图 5-90 所示。

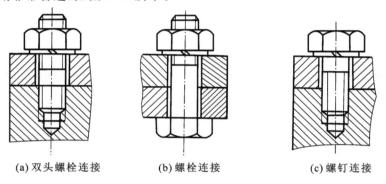

(a) 双头螺栓连接　　　　(b) 螺栓连接　　　　(c) 螺钉连接

图 5-90　螺纹连接的形式

螺纹连接装配要点如下。

（1）保证一定的拧紧力矩，使螺纹连接可靠和紧固，拧紧螺纹时，使纹牙间产生足够的预紧力。

（2）拧紧成组螺母时，需按一定顺序逐次拧紧。拧紧原则一般为从中间向两边对称扩展，如图 5-91 所示。

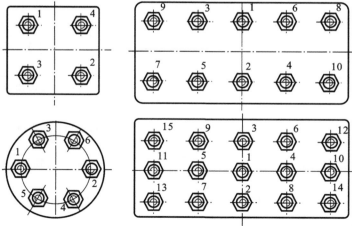

图 5-91　拧紧成组螺母的顺序

（3）螺纹连接要有可靠的防松装置，防止在冲击、振动或交变载荷下螺纹连接松动，螺纹连接一般都具有自锁性，如图 5-92 所示。

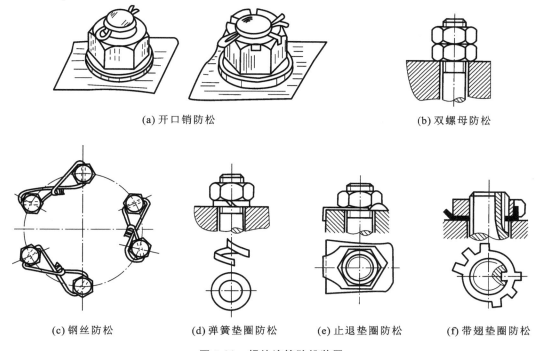

(a) 开口销防松　　　　　　　　　　　　　　　　(b) 双螺母防松

(c) 钢丝防松　　　　(d) 弹簧垫圈防松　　　(e) 止退垫圈防松　　　(f) 带翅垫圈防松

图 5-92　螺纹连接防松装置

2. 键连接的装配

键连接是将轴和轴上零件通过键在圆周方向上固定，以传递转矩的一种装配方法。它具有结构简单、工作可靠和装拆方便等优点，因此，在机械制造中获得广泛应用。根据结构特点和用途不同，键连接可分为松键连接、紧键连接两种。

1）松键连接的装配

松键连接是靠键的侧面来传递转矩的，对轴上零件作圆周方向固定，不能承受轴向力。松键连接所采用的键有普通平键、半圆键、导向平键、滑键等，如图 5-93 所示。

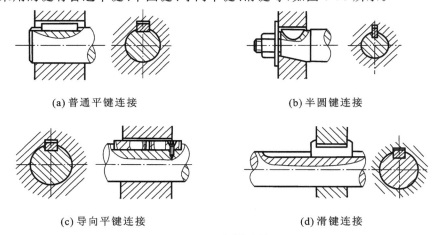

(a) 普通平键连接　　　　　　　　　　　　　　(b) 半圆键连接

(c) 导向平键连接　　　　　　　　　　　　　(d) 滑键连接

图 5-93　松键连接

2）紧键连接的装配

紧键连接主要指楔键连接。如图 5-94 所示，其上表面斜度一般为 1∶100。

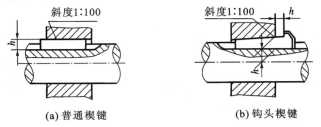

(a) 普通楔键　　　　　　　　　　(b) 钩头楔键

图 5-94　楔键连接

3. 销连接的装配

如图 5-95 所示，销连接的主要作用是定位、连接或锁定零件，有时还可以作为安全装置中的过载剪断元件，其连接可靠、拆装方便，故应用较广泛，其中用得最多的是圆柱销及圆锥销。

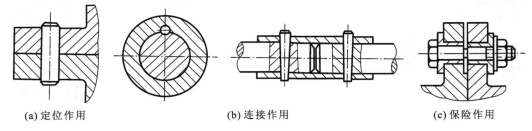

(a) 定位作用　　　　　　　　(b) 连接作用　　　　　　　　(c) 保险作用

图 5-95　销链接

4. 过盈连接的装配

过盈连接是依靠轴和孔的过盈量达到连接的目的。装配后，由于材料的弹性变形，使轴和孔的配合面间产生压力，工作时，由此压力产生摩擦力传递扭矩、轴向力。常用的过盈连接方法有压入法、热胀法、冷缩法三种。

5.7.4　刮削及研磨任务实施

1. 刮削及精度检验

1）平面刮削的方法

平面刮削一般采用挺刮法和手刮法两种。

（1）挺刮法　如图 5-96(a)所示，将刮刀柄放在小腹右下侧肌肉处，左手在前，手掌向下，右手在后，手掌向上，距刮刀头部 50～80 mm 处握住刀身。刮削时刀头对准研点，左手下压，右手控制刀头方向，利用腿部和臀部力量，使刮刀向前推动，随着研点被刮削的瞬间，双手利用刮刀的反弹作用力迅速提起刀头，刀头提起高度约为 10 mm。

(a) 挺刮法　　　　　　　　　　　　(b) 手刮法

图 5-96　平面刮削

（2）手刮法　如图 5-96(b) 所示，右手提刀柄，左手握刀杆，距刀刃为 50～70 mm 处，刮刀与被刮表面成 25°～30°角。左脚向前跨一步，身体重心靠向左腿。刮削时右臂利用上身摆动向前推，左手向下压，并引导刮刀运动方向，在下压推挤的瞬间迅速抬起刮刀，这样，就完成了一次刮削运动，手刮法刮削力量小，手臂易疲劳，但动作灵活，适用于各种工作位置。

2）平面刮削步骤

平面刮削可分为粗刮、细刮、精刮、刮花四个步骤。工件表面的刮削方向应与前道工序的刀痕交叉，每刮削一遍后，涂上显示剂，用校准工具配研，以显示出高点，然后再刮掉，如此反复进行。

（1）粗刮　用粗刮刀在刮削面上均匀铲去一层较厚的金属，刮刀痕迹要连成片，不可重复。粗刮能很快去除较深的刀痕、严重的锈蚀或过多的余量。当粗刮到每 25 mm×25 mm 的面积内有 2～3 个点时转入细刮。

（2）细刮　用细刮刀刮去块状的研点，目的是进一步改善不平现象。细刮时采用短刮法，刀痕宽而短，刀迹长度均为刀刃宽度，随着研点的增加，刀痕逐步缩短。细刮同样采用交叉刮削方法，在整个刮削面上达到每 25 mm×25 mm 面积内有 12～15 个点时，细刮结束。

（3）精刮　用精刮刀采用点刮法对准显点刮削，目的是增加研点、改善表面质量。精刮时，落刀要轻，提刀要快，每个研点上只刮一刀，不要重复刮削，并始终交叉地进行刮削。当研点增加至每 25 mm×25 mm 面积内 20 个点以上时，精刮结束。

（4）刮花　刮花是在刮削面或机械外观表面上用刮刀刮出装饰性花纹，目的是增加表面美观度，形成良好的润滑条件。要求较高的工件，不必刮出大块的花纹，常见的花纹如图 5-97 所示。

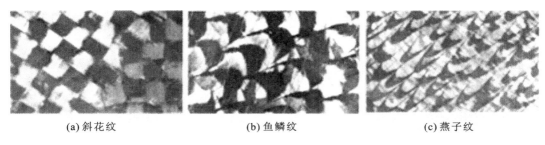

(a) 斜花纹　　　　　　　　(b) 鱼鳞纹　　　　　　　　(c) 燕子纹

图 5-97　常见刮花的花纹

3）曲面刮削的方法

曲面刮削与平面刮削基本相似，只是使用刀具和掌握刀具的方法略有不同。进行内圆弧面的刮削操作时，刮刀作内圆弧运动，刀痕与轴线约成 45°角。内孔刮削常用与其相配的轴或标准轴作校准工具，用蓝油涂在孔的表面，用轴来回转动显点，再进行刮削。

2. 研磨的方法

1）平面研磨

平面研磨一般分为粗研和精研两个阶段，分别使用带槽平板和光滑平板进行。

（1）一般平面研磨　如图 5-98 所示，研磨前，先清洗待研磨表面并擦干，再在研磨平板上涂上适当的研磨剂，要求涂得薄而均匀，然后再将工件研磨面扣合其上施加一定的压力进行研磨，研磨时，可按螺旋形轨迹或"8"字形轨迹进行。

（2）狭窄平面研磨　如图 5-99 所示，为防止研磨平面产生倾斜和圆角，在运动中产生摆动，常用金属靠铁靠住，使靠铁的靠紧面与底面保持垂直，提高稳定性。

图 5-98　一般平面研磨　　　　　　　　　　　　　**图 5-99　狭窄平面研磨**

当工件数量较多时,则应采用 C 形夹头,将几个工件夹在一起研磨,这样,能有效防止倾斜。

2) 圆柱面研磨

圆柱面研磨的方法有纯手工研磨和机械与手工配合研磨两类。

(1) 纯手工研磨　纯手工研磨时,将工件外圆柱面涂敷一层薄而均匀的研磨剂,然后装入研具孔内,调整好间隙,然后使工件作正、反两方向转动的同时,又作相对轴向运动。

(2) 机械配合手工研磨　此方法是将工件装夹在机床主轴上作低速转动,手握研具作轴向往复运动进行研磨。采用此方法时,应使研具往复运动与工件转速相协调,检查方法是使工件上研磨出来的网纹与工件中心线成 45°的夹角,研具往返移动的速度不应过快或过慢,如图5-100 所示。

3) 圆锥面研磨

如图 5-101 所示,研磨圆锥面时,必须使用与工件锥度一致的研磨棒或研磨环,而且锥度要磨得准确。圆锥孔的研磨,一般在钻床或车床上进行,研磨棒转动方向应与螺旋槽旋向一致。研磨时,研磨棒上均匀地涂上研磨剂,放入工件,在旋转的同时,应不断地作稍微拔出和推入运动,反复进行研磨。有些工件表面是利用彼此接触面进行研磨来达到密封的目的,不需要用研磨棒和研磨环。

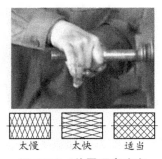

太慢　　太快　　适当

图 5-100　外圆研磨速度

图 5-101　圆锥面研磨

3. 修理基本知识

机械设备磨损可分事故磨损和自然磨损两类。事故磨损大多是人为造成的,包括设计、制造上存在问题,也包括使用维护不当而引起的。自然磨损是在正常使用条件下,由于摩擦和化学等因素的长期作用而逐渐产生的磨损,它虽然不可避免,但磨损的快慢取决于各种因素的影响程度,因此与制造、装配、修理和使用维护等工作的好坏也有密切的关系。

1) 机械设备维修的形式

机械设备维修的形式,应根据磨损的程度而定。除了事故磨损以外,自然磨损的设备一般都采取定期的计划修理,其形式有:大修、中修、小修、项修和二级保养等,设备的性质和任务不同时,采用的形式也有所差异。无论采用上述哪种形式,大都是在普遍开展一级保养的基础上进行的。

2）修理工作的要点

（1）拆卸时应遵守以下基本原则　①拆卸顺序与装配的顺序相反。一般应先拆外部、后拆内部；先拆上部、后拆下部。②拆卸时要防止损伤零件，选用的工具要适当；严禁用硬手锤直接敲击零件。③拆下的零部件应有次序地安放，一般不应直接放在地上，以免碰坏。精密零件要特别加以保护和防止变形。④相配零件之间的相互位置关系有特殊要求的，应做好标记或认清原有的记号。⑤不需拆开检查和修理的部件，则不应拆散。

（2）修复或更换零件时应参照以下基本原则　①相配合的主要件和次要件磨损后，一般是修复主要件，更换次要件。例如车床丝杠与螺母磨损后，应修复丝杠，更换螺母。②工序长的零件与工序短的零件配合运转磨损后，一般是修复工序长的零件，更换工序短的零件。③大零件与小零件相配表面磨损后，一般是修复大零件，更换小零件。

（3）修理后进行部装和总装时，应掌握装配工作的各个要点。

【知识链接】

X62W 万能铣床主轴装配基本操作步骤如下。

（1）准备拆卸和装配的工具，读装配图（见图 5-102）并编制装配工艺规程。

（2）拆卸分解，然后对零部件进行清洗。

（3）检验主轴和其他零部件的精度，测量各支承轴径向跳动的误差大小和方向，并做好标记。

（4）按零部件精度的检验结果，用定向装配的方法装配主轴及轴承，以提高主轴回转精度。

（5）总装配完成后，进行检验、调整和试车。

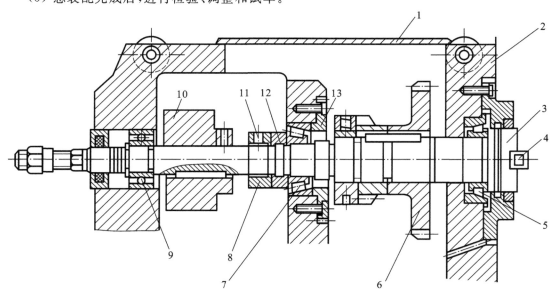

图 5-102　X62W 万能铣床主轴装配图

1—盖板；2—床身；3—主轴；4—端面键；5—前支承轴承；6—齿轮；7—中间支承轴承；

8—螺母；9—后支承轴承；10—飞轮；11—紧定螺钉；12—垫圈；13—法兰盘

5.8　综合技能训练

通过前面的学习,同学们基本上掌握了钳工操作的一些基础理论知识和基本操作,而通过综合训练,能进行一般的手工工具的制作,以及操作能力的提高。下面通过六角螺母制作、錾口榔头制作及刀口直角尺制作三个锉配任务,来介绍锉配的工艺知识、操作步骤及要点,从而更进一步巩固前面所学内容,提高锉配技能。

(1)六角螺母的制作　提高角度锉削以及攻螺纹加工的能力。

(2)錾口榔头的制作　掌握锉腰孔及连接内、外圆弧面的方法,达到连接圆滑、位置及尺寸正确。

5.8.1　六角螺母的制作

1. 工件加工步骤

如图 5-103 所示,六角螺母工件加工步骤如表 5-3 所示。

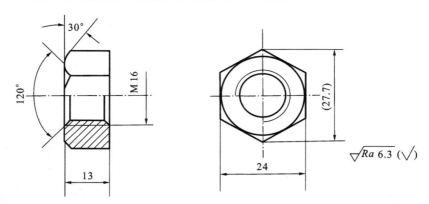

图 5-103　六角螺母加工图

表 5-3　六角螺母的加工步骤

操作步骤	简　图	说　明
下料		用 $\phi 30$ mm 的棒料,按螺母厚度尺寸加上两面各留 1 mm 左右的加工余量,锯下 15 mm 长的坯料
锉两平面		锉平两端面至高度 $H = 13$ mm。要求两面平行、平直

续表

操作步骤	简　图	说　明
划线	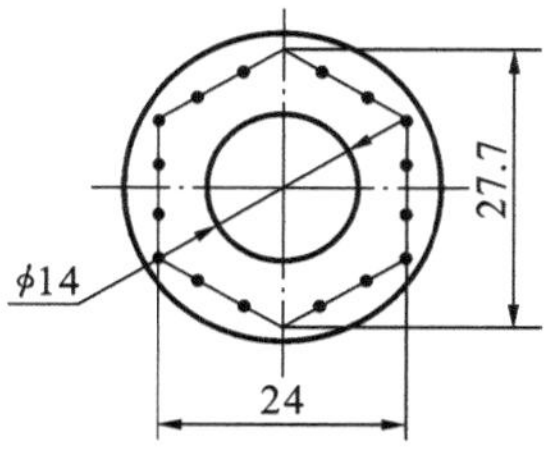	定中心和划中心线;按尺寸划出六角形边线和加工圆;打样冲眼
钻孔	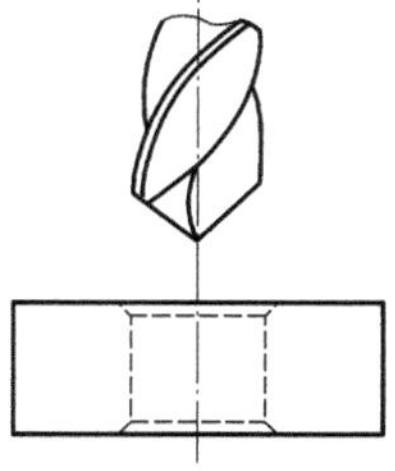	用 $\phi14$ mm 的钻头钻孔,并用 $\phi20$ mm 的钻头进行孔口倒角;用游标卡尺检查孔径
攻螺纹	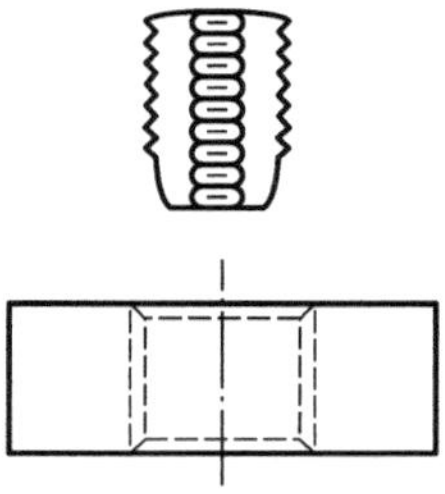	用 M16 丝锥攻螺纹,用螺纹塞规检查螺纹
锉六面及倒角	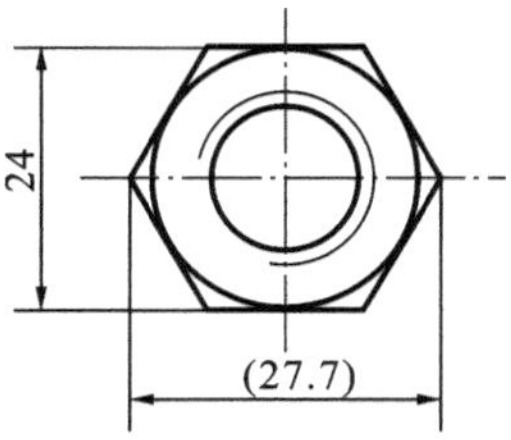	先锉平一面、再锉平行的对面,然后锉其余的四面及倒角。在锉六面时,既可参照所划的线,也可用 120°角度尺检验相邻两面的夹角,并用游标卡尺测量平面至孔的距离。六面要求平直,六角形要求均匀对称,两对面要求平行。用刀口尺检验平面的平面度,用游标卡尺检验面对面的尺寸和平行度

2. 注意事项

（1）钻螺纹底孔时,装夹要正确,以保证孔中心线与六角端面的垂直度。

（2）起攻时,要及时纠正两个方向的垂直度,这是保证螺纹质量的重要环节,否则,出现切出的螺纹牙型一面深一面浅,并且随着螺纹长度的增加,歪斜现象明显增加,造成不能继续切削或丝锥折断。

（3）由于材料较厚,又是钢料,因此在攻螺纹时,要加冷却润滑液,并经常倒转排屑。

5.8.2　錾口榔头的制作

1. 工件加工步骤

如图 5-104 所示,錾口榔头工件加工步骤如表 5-4 所示。

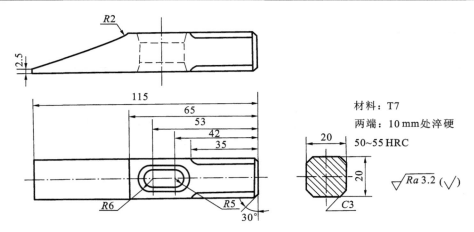

图 5-104　錾口榔头加工图

表 5-4　手锤的加工步骤

操作步骤	简　图	说　明
下料	≈118　φ32	用 T7 钢 φ32 mm 的棒料，锯下长度 $l≈118$ mm
锉四面	20　20	锉方 20 mm×20 mm，四面要求平直，相互垂直，断面成正方。用刀口尺和角尺检查
锉平端面	—	
划线	2.6　115　53　42　10　R6　65　20	将一个端面锉平，工件以纵向平面和锉平的平面定位，按简图所示尺寸划线并打样冲眼
锯斜面	—	将工件夹在台虎钳上，按所划的斜面线，留有 1 mm 左右的锉削余量（上图中的虚线），锯下多余部分
锉斜面	R2　2.5　115	按图锉平斜面，在斜面与平面交接处用 R2 圆锉锉出过渡圆弧，把斜面端部锉至总长尺寸 115 mm
钻孔	φ10	按划线在 R5 中心孔处钻两孔 φ10
锉长形孔和倒角	R5　R6	用小圆锉及什锦锉锉长形孔和 R6 倒角

续表

操 作 步 骤	简　　图	说　　　明
锉 30°和 45°倒角		倒角交接处用 R3 圆锉锉出过渡圆弧
修光		用光锉和砂纸修光各面
两端局部淬火		

2. 注意事项

（1）用钻头钻孔时，要求钻孔位置正确，钻孔孔径没有明显扩大，以免造成加工余量不足，影响腰孔的正确加工。

（2）锉削腰孔时，应先锉两侧平面，后锉两端圆弧面。在锉平面时要注意控制好锉刀的横向移动，防止锉坏两端孔面。

（3）加工 R2 凹圆弧时，横向锉要锉准锉光，然后修光就容易，且圆弧尖角处也不易塌角。

（4）在加工 R5 与 R6 内外圆弧面时，横向必须平直，并与侧平面垂直，才能使弧面连接正确、外形美观。

5.8.3　六角螺母及錾口榔头的加工任务实施

1. 六角螺母的加工步骤

（1）检查来料尺寸是否符合图样要求。

（2）按六角加工方法，依次加工外六角，达到形位、尺寸等要求。

（3）划出 M16 螺孔位置线，钻 ϕ13.6 mm 底孔，并对孔口进行倒角。

（4）攻 M16 螺纹孔，并用相应的螺钉进行配检。

2. 錾口榔头的加工步骤

（1）检查来料尺寸，按图样要求锉准 20 mm×20 mm 长方体。

（2）以长面为基准锉一端面，达到基本垂直，表面粗糙度 $Ra \leqslant 3.2\ \mu m$。

（3）以一长面及端面为基准，用錾口榔头样板划出形体加工线（两面同时划出），并按图样尺寸划出 4×3.5 mm×45°倒角加工线。

（4）用圆锉锉通两孔，然后用掏锉按图样要求锉好腰孔。

（5）锉 R2 圆头，并保证工件总长 115 mm。

（6）八角端部棱边倒角 3.5 mm×45°。

（7）用砂布将各加工面全部打光，交件待验。

【知识链接】

刀口直角尺的加工制作方法

（1）按图样检查来料尺寸，并去除锐边毛刺。

（2）将工件用圆钉固定在木板上，加工两外平面，达到图样要求。

（3）锉外直角面，达到直线度 0.03 mm，垂直度 0.06 mm，表面粗糙度 $Ra \leqslant 6.3\ \mu m$ 的要求。

（4）划出相距尺寸分别为 16 mm、20 mm 的内直角线，并按要求锯割一工艺槽。

（5）按要求锯割后,锉内直角面,达到图样要求。

（6）锉好尺寸 100 mm 与 70 mm 的端面。

（7）按图样尺寸加工两刀口斜面。

（8）锐边倒棱并作全部精度检查。

90°刀口直角尺工件加工如图 5-105 所示,锉两平面时锉向一致,锉刀口斜面必须在平面加工达到要求后进行,并要注意不能碰坏垂直面,造成角度不准。应本角尺各测量面最后还须进行研磨加工,使表面粗糙度达到 $Ra \leqslant 0.1\ \mu m$ 的要求,故在本处加工后,必须保证各测量面不应有可见的锉削纹路。

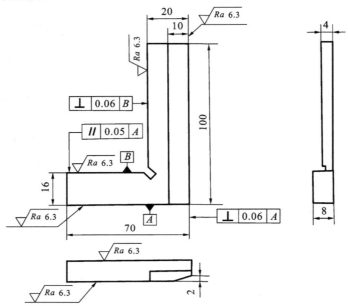

图 5-105　刀口直角尺工件加工图

钳工是切削加工、机械装配和修理作业中的手工作业,是机械制造业中的重要工种。钳工工种的能力体现在能够合理地应用现有工具完成某一项作业,能够为某一项作业制造适用的手动工具,能够实施新的作业或对现有手工作业进行优化,以提高工效和质量。

第6章 车工实训

【学习目标】
(1) 了解普通车床的型号规格及命名方法,车床的组成及作用。
(2) 了解车削加工的基本概念。
(3) 熟知车削加工的安全操作规程。
(4) 了解常用车刀的种类和用途。
(5) 熟悉车刀的组成及结构形式。
(6) 熟悉车床的传动系统。

【能力目标】
(1) 了解普通车床的型号规格及命名方法,车床的组成及作用。
(2) 熟知各种基本方法及操作要点。
(3) 能够熟练操作各种型号的车床。
(4) 注意车刀安装要求。
(5) 掌握车刀刃磨的方法。
(6) 掌握车削加工的操作要点,对一般零件进行车削加工。

【内容概要】
车削加工是机械加工中最常用的方法,车床是应用很广泛的金属切削机床之一。无论是在成批量生产,还是在小批量生产以及在机械的维护修理方面,车削加工都占有重要的地位。车削加工主要用于回转体零件的加工,其中包括:内、外圆柱面,内、外圆锥面,内、外螺纹,成形面,端面,沟槽以及滚花等加工。

6.1 车床操作基本知识

车床是主要用车刀对旋转的工件进行车削加工的机床。在车床上还可用钻头、扩孔钻、铰刀、丝锥、板牙和滚花工具等进行相应的加工。车床主要用于加工轴、盘、套和其他具有回转表面的工件,是机械制造和修配工厂中使用最广的一类机床。

(1) 普通车床的型号规格　车削是利用工件的旋转运动和刀具的直线运动来加工工件的,在车床上所能完成的切削加工最多。了解车床的型号规格,是进一步熟练操作机床的基础。

(2) 普通车床的组成和作用　CA6140 型车床由床身、主轴箱和变速箱、进给箱、光杠、丝杠、刀架、溜板箱和尾架等部件组成。

(3) 切削用量　切削用量(切削三要素之一)是衡量切削运动大小、切削加工质量好坏、刀具磨损、机床动力消耗及生产的重要参数。

(4) 传动系统　CA6140 型车床整个传动系统由主运动传动链、车螺纹传动链、纵向进给传动链、横向进给传动链和快速移动传动链等组成。

(5) 切削液　为了提高切削加工效果而使用的液体称为切削液。工厂中常用的切削液有乳化液和切削油两种。在金属切削过程中，应根据工件材料、刀具材料、加工性质和工艺要求合理选择切削液。

（6）安全操作规程　在车床操作时必须严格遵守安全规程、规章制度。

6.1.1　车床操作概述

1. 普通车床的型号规格

机床的型号是机床产品的代号，用以简明地表示机床的类别、主要技术参数、结构特征等。如 CA6140 的含义如下。

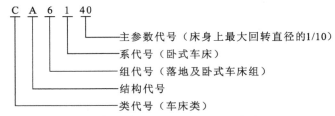

CA6140 表示床身上最大回转直径为 400 mm 的卧式车床。

2. 普通车床组成及作用

现以 CA6140 型车床为例介绍普通车床主要由以下几大部分组成，如图 6-1 所示。

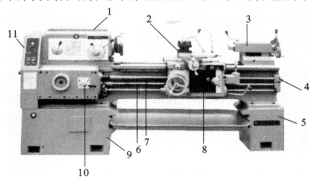

图 6-1　CA6140 型车床外形
1—主轴箱；2—刀架；3—尾座；4—床身；5—右床腿；6—光杠；7—丝杠；
8—溜板箱；9—左床腿；10—进给箱；11—挂轮变速机构

1）床身

床身用于安装车床各部件并保持各部件相对正确位置，床面上有四条平行导轨，精度和平行度都很好，外面两条导轨供溜板作纵向移动，里面两条导轨供尾座移动。

2）主轴箱和变速箱

主轴箱主要是支承主轴，改变主轴转速，实现主轴旋转运动。主轴为空心结构，便于穿过长棒料，主轴右端有螺旋纹，用以连接卡盘、花盘等附件。

主轴箱和变速箱配合使用可使主轴快慢不同转速。C6132 型机床主轴箱和变速箱采用分离式结构，其目的是减小主轴振动，提高加工精度。

3）进给箱

其作用是传递进给运动，改变进给量大小。主轴运动由交换齿轮传入进给箱，通过箱内齿轮不同组合，使光杠或丝杠获得不同转速，调整进给量的大小或在车螺纹时调整螺距。

4）光杠、丝杠

光杠和丝杠都起传动作用。光杠是把进给箱的运动传给溜板箱,使车刀按要求的速度作直线运动。加工螺纹时,必须用丝杠传动。

5）刀架

刀架为多层结构,由方刀架、小溜板、中溜板、大溜板、转盘等零件组成。如图 6-2 所示,各部分作用如下。

图 6-2　刀架的组成

1—小溜板;2—转盘;3—大溜板;4—中溜板;5—方刀架

（1）刀架　安装紧固刀具。

（2）溜板　带动刀具作纵向、横向、斜向移动。

（3）中溜板　带动刀具作横向移动,刻度盘控制工件切削深度。

（4）大溜板　带动刀具作纵向移动,刻度盘控制工件长度。

6）溜板箱

其作用是将光杠的旋转运动变为刀具的直线移动。

7）尾架

其作用是支承工件或钻孔、铰孔,将尾架偏移还可加工较长锥体的工件。

3. 切削用量

（1）切削速度 v_c　主运动的线速度,是表示主运动速度大小的参数(m/min)。

$$v_c = \pi D n / 1\,000 \quad (\text{m/min})$$

式中:D 为工件待加工表面直径(mm);n 为车床主轴每分钟转速(r/min)。

（2）进给量 f　表示在主运动的一个循环内,刀具和工件之间沿进给方向相对移动距离。它是进给运动大小的参数(mm/r)。进给运动分纵向进给和横向进给。

（3）切削深度 a_p　表示待加工面和已加工面之间的垂直距离(mm)。

$$a_p = (D - d)/2$$

式中:D 为待加工面直径(mm);d 为已加工面直径(mm)。

在切削加工时,一般按照有关工艺参考切削加工手册来选择切削用量。粗加工时,为了提高生产效率,选用较大的背吃刀量、进给量和较慢的切削速度。精加工时,为了保证工件的尺寸精度、表面粗糙度,应选取较小的背吃刀量进给量,并相对提高切削速度。

4. 传动系统

以 C6140 普通车床传动为例,介绍车床传动系统,如图 6-3 所示。

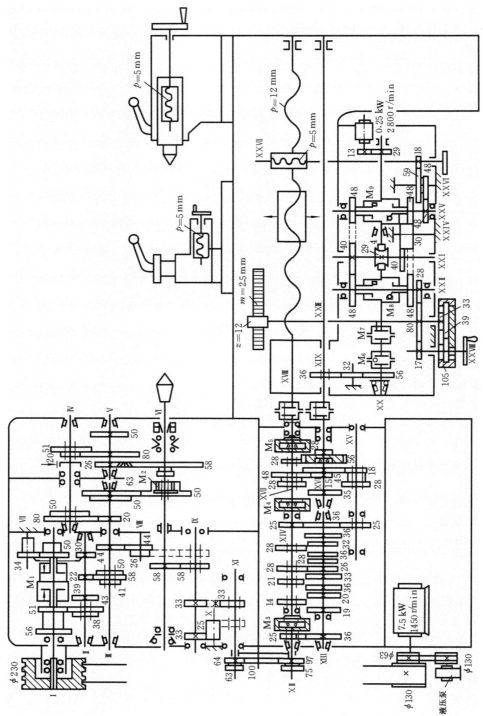

图 6-3 CA6140 车床的传动系统

（1）主运动　　其运动路线如图 6-3(a)所示，电动机输出动力，传至变速箱，后经皮带传给主轴箱，经主轴传给卡盘。变换操作杆和主轴箱外的手柄位置，可使箱内不同的齿轮啮合，从而使主轴得到各种不同转速，主轴通过卡盘带动工件作旋转运动。

（2）进给运动　　主运动通过交换齿轮传到进给箱，通过光杠或丝杠传给溜板箱，使刀架带动刀具做自动进给或加工螺纹。

5. 切削液

1）切削液的作用

（1）冷却作用　　切削液可带走切削时产生的大量热量，改善切削条件，起到冷却工件和刀具的作用。

（2）润滑作用　　切削液可以渗透到工件表面与刀具后刀面之间，以及前刀面与切屑之间的微小间隙中，减小工件、切屑与刀具的摩擦。

（3）清洗作用　　切削液有一定的压力和流量，可把附着在工件和刀具的细小切屑冲掉，防止拉毛工件，起到清洗作用。

（4）防锈作用　　切削液中加入防锈剂，可保护工件、刀具和机床免受腐蚀，起到防锈作用。

2）切削液的种类

（1）乳化液　　是将乳化油加 15～20 倍的水稀释而成。它的特点是比热容大、黏度小和流动性好，可吸收切削区中的大量热量，主要起冷却作用。

（2）切削油　　切削油主要特点是比热容小，黏度大和流动性差，主要起润滑作用。

3）切削液的选用

（1）根据车削的性质选用：

① 粗车时产生的切削热较多，为了及时降低切削温度，应选用冷却性能较好的乳化液；

② 精车时为了保证工件的精度，减小工件的表面粗糙度，应选用润滑性能较好的切削油；

③ 在钻孔和深孔车削时，正确选择切削液尤为重要，在钻孔时，由于排屑困难，热量不能及时散发，为保证工件加工质量和防止切削刃过早磨损，应选用黏度较小的极压乳化液或极压切削油，并增大压力和流量；一方面进行冷却、润滑，另一方面将切屑冲掉。

（2）根据工件材料选用：

① 钢件粗加工时一般用乳化液，精加工时用极压切削油；

② 切铸铁、铸铜及铸铝等脆性金属时，由于切削碎末会堵塞冷却系统，容易使机床导轨磨损，一般不加切削液，但精车时为了得到较高的表面质量，可采用黏度较小的煤油或质量分数为 7％～10％的乳化液；

③ 切削有色金属或铜合金时，可使用煤油或黏度较小的切削油，但不宜采用含硫的切削液，以免腐蚀工件；切削镁合金时，不能用切削液，以免燃烧起火，必要时可采用压缩空气冷却和排屑。

（3）根据刀具材料选用：

① 高速钢刀具，粗加工时用极压乳化液，对钢料精加工时，用极压乳化液或极压切削油；

② 硬质合金刀具，一般不加切削液，但在加工某些硬度高、强度高、导热性差的特种材料和细长工件时，可选用以冷却作用为主的切削液（如乳化液等）。

6. 安全操作规程

（1）车加工前应检查车床各部分手柄是否到位。

（2）工作中主轴需变速时，必须先停车。

（3）工作时应穿工作服,头发长的女士应戴工作帽。

（4）工作时,头不能离工件太近,以防切屑溅入眼中。

（5）工作时,必须集中精力,不允许擅自离开机床或做与车床工作无关的事。

（6）工作时,手和身体不能靠近正在转旋的工件或车床部件。

（7）不准用手去刹住转动的卡盘,工作时严禁戴手套。

（8）工件和刀具必须装夹牢固,卡盘扳子随手拿下。

（9）车床开动时,不能测量工件,也不能用手摸工件表面。

（10）用专用刷子或钩子清除切屑,绝对不能用手直接清除。

（11）加工完工件,必须清理机床,并在导轨表面上擦润滑油。

6.1.2　基本车削加工任务实施

1. 刻度盘和刻度盘手柄使用

在车削过程中,为了正确控制切削深度,必须熟练使用中溜板上的刻度盘。如 CA6140 型车床横向丝杠螺距为 12 mm,刻度盘共 300 格。刻度盘旋转一周时,丝杠也转一周,螺母带着刀架横向移动一个螺距,故刻度盘每转一格,刀架横向移动的垂直距离为（12 /300）/mm＝0.04 mm。在加工工件时,由于工件是圆周运动,所以车刀从工件表面向中心切削后,切下部分刚好是切削深度的两倍。

使用刻度盘时,由于丝杠和螺母之间存在间隙,会产生空行程,使用时必须慢慢把刻线对到所需格数。如不小心多转过几格需退刀时,刻度盘不能直接退到刻度,应反转约一周左右,再转到所需的格数上,如图 6-4 所示。

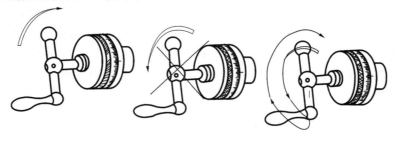

图 6-4　消除刻度盘空行程的方法

加工工件外圆时,刻度盘手柄顺时针旋转,使车刀向工件中心运动为进刀,反之为退刀。

2. 对刀、试切、测量

对刀、试切、测量是保证工件尺寸的手段,必须熟练掌握。

在加工工件时,根据图样要求,为了保证工件尺寸精度和表面粗糙度,可把车削加工分为粗车和精车两个步骤。粗车目的是尽快从毛坯料上切去大部分加工余量,精车是切除粗车后剩余的加工余量。

【知识链接】

切削液在使用时,应注意以下几点。

（1）油状乳化液必须用水稀释后才能使用。

（2）切削液必须浇注在切削区域。

（3）切削硬质合金刀具时,如用切削液必须一开始就连续充分地浇注;否则,硬质合金刀片会因骤冷而产生裂纹。

（4）加注切削液可以采用浇注法和高压冷却法：浇注法是一种简便易行、应用广泛的方法，一般车床均有这种冷却系统；高压冷却是以较高的压力和流量将切削液喷向切削区，这种方法用于半封闭加工或车削难加工材料，如图 6-5 所示。

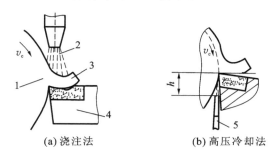

(a)浇注法　　　　　　　　(b)高压冷却法

图 6-5　加注切削液的方法

1—工件；2—切削液；3—切屑；4—刀具；5—喷嘴

6.2　车刀知识

近年来，国内外大力发展和广泛应用了先进成形车刀。刀片用机械夹固方式装夹在刀杆上。当一个切削刃磨钝后，只需将刀片转过一个角度，即可用新的切削刃继续切削，从而大大缩短了换刀和磨刀的时间，并提高了刀杆的利用率。

（1）车刀的组成和结构　　车刀一般由夹持部分和切削部分组成，夹持部分通常用普通碳素钢、球墨铸铁等材料制成。切削部分采用各种刀具材料，根据需要制成各种形状。

（2）车刀的刃磨和安装　　无论硬质合金车刀或高速钢车刀，在使用之前都要根据切削条件所选择的合理切削角度进行刃磨，一把用钝了的车刀，为恢复原有几何形状，也必须重新刃磨。车削前必须把选好的车刀正确安装在方刀架上，车刀安装的好坏，对操作顺利与加工质量都有很大关系。

6.2.1　车刀的组成和结构

1.车刀的组成和结构

车刀切削部分的组成要素如图 6-6 所示。

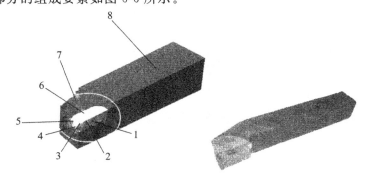

图 6-6　车刀的组成

1—主后刀面；2—主切削刃；3—刀尖；4—副后刀面；5—副切削刃；

6—前刀面；7—刀头部分；8—刀柄

1) 车刀的组成

（1）前刀面　切削时，切屑沿它排出的表面，称前刀面。

（2）主后刀面　刀具上与工件过渡表面相对的表面，称为主后刀面。

（3）副后刀面　刀具上与工件已加工表面相对的表面，称为副后刀面。

（4）主切削刃　前刀面与主后刀面连接的部位，称为主切削刃。主切削刃担负着主要的切削工作。

（5）副切削刃　前刀面与副后刀面连接的部位，称为副切削刃。副切削刃配合主切削刃完成少量的切削工作。

（6）刀尖　主切削刃和副切削刃连接的部位，称为刀尖。

2) 确定车刀切削角度的辅助平面

为了确定和测量车刀角度，引入了以下三个辅助平面，如图 6-7 所示。

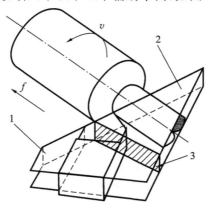

图 6-7　三个辅助平面

1—基面；2—切削平面；3—主截面

（1）切削平面　通过主切削刃上某个选定点，并与工件过渡表面相切的平面，称为切削平面。

（2）基面　通过主切削刃上某个选定点，并垂直于该点切削速度方向的平面，称为基面。

（3）主剖面　通过主切削刃上某个选定点，同时垂直于切削平面和基面的平面，称为主剖面。

3) 车刀的主要角度和作用

（1）在主截面内测量的角度如下。

① 前角（γ_o）是指前刀面与基面的夹角。前角大小影响刀头强度、刀刃的锋利程度、切削力、切削变形和断屑等。

② 主后角（α_o）是指主后刀面与切削平面之间的夹角。主后角主要作用是减小主后刀面和过渡表面的摩擦。

③ 楔角（β_o）是指前刀面和后刀面的夹角。楔角主要影响刀头硬度和刀头散热情况。

如图 6-8 所示，前角、主后角与楔角之间的关系为

$$\gamma_o + \alpha_o + \beta_o = 90°$$

（2）在基面上测量的角度如下。

主偏角（κ_r）是指主切削刃在基面上的投影与进给方向之间的夹角，它能改变主切削刃与刀头的受力及散热情况。

副偏角（κ'_r）是指副切削刃在基面上的投影与进给方向之间的夹角。它可以改变副切削刃与工件已加工表面之间的摩擦状况。

刀尖角(ϵ_r)是指主切削刃与副切削刃在基面投影之间的夹角。它影响刀尖强度及散热情况。

如图 6-9 所示,主偏角、副偏角与刀尖角之间的关系为:$\kappa_r + \kappa'_r + \epsilon_r = 180°$

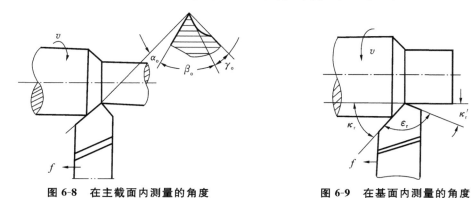

图 6-8　在主截面内测量的角度　　　　图 6-9　在基面内测量的角度

(3) 在切削平面内测量的角度主要是刃倾角。

刃倾角(λ_s)是指主切削面和基面的夹角,它的主要作用是影响切屑排出的方向和刀尖的强度,如图 6-10 所示。

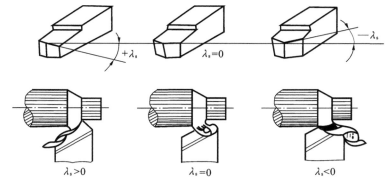

图 6-10　车刀的刃倾角

4) 车刀的结构形式

车刀从结构形式上分为四种,即整体式、焊接式、机夹式及可转位式。

(1) 整体式　用整体高速钢制造,刃口可磨得较锋利,适合加工有色金属和制造各种成形刀具。

(2) 焊接式　焊接硬质合金或高速钢刀片,结构紧凑,使用灵活,适合各类车刀特别是小刀具。

(3) 机夹式　避免焊接产生的应力、裂纹、变形等缺陷,提高刀的利用率,使用灵活方便,适合外圆、端面、镗孔、割断、螺纹车刀等。

(4) 可转位式　避免了焊接刀的缺点,刀片可快换转位,生产率高切屑稳定,可使用涂层刀片。适合大中型车床加工外圆、端面、镗孔,特别适用于自动线、数控机床。

2. 常用车刀的种类和用途

根据不同的车削加工内容,常用的车刀可分为外圆车刀、端面车刀、切断刀、内孔车刀、圆头刀、螺纹车刀等,如图 6-11 所示。

常用车刀的基本用途如图 6-12 所示。

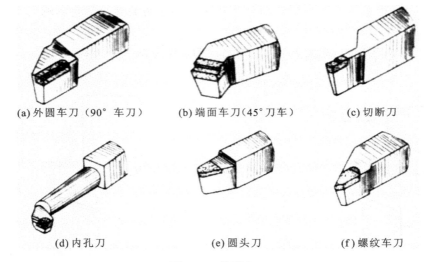

　　(a) 外圆车刀（90°车刀）　　　　(b) 端面车刀（45°刀车）　　　　(c) 切断刀

　　　　(d) 内孔刀　　　　　　　　　　(e) 圆头刀　　　　　　　　(f) 螺纹车刀

图 6-11　常用车刀

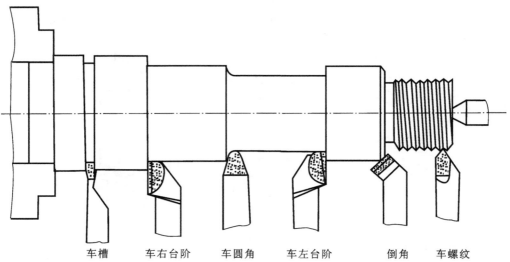

　　车槽　　　车右台阶　　　车圆角　　　车左台阶　　　　倒角　　　车螺纹

图 6-12　常用车刀的用途

（1）90°车刀（偏刀）　用来车削工件的外圆、台阶和端面。

（2）45°车刀（弯头车刀）　用来车削工件的外圆、端面和倒角。

（3）切断刀　用来切断工件或在工件上车槽。

（4）内孔车刀　用来车削工件的内孔。

（5）圆头刀　用来车削工件的圆弧面或成形面。

（6）螺纹车刀　用来车削螺纹。

6.2.2　车刀的刃磨和安装

1. 车刀的刃磨

1）砂轮机

（1）砂轮的选用　常用的砂轮有两种：一种是氧化铝砂轮，比较锋利但硬度较低，适用于磨削高速钢车刀或碳素工量钢刀具；另一种是绿色碳化硅砂轮，硬度较高但较脆，适用于刃磨硬质合金刀具,其局部外形如图 6-13 所示。

砂轮的粗细以粒度表示,如 F36、F60、F80 和 F120 等,粒度号越大砂轮越细,反之则越粗。粗磨车刀为尽快地将多余部分磨去,应选用 F36 或 F60 的粗粒度砂轮,精磨车刀为使刃磨面达到光洁,应选用 F80 或 F120 的细粒度砂轮。

(2) 修整砂轮表面 砂轮的外圆和平面必须符合平整的要求,如表面有严重不平或凹坑都不能将车刀磨好,可采用砂轮刀对砂轮进行修整,修整砂轮的操作方法,如图 6-14 所示。在砂轮运转时用砂轮刀在砂轮表面稍加压力并来回移动,如表面高低相差较多,可将砂轮刀在高处稍作停留,将高的一面基本修平后再移动。

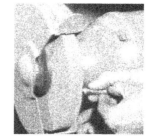

图 6-13 绿色砂轮　　　　　　　　　图 6-14 用砂轮刀修整砂轮

砂轮启动后,应在砂轮旋转平稳后再进行磨削,若砂轮跳动明显,应及时停机修整。

2. 车刀的装夹

将刃磨好的车刀装夹在方刀架上,这一操作过程称为车刀的装夹。车刀安装正确与否,直接影响车削顺利进行和工件的质量。所以,在装夹车刀时,必须注意下列事项。

(1) 车刀装夹在刀架上的伸出部分应尽量短些,以增强其钢性。车刀伸出长度约为刀柄厚度的 1.5 倍,车刀下面的垫片数量要尽量少(一般为 1～2 片),并与刀架边缘对齐,且至少用两个螺钉平整压紧,以防振动,如图 6-15 所示。

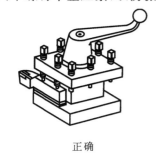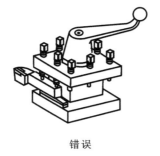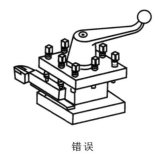

正确　　　　　　　　　错误　　　　　　　　　错误

图 6-15 车刀的伸出长度

(2) 车刀刀尖应与工件中心等高。

(3) 车刀紧固前要目测检查刀柄中心与工件轴线是否垂直,如不符要求,要进行调整,位置正确后,先用手拧紧刀架螺钉,然后使用专用刀架扳手将前、后两个螺钉轮换逐个拧紧。注意刀架扳手不允许加套管,以防损坏螺钉。

6.2.3　车刀刃磨和安装的任务实施

1. 车刀的刃磨步骤

(1) 先把车刀的前面、主后刀面和副后刀面等处的焊渣磨去,并磨平车刀的底平面。

（2）粗磨主后刀面和副后刀面的刀部分　其后角应比刀片的后角大 2°～3°,以便刃磨刀片的后角。

（3）粗磨刀片上的主后刀面、副后刀面和前刀面　粗磨出来的主后角、副后角应比所要求的后角大 2°左右,如图 6-16 所示。

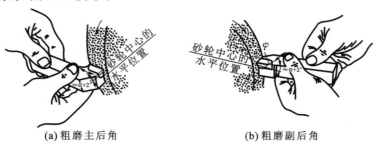

(a) 粗磨主后角　　　　　　　(b) 粗磨副后角

图 6-16　粗磨主后角、副后角

（4）精磨前刀面及断屑槽　断屑槽一般有两种形式,即直线形和圆弧形。刃磨圆弧形断屑槽,必须把砂轮的外圆与平面的交接处修整成相应的圆弧。刃磨直线形断屑槽,砂轮的外圆与平面的交接处应修整的尖锐。刃磨是刀尖可向上或向下磨削,刃磨时应注意断屑槽形状、位置及前角大小,如图 6-17 所示。

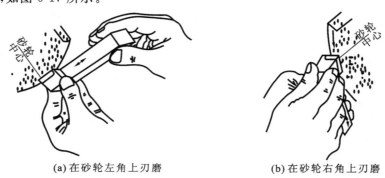

(a) 在砂轮左角上刃磨　　　　　(b) 在砂轮右角上刃磨

图 6-17　磨断屑槽

（5）精磨主后刀面和副后刀面　刃磨时,将车刀底平面靠在调整好角度的台板上,使切削刃轻靠住砂轮端面进行刃磨。刃磨后的刃口应平直,精磨时应注意主、副后角的角度,如图 6-18 所示。

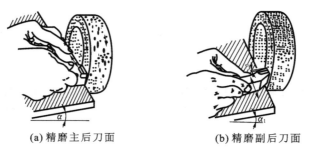

(a) 精磨主后刀面　　　　　　(b) 精磨副后刀面

图 6-18　精磨主、副后刀面

（6）磨负倒棱　刃磨时,用力要轻,车刀要沿主切削刃的后端面向刀尖方向摆动。磨削时可以用直磨法和横磨法,如图 6-19 所示。

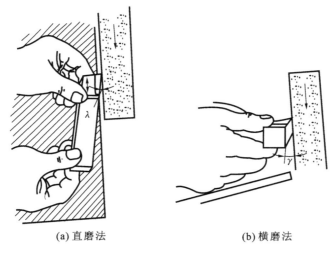

(a) 直磨法　　　　　　　　(b) 横磨法

图 6-19　磨负倒棱

（7）磨过渡刃　过渡刃有直线形和圆弧形两种,刃磨方法和精磨后刀面时基本相同,如图 6-20 所示。

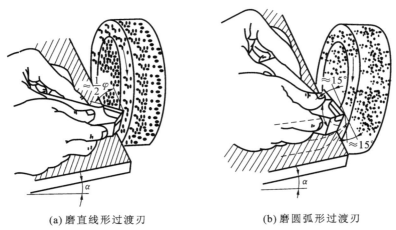

(a) 磨直线形过渡刃　　　　　　(b) 磨圆弧形过渡刃

图 6-20　磨过渡刃

（8）对于车削较硬材料的车刀,也可以在过渡刃上磨出负倒棱。对于大进给量车刀,可用相同方法在副刀刃上磨出修光刃,如图 6-21 所示。

刃磨后的刀刃一般不够平滑光洁、刃口呈锯齿形,切削时会影响工件的表面粗糙度,所以手工刃磨后的车刀,应用油石进行研磨,可清除刃磨后的残留痕迹。

2. 刃磨车刀时的注意事项

（1）人站立在砂轮机的侧面,以防砂轮碎裂时,碎片飞出伤人。

（2）磨刀时,车刀要放在砂轮的水平中心,当车刀离开砂轮时,车刀需向上抬起,以防磨好的刀刃被砂轮碰伤。

（3）刃磨刀具前,应首先检查砂轮有无裂纹,砂轮轴螺母是否拧紧,并经试转后使用,以免砂轮碎裂或飞出伤人。

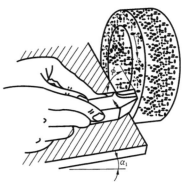

图 6-21　磨修光刃

（4）刃磨刀具不能用力过大，否则，会使手打滑而触及砂轮面，造成工伤事故。

（5）磨刀时应戴防护眼镜，以免沙砾和铁屑飞入眼中。

（6）磨小刀时，必须把小刀头装入刀杆上。

（7）砂轮支架与砂轮的间隙不得大于3mm，若发现过大，应调整适当。

（8）刃磨高速钢车刀时，应及时冷却，以防刀刃退火，致使硬度降低。而刃磨硬质合金刀头车刀时，则不能把刀体部分置入水中冷却，以防刀片应骤冷而崩裂。

（9）刃磨结束，应随手关闭砂轮机电源。

【知识链接】

车刀刀尖应与工件中心等高的具体操作方法

（1）装刀时一般先用目测法将车刀大致调整至中心，移动床鞍和中滑板，使刀尖靠近工件，目测刀尖与工件的中心高度差，选用相应厚度的垫片垫在刀柄下面。

（2）再用顶尖对准法，使车刀刀尖靠近尾座顶尖中心，根据刀尖与顶尖中心的高度差调整刀尖高度，刀尖应略高于顶中心0.2～0.3mm，当螺钉紧固时，车刀会被压低，这样，刀尖的高度就基本与顶尖的高度一致，如图6-22所示。

图 6-22　根据后顶尖对中心

（3）或者用测量刀尖高度法，用钢直尺量得正确的刀尖高度，并记下读数，以后装刀时就以此读数来测量刀尖高度来进行装刀，如图6-23所示；另一种方法是将高度正确的车刀连同垫片一起卸下，用游标卡尺量出高度尺寸，如图6-24所示，记下读数，以后装刀时只要测量车刀刀尖至垫片的高度，读数符合要求即可装刀。

用上述三种方法装刀均有一定误差，可以在一般情况下使用，但如车刀面、圆锥等要求车刀必须严格对准工件中心时，就要用车端面的方法进行精确找正。

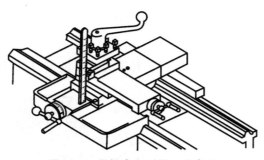

图 6-23　用钢直尺测量刀尖高度

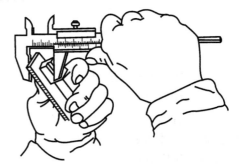

图 6-24　用游标卡尺测量刀尖高度

6.3　车床夹具和常用附件应用

在机床上用来确定工件位置，并能可靠地夹紧工件的装置，称为机床夹具，机床夹具按机床种类分为车、铣、镗、钻、磨夹具等。车床夹具可分为通用夹具和专用夹具。

（1）通用夹具和专用夹具　通用夹具是指结构已定型，尺寸已系列化的，可装夹多种工件的夹具。车床夹具一般是在悬臂状态下工作的,为保证加工的稳定性,夹具的结构应力求紧凑、轻便,悬伸长度要短,使重心尽可能靠近主轴。车床专用夹具,一般使用过渡盘与主轴轴颈连接。

(2) 车床常用附件的应用 在车床上加工工件为了保证工件精度、表面粗糙度和防止加工时工件变形。常需使用以下附件:顶尖、中心架、跟刀架、心轴、花盘、弯板等。

6.3.1 通用夹具和专用夹具

1. 通用夹具和专用夹具

通用夹具一般作为车床附件供应,如三、四爪卡盘。

1) 三爪卡盘

三爪卡盘是车床上最通用的夹具,适合安装规则短棒料或盘类工件,能自动定心,不需花较多时间去校正工件,安装效率比四爪卡盘高,但夹紧力没有四爪卡盘大,不能装夹形状不规则的工件。如图 6-25 所示。

2) 四爪卡盘

图 6-25 三爪自动定心卡盘

四爪卡盘也是车床上最通用的工夹具,它的四个卡爪可独立移动,夹紧力大,但不能自动定心,工件安装后必须校正,如图 6-26 所示。四爪卡盘既可装夹圆形工件,也可装夹截面是方形、长方形、椭圆、扇形、多边形等形状不规则工件,工件装夹后必须找正,一般用划线盘按工件上所划线校正。如工件要求安装精度高,安装后用可用百分表找正,安装精度可达 0.01 mm。

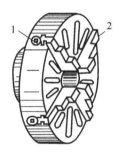

图 6-26 四爪单动卡盘
1—带方孔丝杠;2—卡爪

2. 专用夹具

专用夹具是根据某一工件某一工序的加工要求而设计制造的夹具,分为单一和组合两种形式:单一的专用夹具只能加工固定的一种工件和组合夹具;组合夹具是由一套预先制造好的、高度标准化的元件组装而成的,这些元件有各种不同形状、尺寸和规格,它们互相配合的部分尺寸具有良好的互换性,根据零件工艺要求,可很快拼装成各种不同的夹具。

6.3.2 车床常用附件的应用

1. 用顶尖安装工件

常用顶尖如图 6-27 所示。用顶尖安装工件有双顶尖安装和一夹一顶两种方式。

　　　　(a) 普通顶尖　　　　　　　　　　　　　　(b) 活顶尖

图 6-27　顶尖

　　1）双顶尖安装

　　在加工同轴类零件时，为了保证每道工序及各道工序间的加工要求，通常以工件两端的中心孔作为统一的定位基准，用两顶尖安装工件既方便又不需要找正，安装精度高，但两顶尖安装工件刚性差，只适合精车，如图 6-28 所示。

　　2）一夹一顶安装

　　车削一般轴类零件，尤其是较重的工件不能采用两顶尖装夹方法，而采用一端夹住、另一端用顶尖顶住的方式装夹。为了防止工件由于切削力的作用而产生轴向位移，必须在卡盘内装一个限位支承或利用工件台阶限位。一夹一顶安装工件刚性好，轴向定位准确，能承受较大的轴向切削力，因此车削轴类工件时，常采用这种方式加工，如图 3-29 所示。

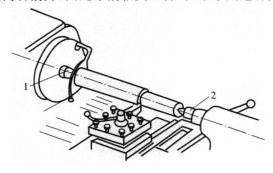

图 6-28　双顶尖装夹工件
1—顶尖 1；2—顶尖 2

图 6-29　一夹一顶装夹工件

2. 用心轴安装工件

　　盘套类工件其外圆孔端面往往有同轴度的要求，在加工时必须一次装夹车出，如调头装夹无法保证位置精度要求，因此需要用心轴安装工件进行加工，根据工件形状、尺寸精度要求不同，应采用不同结构心轴，常用的有锥度心轴和圆柱心轴等。

　　1）锥度心轴

　　当工件长度大于工件孔径时，采用带有锥度（1∶1 000～1∶2 000）的心轴，靠心轴圆锥表面与工件间的变形而将工件夹紧。这种心轴装卸方便，对中性好，但不能承受较大的切削力，多用于精加工盘类工件。

　　2）圆柱心轴

　　当工件长度小于工件孔径时，可采用圆柱心轴安装，工件左端紧靠心轴台阶，右端由螺母压紧。故夹紧力大，多用于盘类工件粗加工。由于零件孔和心轴之间有一定配合间隙，对中性较差，因此应尽可能减少孔与轴配合的间隙，以保证加工精度。

3. 用花盘、弯板安装工件

　　被加工表面的旋转轴线跟安装基面互相垂直，且外形复杂的工件，可用花盘弯板安装加工。

　　花盘是一个直径较大的铸铁圆盘,其中心的内螺纹孔可直接安装在车床主轴上,上面的 T 形槽用来压紧螺栓。当加工大而扁形的不规则零件或要求零件的一个面与安装面平行,当孔、外圆的轴线要与安装面垂直时,可以把工件直接压在花盘上加工。花盘的平面必须与主轴轴线垂直,盘面应平整,其表面粗糙度 $Ra \leqslant 2.5\ \mu m$。

　　用花盘、弯板安装工件时,应调整平衡铁进行平衡,以防止加工时因工件及弯板的中心偏离旋转中心而引起振动,如图 6-30、图 6-31 所示。

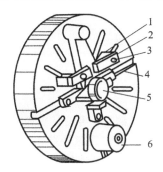 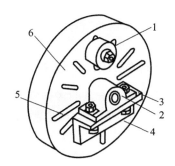

图 6-30　在花盘上安装工件　　　　　　　　图 6-31　在花盘弯板上安装工件

1—垫铁;2—压板;3—螺钉;　　　　　　　　1—平衡铁;2—工件;3—安装基面;

4—螺钉槽;5—工件;6—平衡铁　　　　　　4—弯板;5—螺钉槽;6—花盘

4. 中心架、跟刀架

　　车削长度为直径 10 倍以上的细长轴时,由于工件的刚性不足,在重力和切削力的作用下,工件会产生弯曲变形,影响加工精度,生产中常采用中心架跟刀架起辅助支承作用。

　　1) 中心架

　　如图 6-32 所示,中心架固定在床身导轨上,在工件装上中心架之前,必须在工件毛坯上车一段安装中心,架卡爪的沟槽,槽的直径比工件要求尺寸略大一些(以便精车),调整中心架时,三个可调节的爪支承在沟槽上,起固定支承作用。一般多用于加工台阶轴、长轴,车端面、打中心孔及加工内孔等。

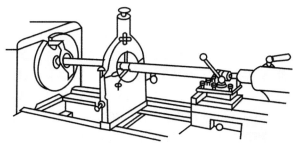

图 6-32　中心架支承工件

　　2) 跟刀架

　　如图 6-33 所示,跟刀架有两个卡爪,使用时固定在大溜板上,跟刀架主要可以跟随着车刀抵消径向切削抗力,车削时可提高细长轴的形状精度和减小表面粗糙度。加工工件时要加油润滑,主要用于加工细长光轴。

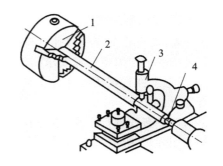

图 6-33　跟刀架的应用

1—三爪卡盘;2—工件;3—跟刀架;4—尾顶尖

6.3.3　车床常用附件应用的任务实施

1. 安装三爪自定心卡盘的操作步骤

（1）装卡盘前应切断电动机电源,将卡盘和连接盘各表面(尤其是定位配合表面)擦净并涂油。在靠近主轴处的床身导轨上垫一块木板,以保护导轨面不受意外撞击。

（2）用一根比主轴直径稍小的硬木棒穿在卡盘中,将卡盘抬到连接盘端,将硬木棒一端插入主轴通孔内,另一端伸在卡盘外。

（3）小心地将卡盘背面的台阶装配在连接盘的定位基面上,并用三个螺钉将连接盘与卡盘可靠的连为一体,然后抽去木棒,撤去垫板。卡盘装在连接盘上,应使卡盘背面与连接盘平面贴平、贴牢。

2. 三爪自定心卡盘的拆卸

拆卸卡盘前,应切断电源,并在主轴孔内插入一硬木棒,木棒另一端伸出卡盘之外并搁置在刀架上,垫好床身护板,以防意外撞伤床身导轨面。卸下连接盘与卡盘连接的三个螺钉,并用木槌轻敲卡盘背面,以使卡盘止口从连接盘的台阶上分离下来。

3. 在三爪自定心卡盘上安装工件

三爪自定心卡盘的三个卡爪是同步运动的,能自动定心(一般不需要找正)。但在安装较长工件时,工件离卡盘夹持部分较远处的旋转中心不一定与车床主轴中心重合,这时必须找正。或当三爪自定心卡盘使用时间较长,已失去应有精度,而工件的加工精度要求又较高时,也需要找正。总的要求是,要使工件的回转中心与车床主轴的回转中心重合。

【知识链接】

用四爪卡盘安装工件时,应根据工件被装夹处的尺寸调整卡爪,使其相对时的距离略大于工件直径;工件被夹持部分不宜太长,一般以 10～15 mm 为宜;为了防止工件表面被夹伤和找正工件时方便,装夹位置应垫 0.5 mm 以上的铜皮;在装夹大型、不规则工件时,应在工件与导轨面之间垫放防护木板,以防工件掉下,损坏机床表面。

6.4　车削加工基本方法

车床加工范围非常广泛。主要用于加工各种回转表面。其中包括:车外圆、车端面、切断、切槽、钻中心孔、钻孔、镗孔、铰孔、车螺纹、车圆锥、车特形面、滚花以及盘绕弹簧等。

（1）普通车加工　车工的普通加工包括车端面、车外圆、车台阶、切断等的基本操作,这些内容是车床车削的基本要领及入门知识,必须熟练掌握。

（2）螺纹加工　在机器制造业中,有许多零件都具有螺纹。而螺纹的种类很多,有三角形螺纹、梯形螺纹、锯齿螺纹及矩形螺纹等,它们各有特点。由于螺纹既可以用于连接、紧固及调节,又可用来传递动力或改变运动形式,因此其应用十分广泛。

（3）特形面加工　普通车床加工内、外锥面,曲面及其组合面的方法有多种。主要包括双手控制法车特形面、用成形车刀车削特形面,用仿形法,以及用专用工具车特形面等。

（4）典型零件的车削加工　通过典型零件的加工检验训练成果。

6.4.1　普通车加工

1. 车削加工步骤

车床加工范围很广,主要用于加工各种回转表面,如图 6-34 所示。

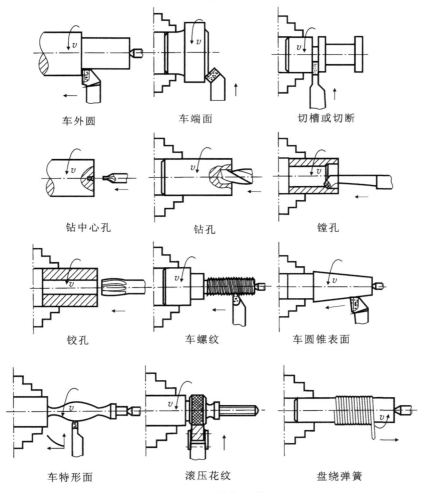

车外圆　　　　　车端面　　　　　切槽或切断

钻中心孔　　　　钻孔　　　　　镗孔

铰孔　　　　　车螺纹　　　　　车圆锥表面

车特形面　　　　滚压花纹　　　　盘绕弹簧

图 6-34　车床的加工范围

（1）调整主轴速度　主轴转速 $n = 1\,000v/\pi D$,其中 D(mm)为工件直径;v(m/min)为所选切削速度。先按此公式得到主轴转速后,再将机床变速手柄调整到恰当位置上。

（2）调整进给量　根据所选进给量调整进给箱手柄,并检查车床有关运动的间隙是否合适。

（3）调整切削深度　在切削时,不管是粗车还是精车,都要一边试切,一边测量。

（4）纵向进给　调好切削深度以后，如果是车光轴，可采用自动进给。

2. 车端面

（1）启动机床，使主轴带动工件回转。

① 轴向对刀。轴向移动车刀，使车刀刀尖靠近并轻轻接触工件端面。

② 横向进给车端面。根据对刀数值调整背吃刀量，然后横向进给，如图6-35所示。

（2）用固定螺钉锁紧床鞍，以避免车削时振动和轴向蹿动，如图6-36所示。

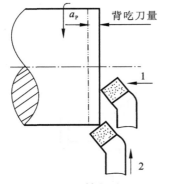

图 6-35　轴向对刀

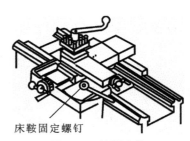

图 6-36　锁紧床鞍

（3）摇动中滑板手柄作横向进给，粗、精车端面，可由工件外缘向中心车削，如图6-37（a）所示；也可由中心向外缘车削，如图6-37（b）所示。若使用90°右偏刀车削，应采取由中心向外缘车削的方式。

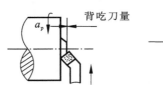

(a) 由工件外缘向中心车削

(b) 由中心向外缘车削

图 6-37　粗、精车端面

（4）粗车切削深度2～4 mm，精车时0.2～1 mm。粗车时进给量0.3～0.5 mm/r，精车时0.1～0.2 mm/r，粗车时切削速度低、精车时切削速度高。

6.4.2　螺纹加工

螺纹的加工方法有多种，在专业生产中，一般采用滚压螺纹、轧螺纹及搓螺纹等一系列先进工艺，而在机械加工中，通常采用车削的方法来进行加工。

1. 螺纹车刀材料的选择

一般情况下，螺纹车刀切削部分的材料有高速钢和硬质合金钢两种。高速钢螺纹车刀容易磨得锋利，而且韧度高，刀尖不易崩裂，车出螺纹表面粗糙度较小，但高速钢耐热性较差，因此只适合于低速车削螺纹；硬质合金钢车刀硬度高、耐热性好，但韧度较低，在高速车削螺纹时使用。

2. 攻螺纹时的注意事项

（1）选用丝锥时，要检查丝锥是否缺齿。

（2）装夹丝锥时，要防止歪斜。

（3）攻螺纹时，要分多次进刀，即攻进一段深度后随即退出丝锥，待清除切屑后再往里攻一段深度，直至攻好为止。

（4）攻制盲孔时，应在攻螺纹工具上做深度记号，以防丝锥顶到孔底面而折断。

（5）用一套丝锥攻螺纹时，要按正确的顺序选用丝锥。在使用二锥和三锥前要消除螺孔内的切屑。

（6）严禁开车时用手或棉纱清除螺纹孔内的切屑，避免发生事故。

3. 螺纹的测量

车削螺纹时，应根据不同的质量和生产批量的要求，选择不同的测量方法。常见的测量方法有单项测量法和综合测量法两种。

1）单项测量法

（1）螺纹大径的测量 螺纹的大径有较大的公差，一般可用游标卡尺或外径千分尺测量。

（2）螺距的测量 螺距一般可用钢直尺或螺距规进行测量，如图 6-38 所示。当车螺纹时，操作者一般第一刀车削时，背吃刀量很少，其目的就是为了测量螺纹的螺距是否正确，如正确就可以继续车削，如不正确就可以马上调整手柄位置，将螺距手柄位置摆正确后继续车削。这时，一般都是用钢直尺放在很浅的螺纹表面上进行测量。用钢直尺测量螺距，最好测量 5 个或多个牙的螺距（或导程），然后取其平均值，以求得较精确的螺距数值。用螺距规测量时，如果螺距规上的牙型能够与工件的牙型一致，则说明被测量螺纹的螺距是合格的。

（3）中径的测量 三角形螺纹的中径可用螺纹千分尺来测量，如图 6-39 所示。它的使用方法与外径千分尺相似。它有两个可以调换的测量触头，测量时，根据螺纹牙型角和螺距的不同调换上相应的一对测量触头，将 V 形触头卡在牙型上，把锥形触头放到槽中，这时所测量得到的尺寸就是螺纹中径的实际尺寸。螺纹千分尺在更换测量触头后，必须重新校正千分尺的零位。

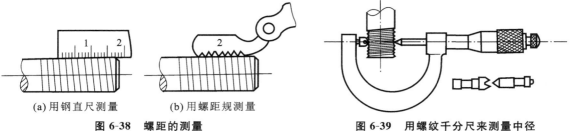

| (a) 用钢直尺测量 | (b) 用螺距规测量 |

图 6-38　螺距的测量　　　　　　　　　　图 6-39　用螺纹千分尺来测量中径

2）综合检验法

综合检验法是用螺纹量规对螺纹各基本要素进行综合性检验，螺纹量规包括螺纹塞规和螺纹环规，螺纹塞规用来检验内螺纹，螺纹环规用来检验外螺纹，如图 6-40 所示。它们分别有通规和止规，在测量时通规应能全部拧进去，而止规则应拧不进去，说明螺纹精度符合要求，若通规拧不进去，止规拧进，或通规与止规同时拧进去，则螺纹不符合要求。

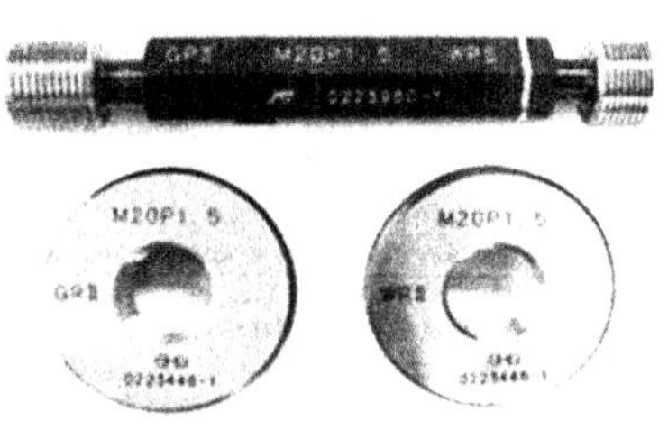

图 6-40　螺纹量规

6.4.3　特形面加工

1. 双手控制法车特形面

单件或小批量生产时，或精度要求不高的工件可采用双手控制法车削。其操作方法是：用双手同时摇动小滑板手柄和中滑板手柄,通过双手协调动作,使车刀的运动轨迹作曲线运动,从而车出特形面。

如图 6-41 所示的单球手柄,其具体车圆球的操作步骤如下。

(1) 车削前首先要计算出球部长度 L。其公式为

$$L = \frac{D + \sqrt{D^2 - d^2}}{2}$$

式中:L 为圆球部分长度(mm);D 为圆球直径(mm);d 为柄部直径(mm)。

(2) 求出球部长度 L 值后按图 6-42 所示车好圆球的长度 L。

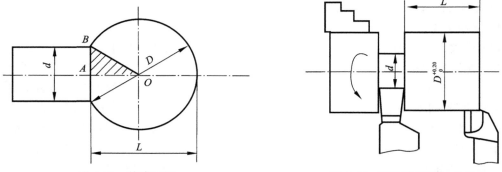

图 6-41　单球手柄　　　　　　　　　　图 6-42　车圆球外圆及车槽

(3) 准备车削单球车刀,要求车刀的切削刃呈圆弧状,与切断刀相似。

(4) 调整中、小滑板镶条的间隙,要求操作灵活,进退自如。

(5) 调整圆球的中心位置,并用车刀刻线痕,以保证车圆球时左、右半球对称,如图 6-43 所示。

(6) 车圆球前、后两端 45°处先到角,主要是减少车圆球时的车削余量,用 45°车刀倒角,如图 6-43 所示。

(7) 车圆球如图 6-44 所示,操作时同时用手转动滑板手柄,通过纵、横向合成运动车出球面形状。车削时关键在于双手摇动手柄的速度是否适当,因圆球的每一段圆弧其纵、横向进给速度都不一样,它由操作者双手进给的熟练程度来保证。

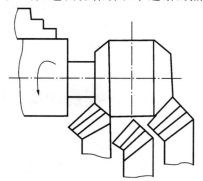

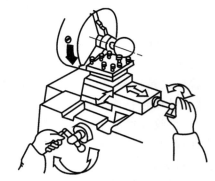

图6-43　车圆球外圆两端及刻中心线　　　　图 6-44　双手控制法车圆球

车削圆球的方法是由中心向两边车削,先粗车成形后再精车,逐步将圆球车圆整。

2. 用成形车刀车削特形面

车削不规则的成形面或大圆角,圆弧槽或曲面狭窄而变化幅度较大,或数量较多的特形面时,一般用成形刀车削。

1) 成形刀的种类及使用方法

（1）整体成形车刀　这种成形车刀与普通车刀基本相同,如图 6-45 所示。精度要求较低,可用样板对照以普通刃磨车刀的方法刃磨;精度要求较高时,可在工具磨床上刃磨,具体使用方法如图 6-46 所示。

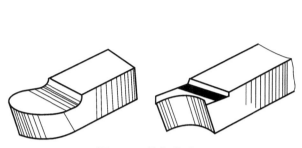

图 6-45　整体成形刀

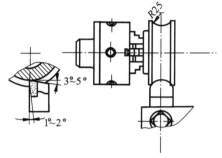

图 6-46　整体成形刀的使用方法

（2）圆形成形刀　将这种成形刀做成圆轮形,在圆轮上开有缺口,使它形成前刀面和主切削刃。为了防止圆形成形刀转动,在侧面做出端面齿,使之与刀柄侧面上的端面齿相啮合。为了减少在切削中的振动,通常装夹在弹性刀柄上如图 6-47(a)、(b)所示,使用方法如图 6-47(c)所示。

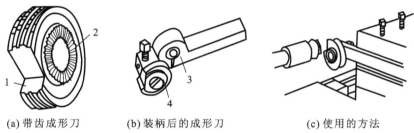

(a) 带齿成形刀　　　(b)装柄后的成形刀　　　(c) 使用的方法

图 6-47　圆形成形刀及其使用方法

1—前面;2—齿形;3—弹性刀杆;4—圆轮

圆形成形刀的主切削刃必须低于刀柄中心,否则,径向后角 $\alpha_0 = 0$,不能进行切削,如图 6-48(a)所示。主切削刃应低于刀柄中心 O 的距离 H,如图 6-48(b)所示,其计算公式为

$$H = \frac{D}{2}\sin\alpha$$

式中:H 为刃口低于刀柄中心距离(mm);D 为圆形成形刀直径(mm);α_0 为成形刀的径向后角 6°~8°。

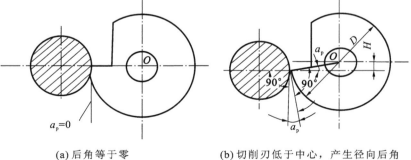

(a)后角等于零　　　　　(b)切削刃低于中心,产生径向后角

图 6-48　圆形成形刀的后角

2）成形车刀使用时的注意事项

（1）装夹成形车刀时，其主切削刃应与工件中心等高。

（2）成形车刀在切削时，主切削刃与工件接触面积较大，容易产生振动，所以应把车床主轴和滑板等各部分间隙调整得小一些，切削速度较低一些，进给量小一些。

（3）为了提高工件的表面质量，应合理选用切削液。

3. 仿形法

仿形法车成形面是一种比较先进的加工方法，其生产效率高、质量稳定，适合于成批、大量生产。仿形车成形面的方法很多，常用的有尾座靠模仿形法和靠板仿形法等。

1）尾座靠模仿形法

如图 6-49 所示，把一个标准的样件（即靠模）3 装在尾座套筒里。在刀架上装一把长刀夹，刀夹上装有车刀 2 和靠模杆 4。车削时，用双手操纵中小滑板或使用床鞍自动进给 1，使靠模杆 4 始终贴在靠模 3 上，并沿靠模 3 的表面移动。结果车刀 2 就在工件 1 表面上车出与靠模 3 形状相同的特形面。这种方法在一般车床上都使用，但操作不太方便。

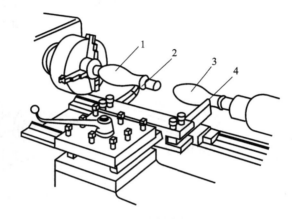

图 6-49　尾座靠模仿形

1—工件；2—车刀；3—靠模；4—靠模杆

2）靠板仿形法

在车床上用靠板仿形车特形面，实际上与靠模车圆锥的方法相同，首先要抽去中滑板丝杠，再将锥度靠板换上一个带有曲线槽的靠模，并将滑块改成滚柱就行了，如图 6-50 所示。这种方法操作方便生产效率高、形面正确、质量稳定，但是只能加工成形表面比较简单的工件。

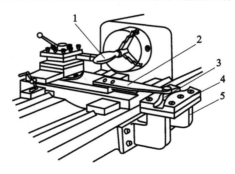

图 6-50　靠板仿形

1—工件；2—拉杆；3—滚柱；4—靠板；5—支架

4. 专用工具车特形面

为了车成各种形状的特形面,可采用不同的专用工具。图 6-51 所示为用蜗杆蜗轮做成的车内、外圆弧面的专用工具。这种工具使刀尖按圆弧的轨迹运动,可车出各种形状的圆弧。因为刀尖到回转中心的距离可调,能车出不同半径的内、外圆弧工件。当刀尖调整过中心时,就可车出内圆弧。

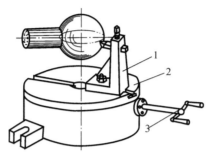

图 6-51　用蜗杆蜗轮机构车圆弧的工具

1—刀架;2—转盘;3—摇柄

6.4.4　典型零件的车削加工

车削零件通常由外圆、孔和端面等组成,这些表面往往不能同时加工出来。因此,要合理安排各表面加工的先后顺序,按照一定的工艺过程进行加工。

1. 拉伸试件加工工艺

图 6-52 所示为材料力学实验用的拉伸试件,在单件生产时,其加工工艺过程如表 6-1 所示。

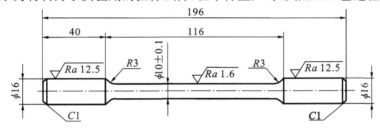

图 6-52　拉伸试件

表 6-1　六角螺母的加工步骤

工序	加 工 内 容	简　　图	定位	夹具	刀具	量具
1	①车端面,倒角; ②钻中心孔		外圆 表面	三爪 卡盘	弯头 粗车刀	

续表

工序	加 工 内 容	简　　图	定位	夹具	刀具	量具
2	①调头定长 196 mm 车端面,倒角; ②钻中心孔	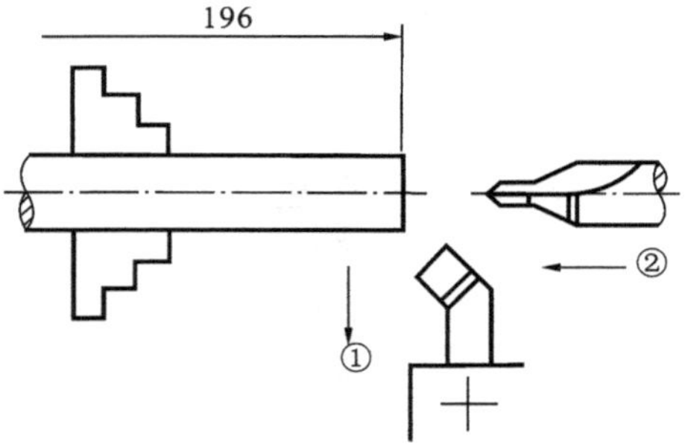	同上	同上	同上	钢尺
3	①粗车外圆 φ16 mm; ②倒角	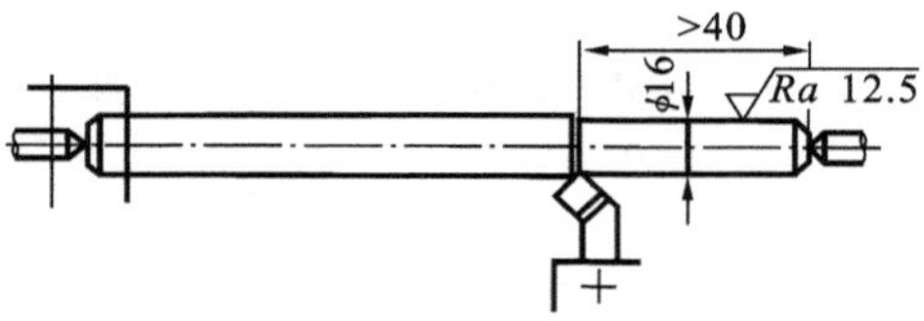	中心孔	顶尖、拔盘	弯头粗车刀	钢尺、游标卡尺
4	①调头粗车另端 φ16 mm; ②倒角	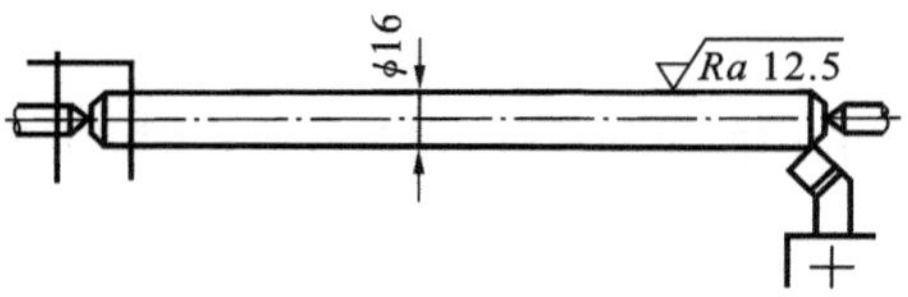	中心孔	顶尖、拔盘	弯头粗车刀	钢尺、游标卡尺
5	①定长度 116 mm; ②粗车中间部分,R3 处留余量	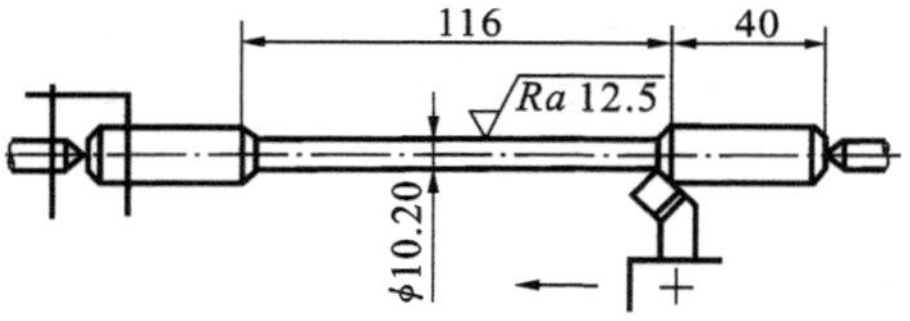	同上	同上	同上	同上
6	①粗车及精车 R3; ②精车或磨 φ10 mm	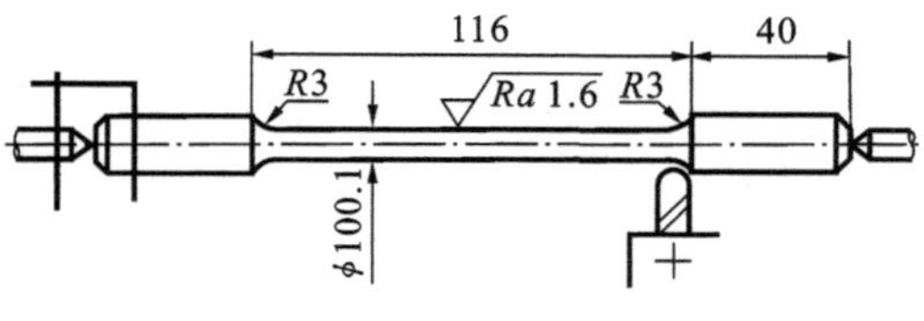	同上	同上		同上

2. 齿轮坯的加工工艺

图 6-53 所示,齿轮在单件小批生产时,除了加工齿形和键槽外,齿轮坯都在卧式车床上进行加工。其加工工艺过程如表 6-2 所示。

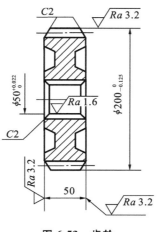

图 6-53 齿轮

表 6-2 六角螺母的加工步骤

工序	加工内容	简 图	定位	夹具	刀具	量具
1	①粗车外圆、端面；②粗镗内孔至 $\phi 49$ mm		外圆	三爪卡盘（夹住 5～6mm 处）	弯头粗车刀、粗镗孔刀	游标卡尺
2	①精车外圆、端面及倒角；②精镗内孔及倒角		同上	同上	尖头精车刀、端面精车刀、弯头粗车刀、精镗孔刀	同上

工序	加工内容	简　图	定位	夹具	刀具	量具
3	① 调头粗车;② 精车端面及倒角	*Ra* 3.2 50	外圆(已加工端面紧贴卡爪)	同上(外圆卡爪处垫铜皮)	弯头粗车刀、端面精车刀	同上

6.4.5　典型零件床削加工任务实施

1. 车外圆台阶

1)车外圆

如图 6-54 所示,圆柱形表面是构成各种零件形状最基本表面之一,外圆车削是最基本、最常见的工件。

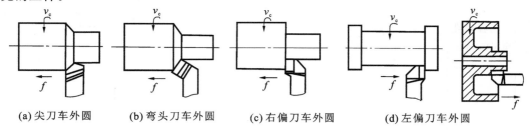

(a)尖刀车外圆　　(b)弯头刀车外圆　　(c)右偏刀车外圆　　(d)左偏刀车外圆

图 6-54　车外圆

外圆车削一般分为粗车和精车两个阶段。

(1)粗车　粗车外圆是把毛坯上的多余部分(加工余量)尽快车去,这时不要求工件达到图样要求的尺寸精度和表面粗糙度。粗车时必须留精车余量 0.5～2 mm。为了适应粗车特点:切削深度大、进给速度快、切削速度低,要求车刀有足够的强度,能每次走刀车去较多的余量,可选用主偏角为 45°、75°、90° 等几种粗车刀。为了增加刀头强度,前角、后角应选小些。

(2)精车　精车是把工件上经过粗车后留有的少量余量车去,使工件达到图样规定的尺寸精度和表面粗糙度。精车时切去的金属较少,要求车刀锋利,刀刃平直光洁,刀尖处可修磨出修光部分,切削时切屑排向工件待加工表面。为了适应精车特点:切削速度高,切削深度小,进给速度慢。刀具可选用前角大,后角大。90°精车刀加工工件时径向力小,多用来加工细长轴。

2）车台阶

台阶车削实际是车端面和车外圆的综合。车削时需兼顾外圆尺寸精度和台阶长度的要求。台阶根据相邻两圆柱体直径差大小，可分为低台阶和高台阶两种。

（1）低台阶 相邻两圆柱体直径差值较小的低台阶可以用一次走刀车出，但由于台阶面应跟工件轴线垂直，所以必须用 90°偏车刀车削，装刀时要使主刀刃跟工件轴线垂直，如图 6-55（a）所示。

（2）高台阶 相邻两圆柱体直径差值大的高台阶，应分层切削，在最后一次走刀时，车刀纵向走完后摇动中溜板，使刀具缓慢均匀退出，使台阶跟工件轴线垂直，装刀时应使主偏角略大于 90°，如图 6-55（b）所示。

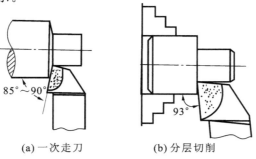

(a) 一次走刀   (b) 分层切削

图 6-55 车台阶

2. 切断、切槽

（1）切断 主要用于将圆棒料按尺寸要求下料或将加工完的工件从坯料上切下来，切断时用切断刀，工件即将切断时，必须放慢进给速度，以免刀头折断或工件飞出，如图 6-56 所示。

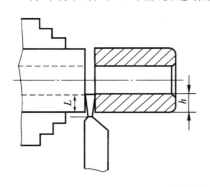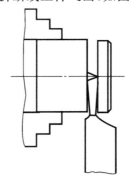

图 6-56 切断方法

（2）切槽 切槽时用切槽刀。车削宽度不大的沟槽，可用刀刃宽度等于槽宽的车刀一次车出，较宽的沟槽需分几次切削完成，槽的形状如图 6-57 所示。

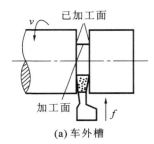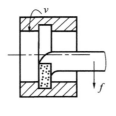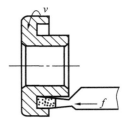

(a) 车外槽   (b) 车内槽   (c) 车端面槽

图 6-57 车槽的形状

3. 孔类加工

在机器中有许多零件因为支承和配合的需要,必须是圆柱孔用作配合的孔,一般都要求较高的尺寸精度和较低的表面粗糙度,圆柱孔可以通过钻、镗、扩、铰来加工。

1) 钻孔

在实心材料上加工孔时,首先必须用钻头钻孔,钻孔的公差等级一般为 IT11～IT12。精度要求不高的孔,可以用钻头直接钻出而不再作其他加工,如图6-58所示。钻孔方法:①首先把工件端面车平,中心处不用留有凸头,否则,很容易使钻头歪斜;②装夹钻头,校正钻头轴线跟工件回转轴线重合,以防孔径扩大和钻头折断;③钻削时,切削速度不应过大,以免钻头剧烈磨损,开始钻进时进给必须缓慢,以便钻头准确钻入工件;在钻深孔时,必须常退出钻头排屑;④对于小孔,先用中心钻定心,再用钻头钻孔。

图 6-58 车床上钻孔

2) 扩孔

扩孔是用扩孔刀具将工件原有的孔径扩大。常用扩孔刀具有麻花钻和扩孔钻,一般工件的扩孔可用麻花钻,对于精度要求较高和表面粗糙度较小的孔,可用扩孔钻扩孔。

3) 镗孔

对于铸、锻造的孔和钻的孔,为了达到要求的尺寸精度和表面粗糙度还需镗孔,镗孔的加工范围很广,不仅可粗加工,也可精加工,公差等级可达 IT7～IT8,表面粗糙度 $Ra = 5 \sim 1.25\ \mu m$,精细镗削可以达到更小($Ra < 1\ \mu m$),如图 6-59 所示。

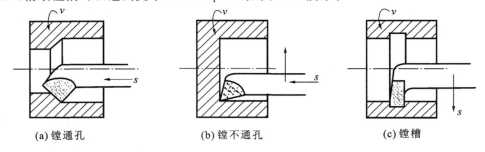

(a) 镗通孔   (b) 镗不通孔   (c) 镗槽

图 6-59 镗孔工作

镗孔时,由于镗刀刚性较差,容易产生变形振动,为了保证镗孔质量。镗孔时需选小的切削深度和进给量,并进行多次走刀。精镗时一定要试切。

4) 铰孔

铰孔是精加工小孔的主要方法,铰刀是一种尺寸精确的多刃刀具。刚性比镗刀好。铰孔公差等级可达 IT7～IT8,表面粗糙度可达 $Ra2.5 \sim 1\ \mu m$。铰孔之前一般经过镗孔,铰孔时切削速度应选低一些,用手动进行铰时,要注意进给均匀性;否则,会影响孔的表面粗糙度。

4. 圆锥面的加工

在机械工程中圆锥面配合的应用很广泛,例如:车床主轴孔跟顶尖的配合;车床尾座锥孔和麻花钻锥柄的配合。它应用广泛,主要原因为圆锥面的锥角较小时,可传递很大的扭矩。圆锥面配合装拆方便,同轴度较高。

如图 6-60 所示,加工圆锥面时,除了尺寸精度、形位公差精度和表面粗糙度外,还有角度或锥度的精度要求。在车床上加工圆锥主要有四种方法。

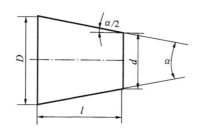

图 6-60　圆锥体主要尺寸

1) 转动小拖板法

如图 6-61 所示,在车削大角度短小的外圆锥时,可用转动小拖板的方法。车削时只要将小拖板按零件图的要求转一定的角度,使车刀的运动轨迹和所要车削的圆锥母线平行即可。这种方法行程短,且只能手动进给,所以加工出工件的表面粗糙度较差,适合单件小批量生产。

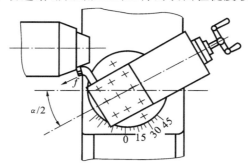

图 6-61　转动小拖板法车圆锥

2) 偏移尾座法

如图 6-62 所示,在两次顶尖车削圆柱体时,大拖板走刀是平行主轴轴线移动,当尾架横向移动一个距离 s 后,工件旋转轴线与纵向走刀相交成一个角度 $\alpha/2$,因此,工件就成了外圆锥。用偏移尾座法车外圆锥只适合加工锥度较小(±10°内)、长度较长的工件。

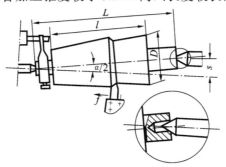

图 6-62　偏移尾座法车锥面

偏移尾座法优点:任何普通车床都可使用;因自动走刀车锥面,车出工件表面粗糙度较小;能车长的圆锥(可达车床规格规定的长度)。

其缺点:因为顶尖在中心孔中歪斜,接触不良,所以中心孔磨损快,因受尾架偏移量的限制,不能车锥度较大的工件。

3) 机械靠模法

如图 6-63 所示,对于长度较长,精度要求较高的锥体,一般可用靠模法车削。靠模装置能使车刀纵向进给的同时,还能横向进给,从而使车刀的移动轨迹与被加工零件的圆锥线平行。

　　靠模法加工优点:用锥度靠板调整锥度准确、方便、自动走刀、锥面质量好,可加工内、外圆锥。

　　其缺点:靠模装置调节范围较小,一般在12°以下。

　　4)宽刀法

　　如图6-64所示,在车削较短的圆锥面时,可用宽刃刀直接车出,宽刃刀的刀刃必须平直,车床必须具有足够的刚性,否则,易引起振动。

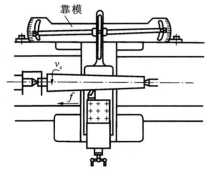

图6-63　机械靠模法车锥面

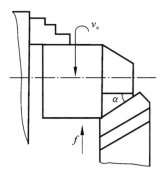

图6-64　宽刀法

5.三角形螺纹的车削方法

　　车削螺纹时,一般可采用低速车削和高速车削两种方法。低速车削螺纹可获得较高的精度和较细的表面粗糙度,但生产效率很低;高速车削螺纹比低速车削螺纹生产效率可提高10倍以上,也可以获得较细的表面粗糙度,但需要较高的操作熟练程度。

　　1)低速车削三角形螺纹

　　在低速车削三角形螺纹时,为了保持螺纹车刀的锋利状态,车刀材料最好用高速钢制成,并且把车刀分为粗、精车刀并进行粗、精加工,如图6-65所示。粗车时切削速度可选择10~15 m/min,精车时切削速度可选择5~10 m/min。

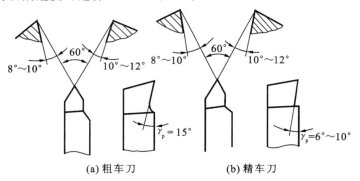

(a)粗车刀　　　　　　　　　(b)精车刀

图6-65　高速钢普通螺纹车刀

　　2)高速车削三角形螺纹

　　用硬质合金车刀高速车削三角形螺纹,切削速度一般取50~100 m/min。车削时只能用直进法进给,使切屑垂直于轴线方向排出或卷成球状较理想。

　　用硬质合金车刀高速车削螺距一般在1.5~3 mm之间,材料为中碳钢或中碳合金钢的螺纹时,一般只要3~5次工作行程就可完成。横向进给时,背吃刀量开始可大些,以后逐渐减少,车削到最后一次时,背吃刀量不能太小,一般在0.15~0.25 mm;否则,螺纹两侧面表面粗糙度值较大,成鱼鳞片状,严重时还会产生振动,如图6-66所示。

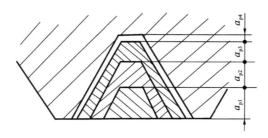

图 6-66　背吃刀量分配情况

例如,螺距 $P=2$ mm,总切入深 $h_1\approx0.6$ mm,$P=1.2$ mm,切削深度分配情况如下:

第一次进给　　　　　　　　　　　　$\alpha_{p1}=0.6$ mm
第二次进给　　　　　　　　　　　　$\alpha_{p2}=0.3$ mm
第三次进给　　　　　　　　　　　　$\alpha_{p3}=0.2$ mm
第四次进给　　　　　　　　　　　　$\alpha_{p4}=0.1$ mm

虽然第一次进给为 0.6 mm,但是因为车刀刚切入工件,总的切削面积是不大的。如果用相同的切削深度,那么,越到螺纹的底部,切削面积就越大,使车刀刀尖负荷成倍增大,容易损坏刀头。因此,随着螺纹深度的增加,切削深度应逐步减小。

高速车螺纹是生产效率很高的加工方法,因为高速车螺纹时,转速要比低速切削时高 15～20 倍,而且工作行程次数可以减少 2/3 以上。如用高速钢车刀低速车削螺距 $P=2$ mm 的螺纹,一般至少 12 次工作行程,而用硬质合金车刀只需 3～4 次工作行程即可,生产效率可大大提高。

3)车削三角形内螺纹

三角形内螺纹工件常见的有三种,即通孔、不通孔和台阶孔,其中通孔内螺纹容易加工,如图 6-67 所示。在加工内螺纹时,由于车削的方法和工件形状的不同,因此所选用的螺纹车刀也不同。

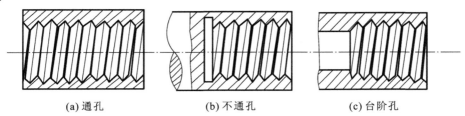

(a) 通孔　　　　　　　　(b) 不通孔　　　　　　　　(c) 台阶孔

图 6-67　内螺纹工件形状

6. 矩形螺纹、梯形螺纹和锯齿形螺纹的车削方法

矩形螺纹、梯形螺纹和锯齿形螺纹是应用很广泛的传动螺纹,其工作长度较长,精度要求较高,而且导程和螺纹升角较大,所以要比车削三角螺纹困难。图 6-68 和图 6-69 所示为高速钢梯形螺纹粗、精车刀的几何形状。

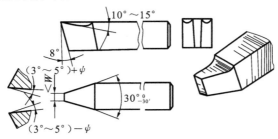

图 6-68　高速钢梯形螺纹粗车刀

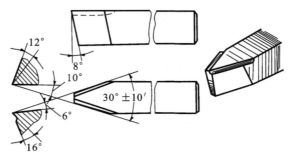

图 6-69　高速钢梯形螺纹精车刀

1）矩形螺纹的车削

矩形螺纹也称方牙螺纹,是一种非标准螺纹,因此在零件图上标记为"矩形公称直径×螺距",例如:矩形螺纹 40 mm×6 mm。矩形螺纹的理论牙型为正方形,但由于内螺纹配合时必须有间隙,所以实际牙型不是正方形的,而是矩形的,矩形螺纹的车削方法如下。

（1）车削螺距 $P<4$ mm 的矩形螺纹,一般不分粗、精车,用直进法以一把车刀切削完成。车削螺距在 4～8 mm 的螺纹时,先用粗车刀以直进法粗车,两侧各留 0.2～0.4 mm 的余量,再用精车刀采用直进法精车,如图 6-70(a)所示。

（2）车削螺距较大($P>8$ mm)的矩形螺纹时,粗车一般用直进法,精车用左右切削法,如图 6-70(b)所示。粗车时,刀头宽度要比牙底槽宽小 0.5～1 mm,采用直进法把小径(d_1)车到尺寸。然后采用较大前角的两把精车刀进行左右切削螺纹槽的两侧面。但是在切削过程中,要严格控制和测量压底槽宽,以保证内、外螺纹规定的配合间隙。

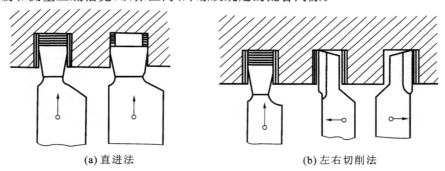

(a) 直进法　　　　　　　　　　　(b) 左右切削法

图 6-70　矩形螺纹的车削方法

2）梯形螺纹的车削

机床丝杠上的螺纹大多是梯形螺纹,梯形螺纹有米制和英制两种,我国常采用米制梯形螺纹(牙型角为 30°),梯形螺纹有两种车削方法。

（1）低速车削时的方法　分以下三种情况介绍。

① 车削螺距 $P\leqslant8$ mm 的梯形螺纹用左右切削法。在每次横向进给时,都必须把车刀向左或向右作微量移动,很不方便。但是可防止因三个切削刃同时参加切削而产生振动和扎刀现象,如图 6-71(a)所示。

② 粗车螺距 $P\leqslant8$ mm 的梯形螺纹可用车直槽法。先用主切削刃宽度等于牙底槽宽度的矩形螺纹车刀车出螺旋直槽,使槽底直径等于梯形螺纹的小径,然后用梯形螺纹精车刀精车牙型两侧,如图 6-71(b)所示。

③ 精车螺距 $P>8$ mm 的梯形螺纹用车阶梯槽法。用主切削刃宽小于 $P/2$ 的矩形螺纹车

刀,用车直槽法车至接近螺纹中径处,再用主切削刃宽度等于牙底槽宽的矩形螺纹车刀把槽车至接近螺纹牙高,这样就车出了一个阶梯槽。然后用梯形螺纹精车刀精车牙型两侧,如图6-71(c)所示。

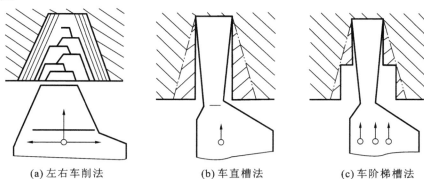

(a) 左右车削法　　　　　　(b) 车直槽法　　　　　　(c) 车阶梯槽法

图 6-71　低速车削

(2) 高速车削时的方法　分以下两种情况介绍。

① 车削螺距 $P \leqslant 8$ mm 的梯形螺纹用直进法。可选用图 6-72(a)所示的双圆弧硬质合金车刀粗车,再用硬质合金车刀精车。

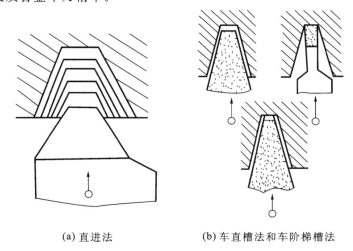

(a) 直进法　　　　　　　(b) 车直槽法和车阶梯槽法

图 6-72　高速车削

② 车削螺距 $P > 8$ mm 的梯形螺纹用车直槽法和车阶梯槽法。为了防止振动,可用硬质合金车槽刀,采用车直槽法和车阶梯槽法进行粗车,然后用硬质合金梯形车刀精车,如图6-72(b)所示。

3) 锯齿形螺纹的车削

锯齿形内、外螺纹的车削方法和梯形螺纹相似,所不同的是锯齿形螺纹的牙型是一个不等腰梯形,它的一个侧面与轴线垂直面的夹角为30°,另一个侧面的夹角为3°。

【知识链接】

车削外圆、台阶轴、圆锥体的训练课题见表 6-3 至表 6-5。

车工是机械加工领域中应用最广泛、从业人员最多的技术工种,也是最基本的工种。通过对车削基础知识、车削轴类零件、车削套类零件、车削螺纹、车成形面和表面修饰等知识技能,可快速迈入车工之门。

表 6-3　车削训练课题——车削外圆

序号	项目	检测内容	配分	评分标准
1	外圆	$\phi 38^{\ 0}_{-0.1}$，表面粗糙度 Ra 3.2 μm	24/5	不合格不得分
2	外圆	$\phi 27^{\ 0}_{-0.1}$，表面粗糙度 Ra 3.2 μm	24/5	不合格不得分
3	长度	$95^{\ 0}_{-0.35}$	15	不合格不得分
4	长度	$50^{\ 0}_{-0.25}$	15	不合格不得分
5	倒角	倒角 C1（共 3 处）	12	不合格不得分
6	文明生产	按照有关规定，每次违反一次，从总分中扣除 20 分		
7	其他项目	工件必须完整，工件局部无缺陷（如夹伤、划痕等）		

| 训练课题 | 车削外圆 | 零件编号 | 车工-01 | 材料 | 45 钢 | 工时 | 3h | 总分 | |

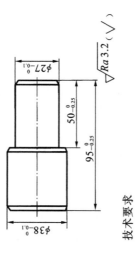

$\sqrt{Ra\ 3.2}$ （$\sqrt{\ }$）

技术要求

1. 未注倒角 C1；
2. 未注公差尺寸按 GB 1804—M；
3. 不允许使用砂布、锉刀等修饰加工面

表 6-4　车削训练课题二——车削台阶轴

序号	项目		检测内容	配分	评分标准
1	外圆		$\phi 38_{-0.062}^{0}$；表面粗糙度 Ra 3.2 μm	14/4	不合格不得分
2			$\phi 26_{-0.052}^{0}$；表面粗糙度 Ra 3.2 μm	14/4	不合格不得分
3			$\phi 25_{-0.03}^{0}$；表面粗糙度 Ra 3.2 μm	14/4	不合格不得分
4			$\phi 21_{-0.033}^{0}$；表面粗糙度 Ra 3.2 μm	14/4	不合格不得分
5	长度		$95_{-0.35}^{0}$，65，50，$40_{-0.25}^{0}$	18	不合格不得分
6	倒角		未注倒角 C1（共 5 处）	10	不合格不得分
7	文明生产		按照有关规定，每违反一次，从总分中扣除 20 分		
8	其他项目		工件必须完整，工件局部无缺陷（如夹伤、划痕等）		
训练课题		零件编号	材料	工时	总分
车削台阶轴		车工-02	45 钢	3h	

技术要求

1. 未注倒角 C1；
2. 未注公差尺寸按 GB 1804—M；
3. 不允许使用砂布、锉刀等修饰加工面

$\nabla Ra3.2$（$\sqrt{\ }$）

表 6-5　车削训练课题三——车削圆锥体

序号	项目	检测内容	配分	评分标准
1	外圆	$\phi 38_{-0.039}^{0}$，表面粗糙度 Ra 1.6 μm	12/4	不合格不得分
2	外圆	$\phi 26_{-0.033}^{0}$，表面粗糙度 Ra 3.2 μm	12/4	不合格不得分
3	圆锥	$\phi 23_{-0.13}^{0}$，表面粗糙度 Ra 3.2 μm	12/4	不合格不得分
4	圆锥	锥度 1:5，表面粗糙度 Ra1.6μm	22/4	不合格不得分
5	长度	$92_{0}^{+0.13}$，30，5，5，45	15	不合格不得分
6	倒角	倒角 C1	3	不合格不得分
7	倒角	未注倒角 C1（共 4 处）	8	不合格不得分
8	文明生产	按照有关规定，每违反一次，从总分中扣除 20 分		
9	其他项目	工件必须完整，工件局部无缺陷（如夹伤、划痕等）		
训练课题		零件编号	材料	工时
车削圆锥体		车工-03	45 钢	3h

$\sqrt{Ra\,3.2}\ (\sqrt{\ })$

技术要求

1. 锐边倒角 C0.5；

2. 未注公差尺寸按 GB 1804—M；

3. 不允许使用砂布、锉刀等修饰加工面

第7章 铣工实训

【学习要求】

（1）了解铣工工作的特点。

（2）根据加工图样合理选用铣刀。

（3）了解插齿机的构造和原理。

（4）了解滚齿机的工作原理。

（5）熟悉成行法和展成法的应用场合。

（6）熟悉数控铣床的结构及工作原理。

【能力目标】

（1）熟悉铣刀的种类，并能正确安装铣刀。

（2）在铣刀用钝后，学会刃磨铣刀。

（3）初步掌握铣平面、台阶面、斜面、沟槽的方法。

（4）使用铣齿机和插齿机进行一般加工。

（5）学会特形面和螺纹加工的一般步骤。

（6）掌握常用代码的应用，能对简单工件进行编程。

【内容概要】

铣削加工是以铣刀旋转作主运动，工件或铣刀作进给运动的切削加工方法。在铣床上使用不同的铣刀可加工平面、台阶面、沟槽、角度和特形面等。此外，使用分度装置还可以加工需周向等分的花键、齿轮等多面体零件。

7.1 铣床及加工范围

7.1.1 概述

铣床的类型很多，主要包括卧式升降台铣床、立式升降台铣床、万能工具铣床、龙门铣床及成形铣床等。铣床的型号和其他机床型号一样，有具体含义，如万能卧式铣床 X6132 的含义为：X 表示铣床类，6 表示卧铣，1 表示万能升降台铣床，32 表示工作台宽度的 1/10，即工作台宽度为 320 mm。

（1）铣削加工工艺范围　铣削加工是机械加工中最常用的加工方法之一，它主要包括平面铣削和轮廓铣削，也可以对零件进行钻、扩、铰、镗、锪加工及螺纹加工等。

（2）常用铣床简介　本书主要介绍万能升降台铣床、立式升降台铣床、龙门铣床及万能工具铣床等常用铣床。

（3）铣削用量的选择　铣削用量是指铣削过程中选用的铣削速度 v_c、进给量 f、铣削宽度 B 和铣削深度 a_p。铣削用量的选择对提高铣削的加工精度、改善加工表面质量和提高生产率有着密切的关系。

1.铣削加工精度要求及各类表面的铣削加工

铣削加工的精度范围在 IT11～IT8 之间,表面粗糙度 Ra 值在 $12.5～0.4\ \mu m$ 之间。铣削加工效率高,范围广。图 7-1 所示为各种典型表面的铣削加工。

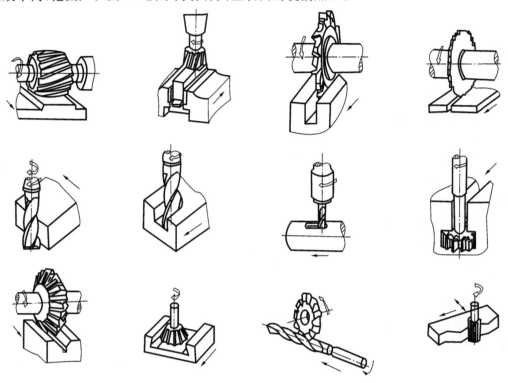

图 7-1　各种典型表面的铣削加工

2.常见铣床简介

1) 万能升降台铣床

万能升降台铣床与一般升降台铣床的主要区别在于:工作台除了能在相互垂直的三个方向上作调整或进给外,还能绕垂直轴线在 ±45°范围内回转,从而扩大了机床的工艺范围。万能升降台铣床是一种卧式铣床,其主要参数为工作台面宽度(320 mm),工作台面长度(1 250 mm),工作台纵向、横向、垂向的最大行程分别为 800、300、400 mm。

如图 7-2 所示,床身 2 固定在底座 1 上,用以安装和支承其他部件。床身内装有主轴部件、主变速传动装置及其变速操纵机构。悬梁 3 安装在床身顶部,并可沿燕尾导轨,调整前后位置,刀杆支架 4 用以支承刀杆,以提高其刚度。升降台 8 安装在床身两侧面垂直导轨上,可作上下移动;升降台水平导轨上装有床鞍 7,床鞍 7 上装有回转盘 6,工作台 5 装在回转盘上的燕尾导轨上,绕垂直轴线在 ±45°范围内调整角度,以便铣削螺旋表面。

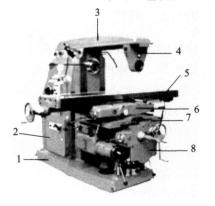

图 7-2　万能升降台铣床

1—底座;2—床身;3—悬梁;4—刀杆支架;
5—工作台;6—回转盘;7—床鞍;8—升降台

2）龙门铣床

如图 7-3 所示，龙门铣床在布局上以立柱 1 及顶梁 7 与床身 3 构成龙门框架，并由此而得名。通用的龙门铣床一般有 3～4 个铣头，分别安装在左右立柱和横梁 6 上。横梁上的两个竖直铣头 8 可沿横梁导轨，作水平方向的位置调整。横梁本身及立柱上的两个水平铣头 2 可沿立柱上的导轨调整竖直方向位置。加工时，工作台 4 带动工件作纵向进给运动。由于采用多刀同时切削几个表面，加工效率较高，另外，龙门铣床不仅可进行粗加工、半精加工，还可进行精加工，所以这种机床在成批和大量生产中得到广泛的应用。

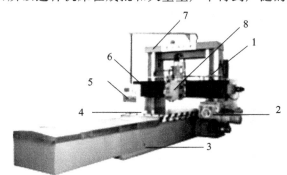

图 7-3　龙门铣床

1—立柱；2—水平铣头；3—床身；4—工作台；
5—显示器；6—横梁；7—顶梁；8—铣头

图 7-4　立式升降台铣床

1—立铣头；2—主轴；3—工作台；
4—床鞍；5—升降台

3）立式升降台铣床

如图 7-4 所示，立式升降台铣床与上述万能升降台铣床的区别主要是主轴立式布置，与工作台面垂直。主轴 2 安装在立铣头 1 内，可沿其轴线方向进给或经手动调整位置。立铣头 1 可根据加工要求在垂直平面内向左或向右在 45° 范围内回转，使主轴与台面倾斜成所需角度，以扩大铣床的工艺范围。立式铣床的其他部分，如工作台 3、床鞍 4 及升降台 5 的结构与卧式升降台铣床相同，在立式铣床上可安装端铣刀或立铣刀加工平面沟槽、斜面、台阶、凸轮等表面。

4）万能工具铣床

万能工具铣床的基本布局与万能升降台铣床相似，但配备有多种附件，因而扩大了机床的万能性。如图 7-5 所示为万能工具铣床的外形，机床安装有主轴座、固定工作台，此时机床的横向进给运动与垂直进给运动仍分别由工作台及升降台来实现。根据加工需要，机床还可安装其他图示附件，如可倾斜工作台、回转工作台、平口钳、分度装置、立铣头、插削头等。由于万能铣床具有较强的万能性，故常用于工具车间，加工形状较复杂的各种切削刀具、夹具及模具零件等。

3. 铣削用量

1）**铣削速度** v_c

铣削时切削刃上选定点在主运动中的线速度，即切削刃上离铣刀轴线距离最大的点在 1 min 内所经过的路程。它与铣刀直径、转速的关系为

图 7-5　万能工具铣床

1—工作台；2—铣刀轴；
3—顶架；4—手轮；5—底座

$$v_c = \frac{\pi d n}{1\ 000}$$

式中:d 为铣刀直径,mm;n 为铣刀转速,r/min。

2)进给量 f

进给量 f 是指铣刀在进给运动方向上相对工件的单位位移量,有以下三种方法表示。

(1)每齿进给量(f_z)—铣刀每转过一齿工件相对于铣刀移动的距离(mm/z)。

(2)每转进给量(f_r)—铣刀每转过一转工件相对于铣刀移动的距离(mm/r)。

(3)每分钟进给量($f_{\min}$)—每分钟工件相对于铣刀移动的距离(mm/min)。

三种进给量的关系为

$$f_{\min} = f_r \times n = f_z \times n \times z$$

式中:n 为铣刀转速,r/min;z 为铣刀齿数。

3)铣削宽度 B

工件一次进给中,铣刀切除工件表层的宽度,通常用符号 B 来表示。

4)铣削深度 a_p

工件在一次进给中,铣刀切除工件表层的厚度,通常用符号 a_p 来表示。

5)铣削用量的选用原则

一般情况下,选择铣削用量的顺序是:先选大的铣削深度,再选每齿进给量,最后选择铣削速度。铣削宽度尽量等于工件加工面的宽度。

7.1.2　常见铣削任务实施

铣削有顺铣和逆铣两种方式。顺铣是指铣刀对工件的作用力在进给方向上的分力与工件进给方向相同的铣削方式,逆铣是指铣刀对工件的作用力在进给方向上的分力与工件进给方向相反的铣削方式,分别如图 7-6(a)、(b)所示。

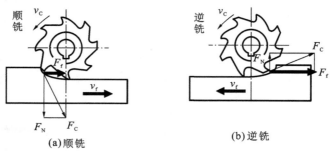

(a)顺铣　　　　　　　　　　(b)逆铣

图 7-6　顺铣和逆铣

【知识链接】

切削液具有冷却和润滑作用,能迅速带走切削区的热量,减小刀具与工件之间的摩擦,降低切削力,提高工件表面质量和刀具耐用度。此外,还具有清洗作用,能把工件表面碎屑、污物冲走,保持工件表面干净。

常用的切削液有水溶液、乳化液和切削油等。选用切削液主要应根据工件材料、刀具材料和加工性质来确定。一般粗加工时,因发热量大,宜选用冷却为主的切削液;精加工时宜选用润滑为主的切削液;当加工铸铁使用硬质合金刀具时,可不加切削液。

7.2 铣 刀

铣刀属于多齿刀具,其每一个刀齿都相当于一把车刀固定在铣刀的回转面上。由于同时参加切削的齿数较多,参加切削的切削刃总长度较长,并能采用高速切削,所以铣削生产率较高。

1. 铣刀的种类

铣刀种类很多,结构不一,应用范围很广,按其用途可分为加工平面用铣刀、加工沟槽用铣刀、加工成形面用铣刀等三大类。通用规格的铣刀已标准化,一般均由专业工具厂生产,以下将介绍几种常用铣刀的特点。

2. 铣刀的磨损和改进

为了提高铣削效率,改善加工表面质量,提高刀具耐用度,在生产中对铣刀进行了许多改进,并设计出许多新型铣刀结构。

7.2.1 铣刀的种类

1. 加工平面的铣刀

(1)端面铣刀 有整体式、镶齿式和可转位式三种,主要用于立式铣床上加工平面,刀齿采用硬质合金制成,生产效率高,加工表面质量也高。内燃机缸体、缸盖等零件的平面多用该铣刀进行切削,如图 7-7(a)所示。

(2)圆柱铣刀 分粗齿与细齿两种,主要用于铣床上加工平面,由高速钢制造。圆柱铣刀采用螺旋形刀齿,可提高切削工作平稳性,如图 7-7(b)所示。

(a)端面铣刀 　　　　(b)圆柱铣刀

图 7-7　加工平面用的铣刀

2. 加工特形面的铣刀

根据特形面的形状而专门设计的成形铣刀称为特形铣刀。图 7-8(a)所示为凸半圆形铣刀,用于铣削凸半圆特形面,图 7-8(b)所示为凹半圆形铣刀,用于铣削凹半圆特形面。

(a)凸半圆形铣刀 　　　　(b)凹半圆形铣刀

图 7-8　加工特形面的铣刀

3. 加工沟槽用的铣刀

图 7-9 所示为加工沟槽用的铣刀,图 7-9(a)所示为立铣刀,图 7-9(b)所示为三面刃铣刀,图 7-9(c)所示为键槽铣刀,图 7-9(d)所示为锯片铣刀,图 7-9(e)所示为 T 形槽铣刀,图 7-9(f)所示为燕尾槽铣刀,图 7-9(g)所示为角度铣刀。

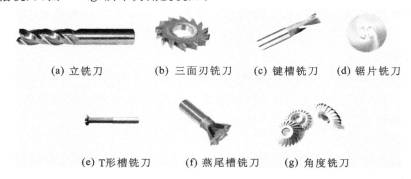

(a) 立铣刀　　　(b) 三面刃铣刀　　　(c) 键槽铣刀　　　(d) 锯片铣刀

(e) T形槽铣刀　　　(f) 燕尾槽铣刀　　　(g) 角度铣刀

图 7-9　加工沟槽用的铣刀

7.2.2　铣刀的磨损和改进

1. 铣刀的磨损和背刀方法

1) 铣刀的磨损

铣刀的磨损直接影响到被加工表面质量、生产效率和加工成本,铣刀的磨损主要由以下几个方面造成。

(1) 在铣床上切削工件时,金属层发生着十分剧烈的挤压和切削变形,产生很大的热量,这时刀尖的局部温度可达 500 ℃甚至 1 000 ℃,在高温作用下,刀具切削刃的金属组织渐渐变软,硬度降低,甚至失去切削性能,这时切削刃就会卷边,铣刀明显变钝。

(2) 铣床上切削工件是断续进行的,切削中,刀尖和刀齿的前面时时受到切屑的抗力,同时切削时铣刀齿表面要受到很大的压力(约 20 MPa),并且摩擦速度很高,机械摩擦力很大,这几种综合力致使铣刀刀尖和刀齿前面的磨损。

(3) 如图 7-10 所示,加工过程中,前一个刀齿切下切屑后所留下的积屑瘤和碎片,当后一刀齿进行切削时,它的刀尖和刀齿后面要与残留物以及残留面积发生强烈摩擦,而使刀尖和刀齿后面都受磨损,并且刀齿后面的磨损更为严重,分别如图 7-10(a)、(b)、(c)所示。

(a) 刀尖磨损　　　(b) 刀齿磨损　　　(c) 刀齿后面磨损

图 7-10　铣刀的磨损

(4) 切削时,金属层经过变形,材料的力学性能发生变化,硬度和断裂强度增加,而塑性降低,经过切削力和热应力多次反复,使刀具表面层达到疲劳强度极限,当切削温度较高时,脆性的刀具材料容易出现磨损。

（5）使用硬质合金刀具铣削，很高的切削热会使硬质合金中的碳、钴、钨、钛等元素逐渐扩散到工件和切屑中去，这样，改变了刀具表层的化学成分，使硬质合金刀具的硬度下降，从而使刀具加剧磨损。

2）铣刀的背刀方法

背刀就是用油石研磨铣刀刀齿的切削刃部分，使刃口光洁锋利。及时地背刀，可以减缓刀齿磨损，延长铣刀使用寿命，很光滑平整的铣刀齿，能大大降低初期磨损阶段的磨损量，能延长正常磨损阶段的时间。

一把新铣刀如果在使用前经过背刀，使用一段时间，进入正常磨损阶段后，再进行一次背刀，将大大增加其使用期限。

成形铣刀齿背呈阿基米德螺旋线，背刀时，检查刀齿刃口是否有毛刺和细微的缺口，是否有黏结在刀齿上的残渣，应及时清除掉，如果刀齿前面有白痕，可用油石沿刀齿前面贴平，均匀推磨，直至消失。背刀时，注意保持刀齿原来形状，不可将刃口背低或背得刀刃高而后面低，不要伤害邻近的刀齿刃口，如图 7-11 所示。

图 7-11　尖齿铣刀的研磨

2. 铣刀的改进

1）改进高速钢尖齿铣刀结构

普通高速钢尖齿铣刀虽然应用较广泛，但仍存在许多缺点，所以需要进行如下改进。

（1）适当减少铣刀齿数，增大容屑空间　标准铣刀如锯片铣刀、T 形槽铣刀等，由于齿数太多使排屑条件较差，容屑槽空间小，切屑容易堵塞在齿槽中间。使用高速钢铣刀欲提高生产率，主要靠增大进给量，因此需要提高刀齿强度和增大容屑空间，这样，铣削时切削变形小，消除了堵塞现象，提高了铣削用量。

（2）增大铣刀螺旋角　适当增大螺旋角，使实际前角增大，改善排屑条件，提高铣削平稳性，使切削省力，显著提高生产率和加工质量。

（3）改变切削刃形状　铣刀的容屑槽为半封闭式，切屑卷曲和排出较困难。因此，在普通铣刀及立铣刀的螺旋齿背上开出相互错开的分屑槽，这样便于切屑形成、卷曲和排出，使切削轻快。与普通铣刀相比较，可提高生产率 3～4 倍。

（4）采用镶齿结构，以节约刀具材料　整体式高速钢价格比较贵，对于大直径（$d>$80 mm）的铣刀，宜用镶齿结构形式，即刀齿用高速钢制造，刀体用结构钢（45 钢）制造。

2）采用硬质合金铣刀

硬质合金铣刀的切削速度比高速钢铣刀高 3～5 倍，故生产率高；耐用度比高速钢铣刀高5～10 倍，刀具表面质量较好；硬质合金的耐热性高于高速钢，可加工较硬金属材料。因此，硬质合金端铣刀已得到广泛应用。

7.2.3　铣刀安装及刃磨的任务实施

1. 铣刀的安装

1）带柄铣刀的安装

（1）直柄铣刀必须用弹簧夹头安装，弹簧夹头沿轴向有三个开口槽，当收紧螺母时，随之压紧弹簧夹头端面，使其外锥面受压而收小孔径，夹紧铣刀。不同孔径的弹簧夹头可以安装不同直径的直柄铣刀，如图 7-12(a)所示。

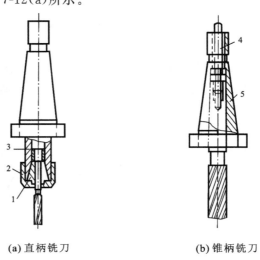

(a) 直柄铣刀　　　　　　　　　　(b) 锥柄铣刀

图 7-12　带柄铣刀的安装

1—弹簧套；2—螺母；3—夹头体；4—拉杆；5—过渡锥套

（2）锥柄铣刀应该根据铣刀锥柄尺寸选择合适的过渡锥套，用拉杆将铣刀及过渡锥套拉紧在主轴端部的锥孔中。若铣刀锥柄尺寸与主轴端部锥孔尺寸相同，则可直接装入主轴锥孔后拉紧，如图 7-12(b)所示。

2）带孔铣刀的安装

如图 7-13 所示，带孔铣刀须用拉杆安装，拉杆用于拉紧刀杆，保证刀杆外锥面与主轴锥孔紧密配合。套圈用来调整带孔铣刀的位置，尽量使铣刀靠近支承端，挂架用来增加刀杆的刚度。

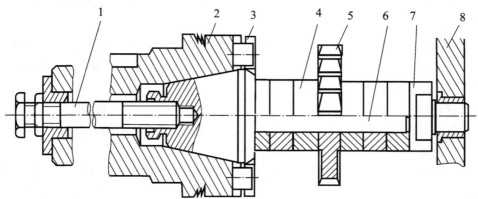

图 7-13　带孔铣刀的安装

1—拉杆；2—主轴；3—端面键；4—套筒；5—铣刀；6—刀杆；7—螺母；8—悬梁挂架

2. 铣刀的刃磨

尖齿铣刀重磨后刀面,铲齿成形铣刀重磨前刀面,一般在万能工具磨床上进行。

重磨圆柱铣刀的方法与重磨铰刀相似,刀齿的位置由支片决定。为了获得所需的后角,支片顶端到铣刀中心的距离 H 为

$$H = \frac{d}{2}\sin\alpha_0 \quad (\text{mm})$$

式中:d 为铣刀直径(mm);α_0 为铣刀后角(°)。

重磨铲齿时,一般采用碟形砂轮的端面。为了严格控制刀具的前角 r_0,防止铲齿铣刀刃形的畸变而影响加工工件的精度,通过调节砂轮端面对刀具中心的偏心距 e 来控制前角 r_0 的大小。偏心距 e 可按下式计算:

$$e = \frac{d}{2}\sin r_0 \quad (\text{mm})$$

砂轮进给通过调节支片位置的方法进行,不得移动横向工作台,以免影响前角的大小。

尖齿铣刀在使用中后刀面的磨损情况往往比前刀面严重,因此,一般都磨后刀面,如图 7-14 所示;刃磨成形铣刀时,铣刀的前角一般都等于零度,要注意保持刀齿齿背处的曲线形状不变,所以只能刃磨刀齿的前面,如图 7-15 所示。

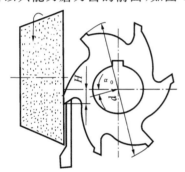

图 7-14 刃磨刀齿后刀面

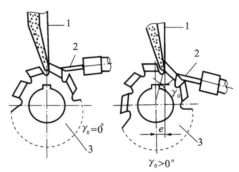

图 7-15 刃磨成形铣刀刀齿前面

铣刀刃磨后要进行检查,除刀齿前角和后角的角度以外,还应对位置公差和径向圆跳动误差进行检查。

【知识链接】

修旧利废是节材和降低成本的有效措施。下面介绍几种铣刀修旧利废的例子。

1. 修复立铣刀

如图 7-16 所示,从柄部折断的端铣刀,经修复后还能够再用,把折断的刀齿根部磨成 1:30 的锥度,锥体的直径要根据铣刀的直径来决定,一般不要太小;锥体的长度约为 20 mm。用碳钢车制一个刀柄,在刀柄的一端做出锥孔,其锥度与铣刀根部的锥度一样。将刀齿与刀柄进行压紧配合,再将接缝处焊牢,然后加工柄部的莫氏锥度,并对刀齿进行刃磨和研磨,就成了一把端铣刀了。

2. 废钻头改磨立铣刀

如图 7-17 所示,用废钻头改磨键槽铣刀可像普通铣刀一样去切削工件。改磨方法是:将废的高速钢钻头进行刃磨,按标准铣刀的角度磨出前角和后角等角度,将尾部根据在铣床上安装铣刀的要求进行加工,再将刀齿部淬硬到 58～62 HRC(因原来钻头硬度不够),淬火后,再修磨刀齿各部分角度。

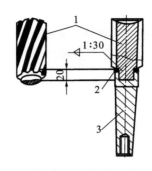

图 7-16　修复立铣刀

1—折断的铣刀;2—焊接处;3—刀柄

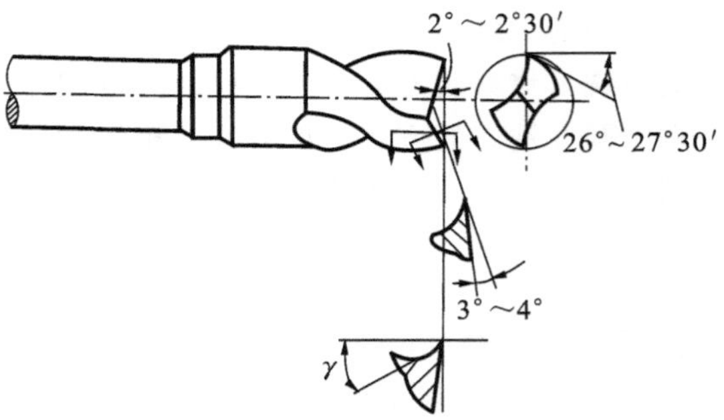

图 7-17　废钻头改磨立铣刀

3. 黏结刻线铣刀

铣床上刻线刀的刃部很小,如果刀齿和刀体都用好的刀具材料制作,造成很大浪费,这时,可将一块用旧的硬质合金刀片(或高速钢刀头)与刀杆黏结在一起,凝固后按照角度要求进行刃磨,就是一把很好的刻线刀。黏结时可使用环氧树脂,在一定温度下进行,如图 7-18 所示。

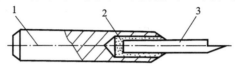

图 7-18　黏结刻线铣刀

1—刀杆;2—环氧树脂;3—旧合金刀片

7.3　铣 削 加 工

在铣床上,不同种类的铣刀和夹具构成统一体,完成多种形状和复杂工件的加工,常见的有平面、沟槽、台阶、特形面、螺旋槽等。

(1)铣平面　用铣削方法加工工件的平面称为铣平面。平面是构成机器零件的基本表面之一,铣平面是铣床加工的基本工作内容。

(2)铣台阶面　台阶面由两个互相垂直的平面构成,铣削台阶面时,同一把铣刀不同部位的切削刃同时进行铣削。由于铣削采用同一定位基准,因此,可以满足台阶较高的尺寸精度、形状精度和位置精度要求。

(3)铣沟槽　在铣床上加工的沟槽种类很多,常见的有直角沟槽、V 形槽、燕尾槽、T 形槽和各种键槽等。

(4)铣螺旋槽　在铣床上,常用万能分度头铣削带有螺旋线的工件,这类工件的铣削称为铣螺旋槽。

7.3.1　铣平面

1. 铣平面的方法

1)端铣刀铣平面

如图 7-19 所示,用端铣刀铣平面可以在卧式铣床上进行,铣出的平面与铣床工作台面垂直;也可以在立式铣床上进行,铣出的平面与铣床工作台面平行。端铣刀切削时,切削厚度变化小,参加切削刀齿多,工作平稳;铣刀的直径一般大于工件宽度,尽量在一次加工中铣出整个加工表面。

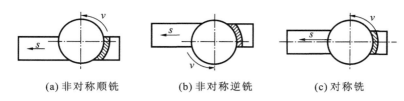

(a) 非对称顺铣   (b) 非对称逆铣   (c) 对称铣

图 7-19　端铣刀铣平面

2）圆柱铣刀铣平面

圆柱铣刀有螺旋齿和直齿两种，前者刀齿是逐步切入切出，切削过程比较平稳。在卧式铣床上，铣出的平面与工作台台面平行。铣削平面经常用螺旋齿圆柱铣刀，其加工步骤如下。

（1）由于用螺旋齿铣刀铣平面，排屑顺利，铣削平稳。一般用圆柱铣刀铣平面时常采用螺旋齿铣刀。铣刀宽度大于工件待加工表面宽度，以保证一次加工就可铣完待加工表面。

（2）在铣床上加工平面时，一般都用机用虎钳，或用螺栓、压板将工件装夹在工作台上，大批量生产中，为了提高效率，可使用专用夹具来装夹。

（3）装夹工件时，必须将零件的基准面紧贴固定钳口或导轨面。

（4）工件装夹在钳口中间，且余量层必须稍高出钳口，以防钳口和铣刀损坏。

（5）根据工件材料、加工余量、所选用铣刀材料等合理选择切削用量。

（6）铣削过程如图 7-20 所示。

综上所述，在铣平面时，端铣刀已逐渐取代圆柱铣刀。

3）立铣刀铣平面

在立式铣床上进行，用立铣刀的圆柱面刀刃铣削，铣出的平面与铣床工作台台面垂直，立铣刀用于加工较小的凸台面和台阶面，铣刀的周边刃是主切削刀，端面刃是副刀刃。

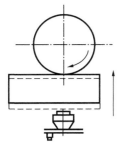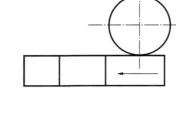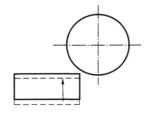

(a) 先开动主轴，使铣刀转动，再摇动升降台进给手柄，使工件慢慢上升；当铣刀微触工件后，在升降刻度盘上作记号

(b) 降下工作台，再纵向退出工件

(c) 利用刻度盘将工作台升高到规定的铣削深度位置，紧固升降台和横滑板

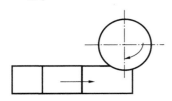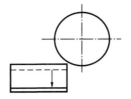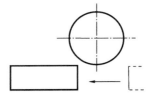

(d) 先用手动使工作台纵向进给，当工件稍被切入后，改为自动进给

(e) 铣完后，停车，下降工作台

(f) 退回工作台，测量工件尺寸，测量表面粗糙度。重复铣削直到满足要求

图 7-20　圆柱铣刀铣平面的加工过程

2. 铣平面的注意事项

（1）铣削中途不要突然停止进给，接着又开始进给，否则，会在停止的地方留下深啃槽。

（2）掌握好进刀深度，刻度盘处紧固螺母拧紧，防止螺母松动，刻度盘空转或滑转，而使进刀数值不准确。

（3）工件在粗铣中应留有一定精铣余量，防止超差。

（4）在转动刻度盘时，如果转过了预定的刻度线，应将手柄倒转一整转以上，使倒转数能够消除工作台丝杠和螺母的间隙后，再使刻度线准确对正刻度盘的刻度数。如果仅仅使它稍微向回倒转一点，退到预定的刻度线，由于丝杠和螺母之间的间隙没有消除，而使加工出来的尺寸小于所需尺寸。

（5）粗铣中要把工件表面黑皮全部铣去。对于有砂眼，凹坑等缺陷的表面或不规则的表面，在不影响尺寸的情况下，可多铣去些，平整的表面可少铣些，也不要把某一个表面铣的太多，以防铣其他面时，尺寸已达到要求，使切削面上仍带有黑皮等缺陷，而造成废品。

（6）粗铣时要基本保证工件的正确形状，注意防止工件变形，因为工件粗铣后得到的形状不太正确或变形，在精铣时就很难纠正，造成加工困难。

（7）进给结束后，工作台快速返回时，应及时降低工作台，防止铣刀在刚加工过的表面上划出印痕而损坏表面质量。

7.3.2 铣台阶面

1. 台阶面铣削方法

1）三面刃铣刀铣台阶

三面刃铣刀的直径和刀齿尺寸都比较大，容屑槽大，所以刀齿强度和排屑、冷却性能均较好，生产效率高。铣削台阶和沟槽一般均采用三面刃铣刀在卧式铣床上进行，如图7-21(a)所示。若工件上有对称台阶，则常采用两把直径相同的三面刃铣刀组合铣削，如图7-21(b)所示。

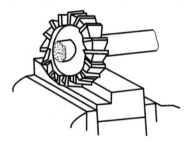　　

(a)三面刃铣刀铣台阶面　　　　　　　　　　(b)三面刃铣刀组合铣削

图 7-21 用三面刃铣刀铣台阶面

2）端铣刀铣台阶面

宽度较大而深度不深的台阶常采用端铣刀铣削。端铣刀直径大、刀杆刚度好，铣削时切屑厚度变化小、铣削平稳、生产效率高，如图7-22所示。

3）立铣刀铣台阶面

立铣刀铣削适用于垂直面较宽，水平面较窄的台阶面，如图7-23所示。当台阶处于工件轮廓内部，其他铣刀无法伸入时，此方法加工很方便。通常因立铣刀直径小、悬伸长、刚性差。故不宜选用较大铣削用量。

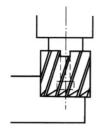

图 7-22　用端铣刀铣台阶面

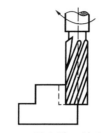

图 7-23　用立铣刀铣台阶面

2. 注意事项

（1）开车前应先检查铣刀及工件装夹是否牢固,安装位置是否正确。

（2）开车后仔细检查铣刀旋转方向是否正确,对刀和调整吃刀深度应在开车时进行。

（3）铣削加工时,按照先粗铣后精铣的方法,提高工件的加工精度和表面质量。

（4）注意切削力的方向应压向平口钳钳口,避开切屑飞出的方向。

（5）铣削时应采用逆铣,注意进给方向,以免顺铣造成打刀或损坏工件。

7.3.3　铣沟槽

1. 直角沟槽的铣削

直角沟槽分为通槽、半通槽和不通槽三种形式,如图 7-24 所示。

较宽的通槽常用三面刃铣刀加工,较窄的通槽可用锯片铣刀或小尺寸的立铣刀加工,较长的不通槽也可先用三面刃铣刀铣削中间部分,再用立铣刀铣削两端圆弧。

键槽的加工与铣直槽一样,常使用键槽铣刀,只是半圆键槽的加工需用半圆键槽铣刀来铣削,如图 7-25 所示。用键槽铣刀铣槽主要靠端面刀齿,为了减少圆柱面上刀齿的磨损,铣削时的背吃刀量应选得小些,而纵向进给量可选大些,铣直槽时,工件的装夹可以用平口钳、V 形铁和压板或专用夹量等,根据工件加工精度和生产批量的大小具体情况而定。

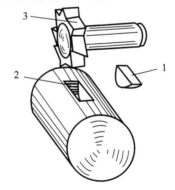

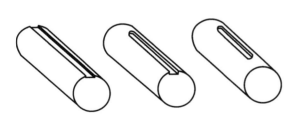

图 7-24　直槽的种类

图 7-25　半圆键槽的铣削

1—半圆键;2—半圆键槽;3—半圆铣槽铣刀

2. 注意事项

（1）加工键槽前,应认真检查铣刀尺寸,可以先试加工。

（2）铣削用量要合适,避免产生"让刀"现象,以免将槽铣宽。

（3）切断钢件时充分浇注切削液,避免"夹刀"现象。

（4）切断工件时,切口位置尽量靠夹紧部位,以免工件振动造成打刀。

（5）铣削时不准测量工件,不准手摸铣刀和工件。

7.3.4　铣螺旋槽

1. 铣削螺旋槽

1）螺旋线的概念

如图 7-26 所示,当圆柱体在直角三角形纸片上滚动一周或者直角三角形纸片绕圆柱转动一周,斜边在圆柱体上的轨迹或形成曲线就是"螺旋线"。

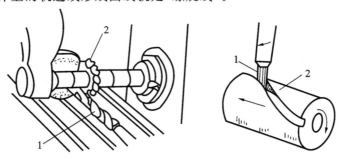

图 7-26　铣削螺旋线
1—工件；2—铣刀

2）螺旋线的要素

螺旋线绕圆柱一周后,在周线方向所移动的距离即为导程,用 L 表示,螺旋角螺旋线与圆柱体轴线之间的夹角即为螺旋角,用 β 表示,螺旋升角螺旋线与圆柱面之间的夹角为螺旋升角,用 λ 表示,它们之间的关系式为

$$L = \pi D \cot\beta$$

2. 注意事项

（1）在铣削螺旋槽时,工件需要随纵向工作台进给而连续移动,必须将分度头主轴的紧固手柄和分度盘的紧固螺钉松开。

（2）当工件螺旋槽导程小于 80 mm 时,由于挂轮速度比较大,最好采用手动进给。在实际工作中,手动进给时可转动分度手柄,使分度盘随着分度手柄一起转动。

（3）加工多头螺旋槽时,由于铣床和分度头的传动系统内都存在着一定的传动间隙,因此在每铣好一条螺旋槽后,为防止铣刀将已加工好的螺旋槽表面碰伤,应在返程前将升降台下移一段距离。

（4）在确定铣削方向时要注意两种情况:一是当工件和芯轴之间没有定位键时,要注意芯轴螺母是否会自动松开;二是工件在切削力的作用下,有相对芯轴作逆时针转动的趋向,由于端面摩擦力的关系,所以螺母也会跟着作逆时针转动而逐渐松开。

7.3.5　特殊形面铣削加工任务实施

1. 铣斜面

斜面就是工件上的一个表面与另一个相邻基准面相交成某种角度的平面,铣斜面与铣平面的原理一致。只是工件的切削位置或对工件的安装位置作相应的改变,以使斜面能达到准确的斜度。斜面的铣削一般有以下几种方法。

1）改变铣刀的切削位置铣斜面

如图 7-27 所示,采用这种形式通常在立式铣床上根据工件的斜度要求,将立铣头转动到相应角度,把斜面铣出来。这种方法铣削时,工作台必须横向进给,且因受到工作台横向行程的限制,铣削斜面的尺寸不能过长,若斜面尺寸过长,可利用辅助工具来进行铣削,因为工作台可以作纵向进给了。

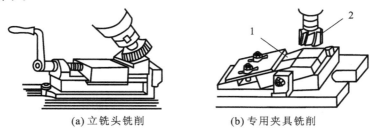

(a) 立铣头铣削   (b) 专用夹具铣削

图 7-27　改变铣刀的切削位置铣斜面
1—工件;2—立铣头

2) 使用角度铣刀铣斜面

如图 7-28 所示,直接用带角度的铣刀来铣削斜面,它所选用的铣刀角度要和工件的斜度相一致。由于角度铣刀的刀刃宽度有一定限制,所以,这种方法适用于较小尺寸的工件。

如图 7-29 所示,工件上有两个斜面时,可使两把角度铣刀进行组合铣削,选用的角度铣刀锥面刀齿的长度要大于工件的斜面宽度。采用组合铣刀铁斜面时,为了保证切削位置的准确,必须控制好铣刀间的距离。

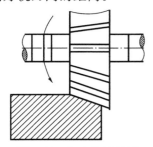

图 7-28　角度铣刀斜面

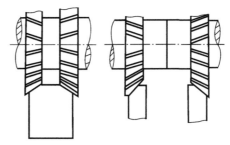

图 7-29　组合角度铣刀铣斜面

3) 改变工件的安装位置铣斜面

改变工件安装位置,采用在万向夹具上安装工件、在万能分度头上安装工件、使用辅助工具安装工件、利用机用平口台虎钳安装工件、将工件直接夹紧在工作台上等方法。

(1) 用万向夹具安装工件　万向夹具包括正弦钳、万向机用台虎钳、组合式角铁等,如图7-30 所示。万向台虎钳工作中,将铣刀安装在铣床主轴前端的铣刀杆上,万向台虎钳的旋转度数应依照工件的斜度要求来确定。在万向转台上安装工件铁斜面时,可根据需要,将工件转到任意角度。加工中,夹具的各部螺钉螺母注意拧紧。

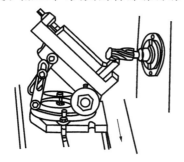

图 7-30　万向夹具铣斜面

（2）在万能分度头上安装工件　如图 7-31 所示，利用分度头安装工件铣斜面时，工件安装在三爪自定的卡盘内，按照斜度要求将分度头扳转一个倾斜角度，将斜度铣出来。

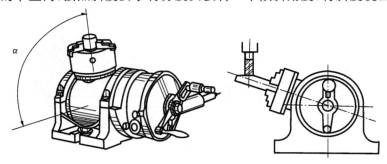

图 7-31　分度头安装工件铣斜面

（3）使用机用平口台虎钳安装工件　如图 7-32 所示，将工件安装在机用台虎钳上铣斜面的情况，工件呈倾斜位置，夹紧前用划线盘按照线痕将工件找正，然后进行切削。也可以通过转动钳座角度来铣斜面，但转动角度不能太大。

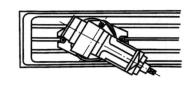

图 7-32　按照线印找正工件或转动虎钳铣斜面

（4）利用辅助工具安装工件　如图 7-33 所示，常使用的辅助工具有角度垫铁和角铁等。使用角度垫铁安装工件时，工件底面要与垫铁严密接触，工件用螺栓和压板夹紧。

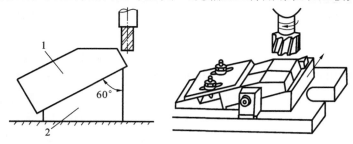

图 7-33　使用辅助垫铁铣斜面

1—工件；2—垫铁

2. 台阶面铣削加工步骤

（1）横向移动工作台，使铣刀在外，再上升工作台，使工件表面比铣刀刀刃高，但不能超过 16 mm。

（2）找正平口钳，装夹工件。

（3）开动机床，使铣刀旋转，并移动横向工作台，使工件侧面渐渐靠近铣刀。

（4）将横向工作台的刻度盘调整到零线位置，下降工作台，摇动手柄。使工作台横向移动 6.5 mm，并将横向固定手柄扳紧。

（5）调整铣削层深度，先渐渐上升工作台，一直到工件顶面与铣刀刚好接触。纵向退出工件,再上升 16 mm,并将垂直移动的固定手柄扳紧。接着即可开动切削液泵和机床,进行切削。

（6）在铣另一边的台阶时,铣削层深度可采取原来的深度,不必再重新调整。

在加工第一个工件时,可少铣去一些余量,然后根据测量的数据,进行第二次调整,并记录刻度值,再铣去余量。待第一个工件合格后,再铣其余的工件。

3. V 形槽的铣削

V 形槽与燕尾槽、T 形槽等沟槽都属于特种沟槽,它们的铣削方法也不一样。生产中用得较多的是 90°V 形槽,加工时,先采用锯片加工出窄槽,然后再用下列方法加工。

1）角度铣刀铣出 V 形槽

如图 7-34 所示,先用锯片铣刀将槽中间的窄槽铣出,窄槽的作用是使用角度铣刀铣 V 形面时保护刀尖不被损坏,同时,使与 V 形槽配合的表面间能够紧密贴合。铣削时,应注意使窄槽中心与 V 形槽中心相重合。

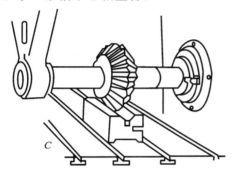
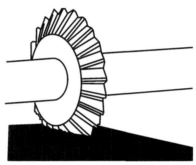

图 7-34　角度铣刀铣 V 形槽

2）改变铣刀切削位置铣 V 形槽

加工 V 形槽为 90°时,可用套式面铣刀铣削。利用铣刀圆柱面刀齿与端面刀齿互成垂直的角度关系,将铣头转动 45°,把 V 形槽一次铣出。加工中选择好铣刀直径,防止用小直径铣刀铣大尺寸 V 形槽,如图 7-35 所示。

如果 V 形槽夹角大于 90°,这时,可使用立铣刀。按照 V 形槽的一半的角度 θ 转动铣头先铣出一面,然后使铣头转动 2θ 的角度,将 V 形槽的另一面加工出来,如图 7-36 所示。

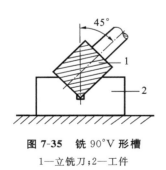
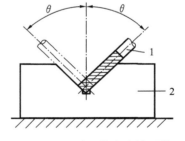

图 7-35　铣 90°V 形槽
1—立铣刀；2—工件

图 7-36　立铣刀转角度铣形槽
1—立铣刀；2—V 形槽

3）改变工件装夹位置铣 V 形槽

如图 7-37 所示,使用专用夹具改变工件安装位置铣 90°V 形槽的情况,这时,工件安装位置倾斜 45°,用三面刃铣刀或其他直角铣刀切削。在轴件上铣 V 形槽,轴件安装在万能分度头上,用盘形槽铣刀或三面刃铣刀切削。当铣刀中心线对正工件中心线后先铣出直角槽,然后,将工件按图中箭头方向旋转一个角度为 θ（θ 为 V 形槽角度的一半），同时，使工件台移动距离 B，铣出 V 形槽的一面后，在使工件反转 2θ 的角度，并使工作台反向移动 $2B$ 的距离，将 V 形槽的另一面铣出。

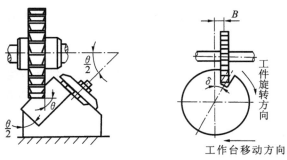

图 7-37　改变工件装夹位置铣 V 形槽

4. 燕尾槽的切削

带燕尾槽的零件在铣床和其他机械中经常见到，如车床导轨、铣床床身和悬梁相配合的导轨槽就是燕尾槽。

铣削燕尾槽要先铣出直角槽，然后使用燕尾槽铣刀铣削燕尾槽。图 7-38(a) 所示为内燕尾槽铣削，图 7-38(b) 所示为外燕尾槽铣削。铣削时燕尾槽铣刀刚度弱、容易折断，所以，在切削中，要经常清理切屑、防止堵塞。选用的切削用量要适当，并且要注意充分使用切削液。

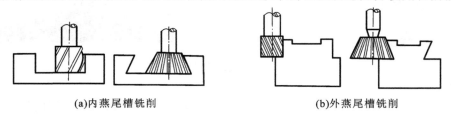

(a)内燕尾槽铣削　　　　　　　　　　(b)外燕尾槽铣削

图 7-38　铣削燕尾槽

铣削燕尾槽，在缺少燕尾槽铣刀的情况下，可以使用单角铣刀所代替进行加工，如图 7-39 所示。这时，单角铣刀的角度要和燕尾槽角度相一致，并且，铣刀杆不要露出铣刀端面，防止有碍切削。

批量生产中，可使用专用样板检查，如图 7-40 所示，要求精密测量时，必须使用检测内外燕尾槽的专用工具。

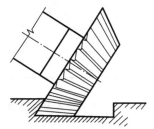

图 7-39　用单角铣刀切削

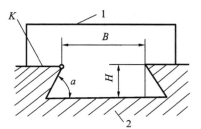

图 7-40　专用样板检测燕尾槽
1—样板；2—内燕尾槽工件

5. 铣削 T 形槽

铣 T 形槽的工件可在立式铣床上用 T 形槽铣刀铣削，如图 7-41 所示。

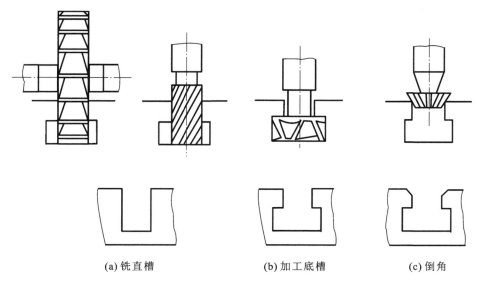

(a) 铣直槽　　　　　　　(b) 加工底槽　　　　　　　(c) 倒角

图 7-41　T 形槽的铣削方法

铣 T 形槽的加工步骤如下。

（1）在工件表面划上线痕，找对位置在正确装夹。

（2）可先用三面刃铣刀或立铣刀铣出直槽，然后用 T 形槽铣刀加工底槽。

（3）铣刀安装后，对准工件印痕，开始切削时，采用手动进给，铣刀全部切入工件后，再用自动进给进行切削。

（4）铣 T 形槽时，由于排屑、散热都比较困难，加之 T 形槽铣刀的颈部较小，容易折断，所以在铣削中要充分使用切削液，注意及时排除切屑，防止堵塞，并且不宜选用过大的铣削用量。

6. 螺旋槽铣削的加工步骤

（1）铣螺旋线必须在万能铣床上进行，每铣完一条螺旋线，分度后，才能接着铣下一条螺旋线。

（2）铣螺旋线要先使铣刀中心对正工件中心，为了保证工作台扳动后工件仍能与铣刀中心对正，分度头的定位键要嵌入工作台正中间的 T 形槽内。

（3）如图 7-42 所示，螺旋线的螺旋方向是由工件的进给方向和工件转动的方向决定的，铣右螺旋线应使工件逆时针方向旋转，工件自右向左进给；铣左螺旋线则相反。

（4）螺旋线的截面形状各种各样（如三角形、梯形、矩形等），所以，选用的铣刀也必须符合螺旋槽形状，在铣矩形螺旋槽时，只能用立铣刀，不能用三面刃铣刀；否则，铣刀齿会划破槽壁，改变铣出的沟槽形状。

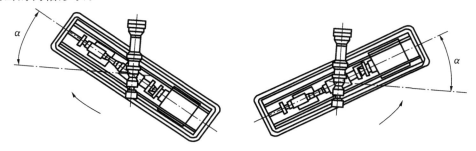

图 7-42　铣螺旋线工作台扳转方向和角度

【知识链接】

大批量加工斜面工件,通常使用专用的特种夹具。该夹具在设计和制作中,已经考虑到被加工工件对斜度的要求,所以,安装时不用进行找正,只要按照规定做好工件的定位工作就可以了,如图 7-43 所示。

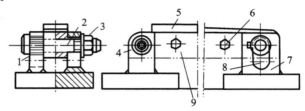

图 7-43　专用夹具铣斜面
1—刻度线;2—螺栓;3—螺母;4—支柱 1;5—工件;6—螺钉;7—支柱 2;8—长槽;9—横梁板

图 7-44 所示为一种组合式专用夹具。两个角铁用螺母固定在工作台上,工件安装在角铁上,每次夹紧两个工件。夹具斜度和工件所要求斜度相适应。

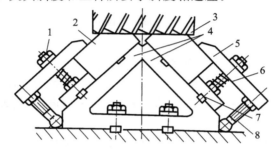

图 7-44　组合式夹具铣斜面
1—螺母;2—工件;3—铣刀;4—角铁;5—压板;6—弹簧;7—定位键;8—支承

7.4　齿轮齿形加工

齿轮在各种机械、汽车、船舶、仪器仪表中广泛应用,是传递运动和动力的重要零件。机械产品的工作性能、承载能力、使用寿命及工作精度等,均与齿轮的质量有着密切的关系。常用的齿轮有圆柱齿轮、锥齿轮、蜗杆与蜗轮等。

（1）铣齿　齿轮齿形的加工方法很多。但基本上分为成形法和展成法两类:成形法是利用刀刃形状和齿槽形状相同的刀具在普通铣床上切制齿形的方法,有铣齿、成形插齿、拉齿等,其中,最常用的方法是铣齿;展成法是利用齿轮刀具与被切齿轮的互相啮合运动而切出齿形的方法,有滚齿、插齿、衍齿等,其中最常用的方法是插齿和滚齿。成形法加工齿轮,其齿轮精度比展成法加工齿轮精度低,但它不需要专用齿轮加工机床和昂贵的展成刀具。

（2）插齿　用插齿刀按展成法加工内、外齿轮或齿条等的齿面的过程称为插齿。插齿刀实质上是一个端面磨有前角、齿顶及齿侧均磨有后角的齿轮。

（3）滚齿　用齿轮滚刀按展成法加工齿轮、蜗轮等的齿面称为滚齿。滚齿是齿形加工方法中生产率较高、应用最广的一种加工方法。在滚齿机上用齿轮滚刀加工齿轮的原理,相当于一对螺旋齿轮进行无侧隙强制性的啮合。滚齿加工的通用性较好,既可加工圆柱齿轮,又能加工蜗轮;既可加工渐开线齿形,又可加工圆弧、摆线等齿形;既可加工大模数齿轮,大直径齿轮。

7.4.1　铣齿加工的特点

1. 生产成本低

加工方便,成本低,在普通铣床上即能完成齿面加工,模数铣刀结构简单,制造容易。

2. 加工精度低

由于刀具存在原理性的齿形误差,以及铣齿时工件、刀具的安装误差和分齿误差,铣齿的精度较低,一般为 9～10 级的精度。

3. 生产率低

铣齿时,由于每铣一个齿槽均须重复进行切入、切出、退刀和分度等工作,辅助时间长,因此生产率低。

7.4.2　插齿

1. 插齿机

插齿机主要用于加工直齿圆柱齿轮,尤其适用于加工在滚齿机上不能滚切的内齿轮和多联齿轮。

图 7-45 所示为 Y5132 型插齿机外形。它由床身、立柱、刀架、主轴、工作台、挡块支架、溜板等部件组成。Y5132 型插齿机加工外齿轮最大分度圆直径为 320 mm,最大加工齿轮宽度80 mm;加工内齿轮最大外径为 500 mm,最大宽度为 50 mm。

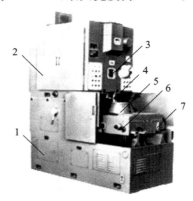

图 7-45　Y5132 型插齿机
1—床身;2—立柱;3—刀架;4—主轴;5—工作台;6—挡块支架;7—溜板

加工直齿圆柱齿时,插齿机应具有如下运动。

(1) 主运动　插齿机的主运动是插齿刀沿其轴线所作的直线往复运动。在一般立式插齿机上,刀具垂直向下时为工作行程,向上为空行程。主运动以插齿刀每分钟的往复行程次数来表示,即双行程/分钟。

(2) 展成运动　加工过程中插齿刀和工件必须保持一对圆柱齿轮的啮合运动关系,即在插齿刀转过一个齿时,工件也转过一个齿。工件与插齿刀所作的啮合旋转运动即为展成运动。

(3) 圆周进给运动　圆周进给运动是插齿刀绕自身轴线的旋转运动,其旋转速度的快慢决定了工件转动的快慢,也直接关系到插齿刀的切削负荷、被加工齿轮的表面质量、机床生产率和插齿刀的使用寿命。圆周进给运动的大小,即圆周进给量,其单位为毫米/双行程。

(4) 径向切入运动　开始插齿时,如插齿刀立即径向切入工件至全齿深,将会因切削负荷过大而损坏刀具和工件。工件应逐渐地向插齿刀作径向切入,径向进给量是以插齿刀每次往复行程,工件径向切入距离来表示,其单位为毫米/双行程。

(5)让刀运动　插齿刀空行程时,为了避免擦伤工件齿面和减少刀具磨损,刀具和工件间应让开一小段距离,而在插齿刀向下开始工作行程之前,又迅速恢复到原位,以便刀具进行下一次切削,这种让开和恢复原位的运动即为让刀运动,它是由安装工件的工作台移动来实现的。

2. 插齿工艺特点

(1)加工精度高　插齿刀的制造、刃磨和检验都比齿轮滚刀简便,易于保证制造精度,但插齿机分齿运动的传动链接较滚齿机复杂,传动误差较大,因此,插齿的加工精度比铣齿高,与滚齿相比,一般为 8～7 级,齿面的 Ra 值一般为 $1.6～0.8\ \mu m$,小的可达 $0.4～0.2\ \mu m$。

(2)生产效率低　插齿刀往复运动有返回行程,即为断续切削,运动方向的改变存在死点而影响速度的提高,因此,在一般情况下,其生产率低于滚齿的。

(3)适用性较好　适于加工内、外啮合的直齿圆柱齿轮、多联齿轮、扇形齿轮和齿条。用插齿方法加工斜齿轮需要有专用靠模,极不方便。

7.4.3　滚齿

1. 滚齿机

滚齿机是齿轮加工机床中应用最广泛的一种机床,主要用于加工直齿和斜齿圆柱齿轮,此外,使用蜗轮滚刀时,也可用于加工花键轴及链轮等。

如图 7-46 所示,滚齿机由床身 1、立柱 2、刀架溜板 3、滚刀架 5、后立柱 8 和工作台 9 等主要部件组成,立柱固定在床身上。刀架溜板带动滚刀架和沿立柱导轨作垂向进给运动或快速移动,滚刀安装在刀杆 4 上,由滚刀架的主轴带动作旋转主运动,滚刀架可绕自己的水平轴线转动,以调整滚刀的安装角度。工件安装在工作台的心轴 7 上或直接安装在工作台上,随同工作台一起作旋转运动。后立柱上的支架 6 可通过轴套或顶尖支承工件心轴的上端,以提高滚切工作的平稳性。

图 7-46　Y3150E 型滚齿机外形
1—床身;2—立柱;3—刀架溜板;4—刀杆;5—滚刀架;6—支架;7—心轴;8—后立柱;9—工作台

2. 滚齿加工特点

(1)加工精度高　滚齿是利用展成原理的齿轮加工的方法,与铣齿相比,没有原理性齿形误差,因此,加工精度比铣齿高,一般为 8～7 级,高的到可达 5～4 级;齿面的表面粗糙度 Ra 值为 $3.2～0.8\ \mu m$,最小可达到 $0.4\ \mu m$。

（2）生产率高　　滚齿是多刃刀具的连续切削加工，其生产率在一般情况下比铣齿、插齿的高。

（3）滚刀通用性强　　每一模数的滚刀可以滚切同一模数任意齿数的齿轮。

（4）适用性好　　适于滚制直齿、斜齿圆柱齿轮和蜗轮，但不能加工内齿轮，且不适宜间距较近的台阶齿轮的滚切。

7.4.4　滚齿加工任务实施

1. 铣齿加工方法

如图 7-47 所示，铣齿是用成形齿轮铣刀在铣床上直接切削出齿轮的方法。在卧式铣床上，利用万能分度头和尾架顶尖装夹工件，用与被切齿轮模数相同的盘状模数铣刀铣削，每切削完一个齿槽，用分度头按齿数进行分度，才能铣下一个齿槽。

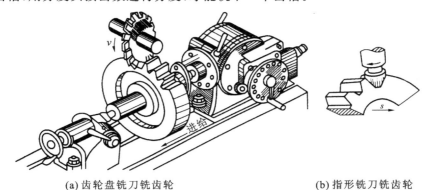

(a) 齿轮盘铣刀铣齿轮　　　　　　　　　　　　　(b) 指形铣刀铣齿轮

图 7-47　铣齿轮

2. 插齿加工方法

如图 7-48 所示，插齿是按展成法原理来加工齿轮的，是利用一对圆柱齿轮相啮合来加工齿面。插齿时，插齿刀沿工件轴向作直线往复运动以完成切削主运动，在刀具和工件轮坯作"无间隙啮合运动"过程中，在轮坯上渐渐切出齿廓。加工过程中，刀具每往复一次，仅切出工件齿槽的一小部分，齿廓曲线是在插齿刀刀刃多次相继的切削中，由刀刃各瞬时位置的包络线所形成的。

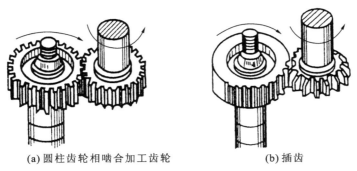

(a) 圆柱齿轮相啮合加工齿轮　　　　　　　　　　(b) 插齿

图 7-48　插齿的工作原理

3. 滚齿加工方法

如图 7-49 所示，滚齿的工作原理蜗轮与蜗杆的工作原理类似。滚刀的形状相当于一个蜗杆，为了形成切削刃，在垂直于螺旋线的方向开出沟槽，并经铲齿。刀齿具有前角与后角，成为齿轮滚刀,如图 7-50 所示。沿着滚刀刀槽的一排刀齿,在滚刀的螺旋线法向截面上,其切削刃近似于齿条的齿形。滚切时,就像一个无限长的齿条在缓慢移动,滚刀与工件的相对运动可以假想为齿条和齿轮的啮合,滚刀的刀齿又沿着螺旋线的切线方向进行切削,实现在齿坯上切出齿廓的运动。齿条与同模数的任意齿数的渐开线齿轮部能正确啮合,所以滚刀滚切同一模数的任意齿数的齿轮,均可加工出所需齿廓的齿轮。

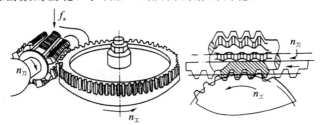 

　　　　　　图 7-49　滚齿工作原理　　　　　　　　　图 7-50　齿轮滚刀

【知识链接】

提高滚齿生产率的途径如下。

1. 高速滚齿

近年来,我国已开始设计和制造高速滚齿机,同时生产出铝高速钢(Mo5Al)滚刀。滚齿速度 v 由 30 m/min 提高到 100 m/min 以上,轴向进给量 f 为 $1.38\sim2.6$ mm/r,使生产率提高 25%。

国外用高速钢滚刀滚齿速度已提高到 $100\sim150$ m/min;硬质合金滚刀已试验到 400 m/min以上。总之,高速滚齿具有一定的发展前途。

2. 采用多头滚刀

多头滚刀可明显提高生产率,但加工精度较低,齿面粗糙,因而多用于粗加工中。当齿轮加工精度要求较高时,可采用大直径滚刀,使参加展成运动的刀齿数增加,加工齿面粗糙度较低。

3. 改进滚齿加工方法

(1) 多件加工　将几个齿坯串装在心轴上加工,可以减少滚刀对每个齿坯的切入切出时间及装卸时间。

(2) 采用径向切入　滚齿时滚刀切入齿坯的方法有两种:径向切入和轴向切入。径向切入比轴向切入行程短,可节省切入时间,对大直径滚刀滚齿时尤为突出。

(3) 采用轴向窜刀和对角滚齿　滚刀参与切削的刀齿负荷不等,磨损不均,当负荷最重的刀齿磨损到一定程度时,应将滚刀沿其轴向移动一段距离(即轴向窜刀)后继续切削,以提高刀具的使用寿命。对角滚齿是滚刀在沿齿坯轴向进给的同时,还沿滚刀刀轴向连续移动,两种运动的合成,使齿面形成对角线刀痕,不仅降低了齿面粗糙度,而且使刀齿磨损均匀,提高了刀具的使用寿命和耐用度。

铣床是继车床之后发展出来的一种工作母机,铣床的生产效率很高,又能加工各种形状和一定精度的零件,因此在机械制造中得到广泛应用。在机械信息化的今天,传统的铣床操作工还必须要掌握数控铣床或者数控加工中心的技能与操作。

第8章 刨工实训

【学习目标】
(1) 了解刨床的加工范围。
(2) 了解各种刨床的基本工作原理。
(3) 刨床工作时切削用量的选择。
(4) 了解刨刀的种类、结构、主要几何参数及作用。
(5) 初步掌握刨平面,刨槽等基本知识。

【能力目标】
(1) 熟悉刨床种类,并合理选用刨床进行加工。
(2) 合理选用各种刨刀进行刨削加工。
(3) 刨刀磨损后,能对刨刀进行刃磨。
(4) 熟练掌握刨床的操作方法。
(5) 选用工具、量具对加工工件进行测量,并做好量具维护。

【内容概要】
刨工的工作任务是用刨刀在刨床上对工件进行切削加工。刨削加工的内容有水平面、垂直面、斜面、直角槽、V形槽、燕尾槽以及齿条和低精度大模数齿轮等。

8.1 刨床及加工范围

刨床和插床两者很相似,所以,刨床的工作原理和加工内容、刨刀及其切削原理、刨床夹具和工件的安装与定位,以及各种切削方法等,在插床上工作时都可以借鉴和选用,此处就不予赘述。

(1) 概述　刨削是单件小批量生产的平面加工最常用的加工方法,加工精度一般可达IT9～IT7级,表面粗糙度 Ra 为 12.5～1.6 μm。在刨床上刨削时,采用各种不同的刨刀,可以完成水平面、竖直面、倾斜面、台阶面、曲面、燕尾面、T形槽、键槽等表面的加工。

(2) 常用刨削类机床　刨削类机床常用的有牛头刨床、龙门刨床和插床等,刨削加工可以在牛头刨床和龙门刨床上进行。单件小批量生产中的中小型零件通常多在牛头刨床上进行,而在刨床上难以加工的内、外表面或槽类(如孔内键槽等)工件可用插床来加工。

8.1.1 刨削类机床的基本知识

1. 刨削加工范围和工艺特点

1) 刨削加工范围

刨床适合在多品种、单件小批量生产中,用于加工各种平面、导轨面、直沟槽、T形槽、燕尾槽等。如果配上辅助装置,还可以加工曲面齿轮、齿条等工件,如图 8-1 所示。

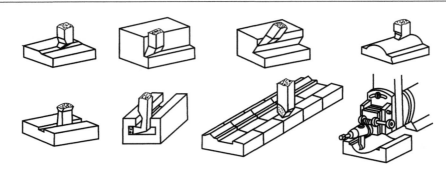

图 8-1　刨床的加工范围

2）刨削加工的工艺特点

（1）刨床结构简单、操作方便；刨刀的制造和刃磨容易、价格低廉，其加工成本较低。

（2）刨削速度不应过快，因为换向瞬间运动反向惯性很大，而由于刨削速度低并且有一定的空行程，产生的切削热不高。

（3）由于切削是断续的，每个往复行程中刨刀切入工件时，受较大冲击力，刀具易磨损，加工质量较低。

（4）返回行程刨刀一般不切削，造成空运行时间损失，使生产效率较低。

2. 常用刨削类机床

1）牛头刨床

牛头刨床多用于刨削长度不超过 1 m 的中小型工件。它完成刨削工作有三个基本运动，即主运动、进给运动和辅助运动。刨削时，滑枕带着刀架上的刨刀作直线往复运动，是主运动。滑枕前进时刨刀对工件进行切削，返回时刨刀不切削工件；被切削工件装夹在工作台上，通过进给机构使工作台在横梁上作间歇式直线移动，这是进给运动。辅助运动是横梁连同工作台沿床身导轨作上下升降和刀架带动刨刀作上下垂直移动，如图 8-2 所示。

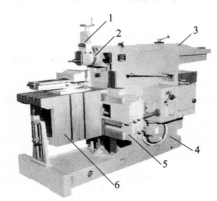

图 8-2　牛头刨床

1—刀架；2—转盘；3—滑枕；4—床身；5—横梁；6—工作台

2）龙门刨床

龙门刨床的工作情况与牛头刨床不一样，它以工作台的直线往复移动为主运动，而刨刀的间隙式进刀移动是进给运动。由于龙门刨床工件台的刚性好，所以，在被加工工件的质量不受限制，它可以承受大质量和大尺寸工件，也可在工作台上依次装夹数个工件同时进行加工。它往往还附有铣头和磨头等部件，以便使工件在一次安装中完成刨、铣及磨平面等工作。如图

8-3 所示为龙门刨床,它主要由床身 1、工作台 2、横梁 3、垂直刀架 4、顶梁 5、立柱 6、进给箱 7、减速箱 8 和侧刀架 9 等部件组成。

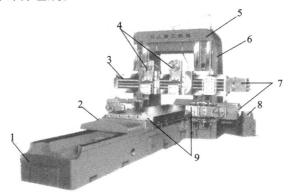

图 8-3 龙门刨床

1—床身;2—工作台;3—横梁;4—垂直刀架;5—顶梁;6—立柱;7—进给箱;8—减速箱;9—侧刀架

3)插床

插床与插齿机不同,这是两种完全不同的机床。插床实质上是立式牛头刨床,如图 8-4 所示。插床的滑枕是沿垂直方向做上下直线往复运动,插床工作台除了作纵向和横向的进给运动外,还可作回转运动,以完成圆弧形表面的加工。插床主要用于加工工件的内表面,如内孔键槽及多边形孔等,有时也用于加工成形内外表面。插床的生产率较低,一般只用于单件小批量生产。

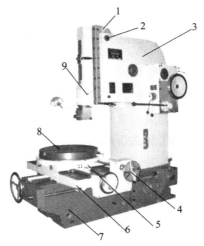

图 8-4 插床

1—滑枕导轨座;2—销轴;3—立柱;4—分度装置;5—床鞍;

6—溜板;7—床身;8—圆工作台;9—滑枕

8.1.2 基本刨削任务实施

1. 合理选用切削液

切削液除了可降低切削温度、减小切屑变形和使刀具磨损降低外,另一个作用就是减少切屑、工件与刀具之间的摩擦,因而也减小了切削阻力。图 8-5 所示为在相同切削条件下,采用不同切削液所形成的不同切削力情况。

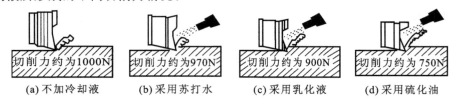

(a) 不加冷却液	(b) 采用苏打水	(c) 采用乳化液	(d) 采用硫化油
切削力约为1000N	切削力约为970N	切削力约为900N	切削力约为750N

图 8-5 采用不同的切削液所形成的不同切削力

2. 刨削用量选择

刨削加工中,主运动和进给运动的数值是用切削用量来表示的,切削用量包括切削速度、进给量和背吃刀量,称为切削用量三要素。

1) 切削速度 v

刨削加工时,刨刀切削刃上的某点相对于待加工表面在主运动方向上的瞬时速度,为切削速度。在龙门刨床上指工作台移动速度,在牛头刨床或插床上指滑枕移动的速度(m/min)。

2) 切削深度 a_p

背吃刀量为工件已加工表面与待加工表面的垂直距离(mm)。

3) 进给量 f

刨刀(牛头刨床上加工)或工件(龙门刨床上加工)每往复一次,刨刀或工件在进给运动方向上的位移量,即为进给量(mm)。

4) 切削用量的选择原则

合理地选择切削用量,对充分发挥刨刀的切削性能和提高生产效率都有重要的意义。刨削时采用的切削用量,应在保证工件的加工要求和刨刀耐用度的前提下,获得最高的生产效率。在一般情况下,切削用量的选择次序是:先选择大的切削深度,再选较大的进给量,最后再选大的切削速度。

【知识链接】

在刨削过程中,金属工件表面受到刀具的挤压力,工件被压凹下去一块,当退出刀来,工件不能恢复到原来的形状和尺寸了。如果刀具对金属材料继续施以挤压力,切削层就会产生挤裂和切离而变为切屑。切削层的金属变为切屑,要经历挤压、滑移、挤裂和切离的四个阶段,如图 8-6 所示。

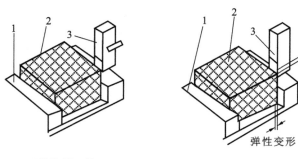

(a) 刀具挤压工件 (b) 刀具退出来

图 8-6 金属切削中的弹性变形

1—夹具;2—工件;3—刀具

钳工用锉刀锉削工件,为了锉掉一层金属,必须用劲,这个"劲"就是切削力。

8.2　刨 削 加 工

刨削加工是指以刨刀（或工件）的水平往复直线运动为主运动,和方向与之垂直的工件（或刨刀）的间歇移动为进给运动相配合,切去工件上多余的金属层的一种加工方法。

（1）刨刀　刨刀是刨床上切削工件的刀具,合理选用刨刀和掌握刨刀的使用方法,对刨削加工的工作质量和生产效率有着直接的影响。

（2）刨削平面　在任意方向上都呈直线的表面称为平面,刨削平面是刨削过程中的一个最基本的加工形式。

（3）刨削沟槽类工件　工件上的普通沟槽和 V 形槽、T 形槽、燕尾槽,以及低精度外花键等都可以在刨床上刨削。

8.2.1　刨刀

1. 刨刀的种类

每把刨刀的刀头上,都有前刀面、主后刀面、副后刀面,磨出过渡刃的刨刀还有相应的过渡后面。刨刀的结构与车刀相似,其几何角度的选取原则也与车刀基本相同。但由于刨削过程中的冲击,所以刨刀的前角比车刀的要小,根据刨刀不同的切削情况,通常把刀头前面做成不同的形状,如加工铸铁件时,崩碎的切削冲击力较大,常将刀头前面做成平直形,以增加刀头强度。按刨刀加工内容不同,可以分为以下几类,如图 8-7 所示。

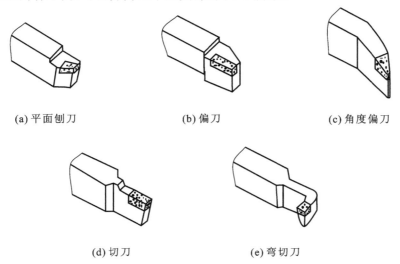

(a) 平面刨刀　　　　(b) 偏刀　　　　(c) 角度偏刀

(d) 切刀　　　　(e) 弯切刀

图 8-7　刨刀的种类

2. 常用刨刀材料及其性能

刨工在刨床上切削工件,刨刀的选择很关键。目前,刨床上使用的刨刀材料有高速钢和硬质合金,同时推广使用的有陶瓷刀具材料、立方氮化硼刀具材料和人造金刚石等。推广使用的刀具材料多属于超硬材料,用于高硬度工件或精密加工。在进行一般工件和普通金属材料刨削时,大量使用的还是高速钢和硬质合金。刨刀结构形式有整体式和组合式,如图 8-8 所示的可调式双刃刨刀属于组合式刨刀,它能够补偿刀具的磨损。

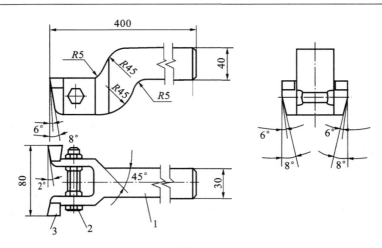

图 8-8　加工沟槽可调式双刃刨刀

1—刀体；2—螺栓；3—刀片

1）高速钢

高速钢材料就是在合金钢的成分中，多增加一些钨、钼、铬、钒等元素，这样，它的强度就会提高，不会发脆，耐磨性也提高了。它在热处理后硬度可达 62～66 HRC，抗弯强度约为 3.3 GPa，在 500～650 ℃时仍能进行切削。

2）硬质合金

硬质合金是由碳化钨、碳化钛和钴等粉末，经过高压成形，再放在高温的炉子中烧结出来的。硬质合金很硬，而且能耐 850～1 000 ℃的高温，硬质合金刨刀切削速度比高速钢刨刀提高 5～10 倍。但是，硬质合金比高速钢脆很多，强度只相当于高速钢的三分之一左右。

（1）钨钴类硬质合金　由碳化钨和钴组成，硬质合金中含钴量越高，韧度越高，且耐磨性好，因此，用它来加工冲击性较大的材料工件和铸铁材料工件是比较好的。

（2）钨钛钽（铌）类硬质合金　在前一类硬质合金中加入 TaC 或 NbC，这样，可提高抗弯强度、疲劳强度、冲击韧度、抗氧化能力、耐磨性和高温硬度等。它既可以加工脆性材料，又可加工塑性材料。

硬质合金刀片的价格很贵，所以要注意节约使用，如果把不同种类的硬质合金混放在一起，或对刀片的牌号模糊不清，这时，要想办法进行辨别，否则，会影响加工效果和效率，同时也造成浪费。

8.2.2　刨削平面

1. 刨削平面的加工方法

（1）准备加工某一个工件时，应先熟悉图样，看清图中所表达的各项内容，再安排加工步骤。

（2）测量毛坯工件，了解刨削余量，确定哪一面该刨掉多少，对于粗糙不平的表面应多刨去些，较平整的表面应少刨去些。经每道工序加工出的半成品，都要给下道工序留出一定的加工余量。

（3）按照前面所要求的方法装夹刨刀。一只手扶住刨刀，另一只手由上而下或倾斜向下地拧转螺钉，将刨刀夹紧或松开，但用力方向不要由下向上，以防止刀架装刀板撬起而影响操作。

（4）尺寸较小的工件可直接装夹在机用平口台虎钳或其他夹具上，尺寸大的工件可直接装夹在刨床工作台上,装夹薄板类工件时,夹紧力不要过大;否则,刨削后工件会凸起。

(5)刨刀安装好后,调整刨床,根据刨削速度来确定滑枕每分往复次数,再根据夹好工件的长度和位置来调整滑枕的行程长度和行程起始位置。

(6)开车对刀,使刀尖轻轻地擦在加工平面表面上,观察刨削位置是否合适,如不合适,需停车重新调整行程长度和起始位置。刨削背吃刀量为 0.2～2 mm,进给量为 0.33～0.66 mm(即棘爪每次摆动拨动棘轮转过一个或两个齿)。

(7)去毛刺倒棱角,并精度检验。

2. 刨削平面加工中出现的问题及解决方法

刨平面中,由于刨床、刨刀、夹具以及加工情况复杂多变,因此,出现的问题和不正常现象也是多种多样的。

(1)刨削中产生振动或颤动,会在加工表面出现条纹状痕迹,它恶化了表面质量,影响了表面粗糙度,给加工带来一定影响。形成这种情况原因和防止方法如下。

① 运动部件间隙大,引起刨床运动不平衡。通过消除或调整刨床的配合间隙,提高刨床、夹具、刨刀的刚性,增加刨床运转稳定性。

② 工件的加工余量不均匀,造成断续性带冲击性的切削。解决方法是采用锐利的大前角刨刀,并尽量使工件表面加工余量均匀。

③ 刨床的地脚螺栓松动或损坏,或者地基损坏,而致使刨床安装刚性差。解决的方法是拧紧或维修地脚螺栓,地基损坏则应修复。刨床安装牢固了,才能使切削顺利。

④ 切削用量选择太大。应及时调整和正确选择切削用量。

⑤ 工件材料硬度不均匀。解决方法是对工件进行退火处理,并改变刨刀的角度,增大刨刀前角、后角、主偏角或减小刀尖圆弧半径等。

⑥ 工件安装刚性差,或装夹不稳固时,采用合理正确的装夹方法,保证工件装夹稳定可靠。

⑦ 刀杆伸出太长。解决方法是:刀杆不宜伸出太长或采用增加刀杆的横截面积的方法。在刨床上工作,应尽可能使用弯柄刨刀。

⑧ 刨床本身精度低,部件磨损严重。解决的方法是利用维修、调整刨床的方法使之达到精度要求。

(2)精刨表面如果出现有规律的直波纹,则是由于切削速度偏高,刨刀前角过小,刃口不锋利或由于外界震动等方面引起的。若是选择刀具方面的原因就应选择弹性弯头刨头杆。

(3)刨削薄板工件时,工件在各个方向上弯曲不平,这是因为装夹工件中夹紧力太大,或装夹不牢固,使工件切削时产生弹性变形,切削力过大,产生切削热太高,工件出现形变和内应力,应该在加工中有效避免,且装夹要合理。

(4)刨平面时出现"扎刀"现象,这是由于刀架丝杠与螺母间的间隙过大,或安装刨刀架连接板处的间隙过大或滑枕等部分的配合间隙太大而引起的。操作中应定期进行检查和合理调整。

(5)如图 8-9 所示,刨出的平面局部上产生"深啃"的现象,出现这种情况是因为大斜齿圆柱齿轮上曲柄销螺杆一端的螺母松动。在操作中要注意刨床运转时的声音,如听到咯吱咯吱的声音,就说明背帽松动了,应该立即停车,揭开床身上的护盖,用扳手将它拧紧。

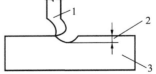

图 8-9 刨削中出现"深啃"现象
1—刨刀;2—深啃槽;3—工件

3. 平面检测方法

1) 平面度检测方法

（1）如图 8-10 所示，在基准平板上，用百分表平稳移动，检测出平面度误差。当精度要求很高时，由钳工对基准平板进行刮削，以保证其精度。

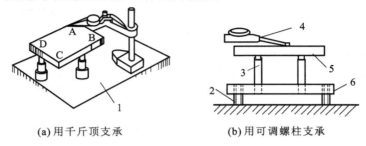

(a) 用千斤顶支承　　　　(b) 用可调螺柱支承

图 8-10　调平比较法检测平面度

1—基准平板；2—螺柱支承；3—圆柱支承；4—百分表；5—工件；6—标准平板

（2）如图 8-11 所示，使用框式水平仪从一端测到另一端，测量时要逐段依次进行，做好记录，并计算其误差值。

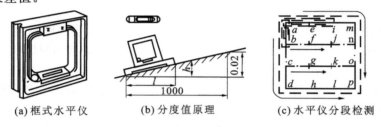

(a) 框式水平仪　　　(b) 分度值原理　　　(c) 水平仪分段检测

图 8-11　框式水平仪和读数原理

（3）在被检测表面上薄薄地涂上一层红丹油之类的颜色，将平板尺的工作面扣在被检测平面上来回拖动，轻微研磨，根据两者着色点分布和接触情况，来判别被检验表面的平面度误差。

2) 直线度检测方法

（1）如图 8-12 所示，用刀口形直尺与被测表面接触，并朝刀口垂直方向轻轻摆动直尺，观察两者接触后缝隙透光情况，透光的缝隙即是被检测表面直线度误差。缝隙小于 $0.5\sim1$ μm 时，看不见透光；缝隙大于 $0.5\sim1$ μm 时，可见蓝光；缝隙大于 $1\sim1.5$ μm 时，可见红光；缝隙大于 2.5 μm 时，可见白光。

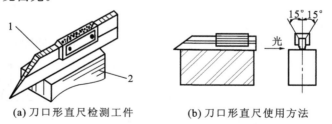

(a) 刀口形直尺检测工件　　　(b) 刀口形直尺使用方法

图 8-12　刀口形直尺检测直线度

1—刀口形角尺；2—工件

（2）被测表面的直线度误差较大时，可使用塞尺进行检测。将被测平面和标准平板的工作面接触，用塞尺塞入缝隙，当松紧适宜时，这片塞尺的厚度即是被测表面的直线度误差。

8.2.3 刨削沟槽类工件

在刨削过程中或对沟槽加工完毕后，都要对其宽度、深度和平行度，以及键槽对称度进行检查，以掌握加工情况和质量情况。

1. 沟槽宽度的检查

刨削数量不多的一般沟槽，可使用游标卡尺检测宽度。测量中，游标卡尺要放正，否则，测出的尺寸就不准确。比较精密的沟槽用内径千分尺进行检测。批量加工中，常使用界限量规或塞规进行测量，分别如图 8-13、图 8-14 所示。

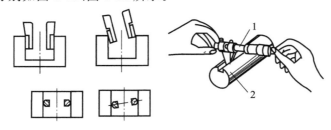

图 8-13   游标卡尺和内径千分尺测量沟槽宽度
1—内测千分尺；2—工件

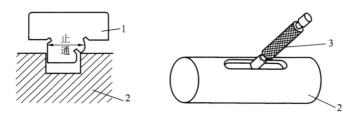

图 8-14   界限量规和塞规检测沟槽
1—界限量规；2—工件 ；3—塞规

2. 沟槽深度的检测

如图 8-15 所示，沟槽深度常用深度游标卡尺直接测出。刨键槽时，较好测量方法是在量具内放上一个比键槽深度大的量块或其他光洁的标准方铁块，测出的距离减去量块高度就是键槽底面至圆柱的尺寸 H，工件外径减去 H 尺寸就是键槽深度，如图 8-16 所示。

3. 键槽对称度的检测

普通平键槽的对称度即键槽在轴件上相对中心位置的准确程度。刨削时，如果刨刀与工件轴心线相对位置不正确，刨出的键槽就会偏离正确位置。

普通键槽的对称度可使用如下方法进行检测。先检查轴端面的中心线位置是否准确，如果准确，然后在工作台上放上百分表座（在刨床上刨完键槽后不用卸下工件），使百分表测头接触键槽两壁槽口边缘，沿轴向移动百分表座，检查在键槽全长内，槽口两边缘是否等高，如果不等高，说明键槽中心位置偏离。

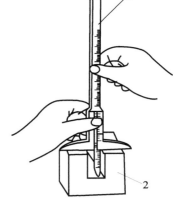

图 8-15   深度游标卡尺测量沟槽
1—游标深度卡尺；2—工件

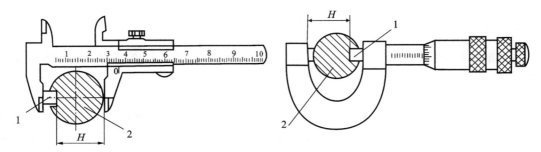

图 8-16　量块辅助测量键槽深度
1—量块；2—工件

8.2.4　刨削槽类工件任务实施

1. 刨刀的安装与拆卸

安装前,应先检查选用的刨刀是否合理,其安装步骤如下。

(1) 刨刀安装　将选择好的刨刀插入夹刀座的方孔内并用紧固螺钉压紧。刨平面时刀架和刀座都应在中间垂直的位置上,如图 8-17 所示。

(2) 调整刨刀伸出长度　刨刀在刀架上不能伸出太长,以免加工时发生振动或折断,如图 8-18 所示。直头刨刀伸出长度,一般不宜超过刀杆厚度的 1.5～2 倍,弯头刨刀一般应稍长于弯头部分。

(3) 卸刀　卸刀时,用一只手扶住刨刀,另一只手从上向下或倾斜向下振动刀夹螺栓,夹紧或松开刨刀。

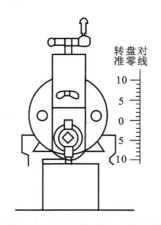

图 8-17　刨平面时刨刀的安装

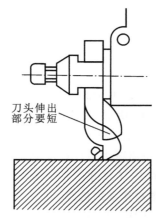

图 8-18　刨刀的伸出长度

2. 刨削斜面

刨削斜面的方法,一是改变工件安装位置,二是倾斜刀架改变走刀方向。

1) 改变工件安装位置

(1) 倾斜装夹工件法　如图 8-19 所示单件加工时,可使用机用平口台虎钳,将工件倾斜一个角度装夹,然后用划线盘按线印把工件找正后即可加工。

(2) 使用角度垫铁法　将角度垫铁放在机用台虎钳上,然后将工件放在角度垫铁上,将工件夹紧即可进行加工,但斜度应与工件所要求斜度一致,分别如图 8-20、图 8-21 所示。

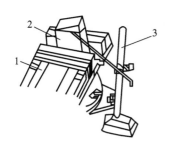

图 8-19 倾斜角度装夹工件
1—台虎钳；2—工件；3—划线盘

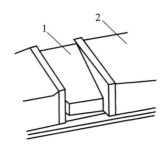

图 8-20 台虎钳上使用角度垫铁装夹工件
1—角度垫铁；2—台虎钳

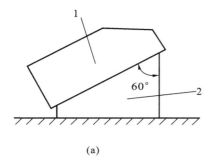

(a)

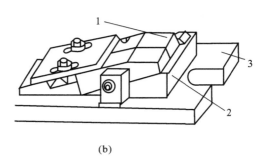

(b)

图 8-21 使用角度垫铁装夹工件
1—工件；2—角度垫铁；3—底座

（3）使用专用夹具法 图 8-22 所示为刨斜面工件时使用专用夹具的情况。两个角铁螺母固定在刨床工作台上，通过压板和螺栓将工件夹紧在角铁上。夹具的斜度和工件所要求的斜度相适应，利用这种夹具一次可加工两个工件，适用于批量加工。

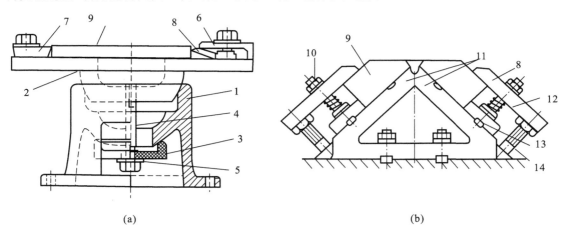

(a)   (b)

图 8-22 使用专用夹具装夹工件
1—底座；2—托板；3—碗形压板；4—大螺钉；5—垫圈；6、8—压板；7—定位挡板；
9—工件；10—螺母；11—角铁；12—弹簧；13—定位键；14—支承

2）倾斜刀架位置刨斜面

如图 8-23 所示，按照所加工斜面的斜度要求，将刀架转动一个角度，这样在进刀时，手动摇转刀架上的手把来完成。一般使用该方法是用手动进刀，不宜掌握得那么均匀，所以常在粗刨和半精刨中使用。

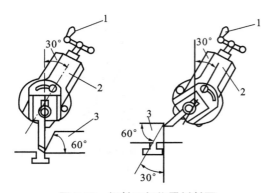

图 8-23　倾斜刀架位置刨斜面
1—手把；2—刀架；3—工件

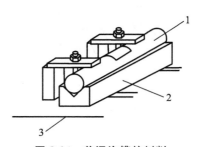

图 8-24　普通沟槽的刨削
1—轴件；2—V形铁；3—工作台

3. 普通直角沟槽加工

1）轴件上刨普通沟槽

如图 8-24 所示是在轴件外圆上刨普通沟槽的情况。它使用压板和螺栓将轴件装夹在 V 形铁上。在轴件端面刨沟槽时，可将工件直接装夹在刨床工作台的侧面，由于工作台的侧面与上平面互相垂直，所以，能保证加工要求。

2）在工件平面刨削普通沟槽

如图 8-25 所示为刨削精度较高的沟槽。批量加工小尺寸工件上的沟槽时，可采用多件装夹的形式进行刨削。工作时，将夹具固定在刨床工作台上，工件穿在心轴上，锁紧螺母，再逐个刨削加工，如图 8-26 所示。

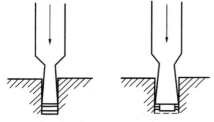

(a) 整体式粗刨刀　　(b) 整体式精刨刀

图 8-25　刨削精度要求较高的沟槽

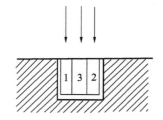

图 8-26　粗刨较宽沟槽的顺序

如图 8-27 所示，大型工件上的沟槽一般在龙门刨床上进行。将高强度的刀杆固定在刀架上，刀杆下端使用铰链安装一个在弹簧压力下的抬刀板，以在回程中把刨刀抬起。抬刀板由焊在其两侧的导销在定板内导向。松开螺母，刨刀和抬刀板、定板可一起转动方向（见图中双点画线所示的位置），以刨削工件内的各个槽面。

3）轴件上键槽刨削方法

轴类工件一般使用 V 形铁进行装夹，较长的轴类工件可直接装夹在刨床工作台上，如图 8-28 所示。当拧紧夹紧铁块上的两个螺钉时，即可将轴件固定。单件或少量加工时，还可以在机用平口台虎钳上，使用 V 形活动钳口或利用平行活动钳口进行装夹，如图 8-29 所示。

在轴类工件上刨键槽，无论用哪种装夹方法，都要确定好切削位置，使工件轴心线与滑枕运动方向平行，一般在安装工件时进行找正，如图 8-30 所示。比较粗糙的轴件，可在外圆处划出键槽位置的线印，同时在轴端部也划出找正线印，用 90°角尺或划线盘找正位置后，将轴件夹紧即可进行切削。

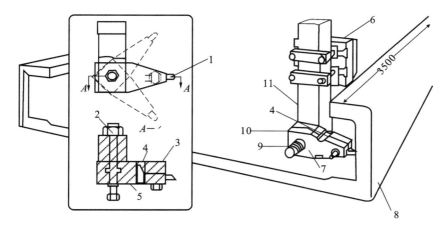

图 8-27　刨削大型工件上内侧沟槽

1—刨刀；2—螺母；3—定板；4—导销；5—抬刀板；6—刀架；

7—刀体；8—工件；9—拉簧；10—铰链；11—刀杆

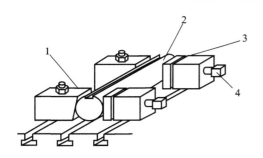

图 8-28　轴件直接装夹在工作台上

1—定位块；2—轴件；3—夹紧块；4—螺钉

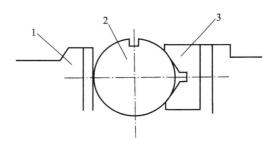

图 8-29　台虎钳上使用 V 形钳口装夹轴件

1—固定钳口；2—轴件；3—V 形活动钳口

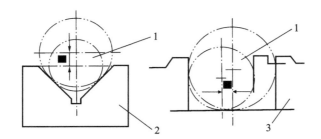

图 8-30　轴件安装和中心位置

1—轴件；2—V 形铁；3—机用台虎钳

4. 刨削 V 形槽

如图 8-31 所示为 V 形槽刨削时的情况。图 8-31(a) 中，先进行粗刨，切去大部分加工余量，图 8-31(b) 中使用切槽刀切出 V 形槽中部的窄槽。精刨 V 形槽面时，可用刨斜面的方法，将刀转过 V 形槽的一半角度 $\theta/2$（见图 8-31(c)），将 V 形槽加工出来。V 形槽底部窄槽的作用是：当与 V 形槽相配合件放入槽内时，能使角度面紧密贴合，如果槽底没有窄槽，两件就不能很好接触，如图 8-32 所示。

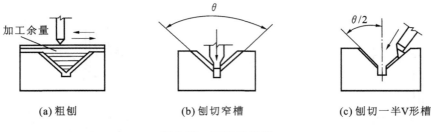

(a) 粗刨　　　　　　　(b) 刨切窄槽　　　　　　(c) 刨切一半V形槽

图 8-31　刨削 V 形槽

如图 8-33 所示,小尺寸 V 形槽,可使用等于 V 形槽角度的成形刨刀直接刨出。如图 8-34 所示,较大尺寸的 V 形槽工件,应使用专用夹具。按照 V 形槽角度 θ,将工件倾斜 $\theta/2$ 的斜度;当 V 形槽为 90°时,加工中,V 形槽的一个角度面处于水平位置,另一个角度面处于垂直位置,然后,分别利用水平进给和垂直进给的方法,将 V 形槽刨削出来。

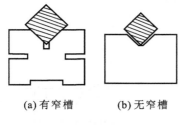

(a) 有窄槽　　　　(b) 无窄槽

图 8-32　V 形槽底部窄槽的作用

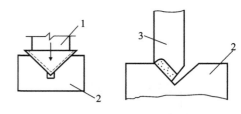

图 8-33　刨小尺寸 V 形槽

1—成形刨刀;2—工件;3—偏刨刀

5. 刨削燕尾槽

燕尾槽工件的刨削加工如图 8-35 所示。它由中间直槽和左右两边的角度槽所组成,其刨削方法与 T 形槽相似,都是先刨出中间直槽,然后再刨两边的槽。

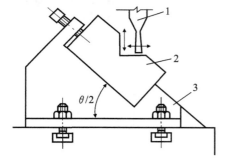

图 8-34　刨大尺寸 V 形槽

1—刨刀;2—工件;3—专用夹具

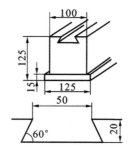

图 8-35　刨削燕尾槽

燕尾槽的左或右角度槽,可使用偏刀进行刨削。刨削完一边角度槽后,再调整角度对另一边进行加工。

6. 刨削 T 形槽

刨 T 形槽时,先刨出上部的直槽,然后再刨左右的凹槽,最后刨出上面的倒角,如图 8-36 所示。

刨削 T 形槽,可使用图 8-37 所示专用刨刀。刀片材料为硬质合金,刀杆材料为 45 钢在右端 M10 的螺孔内拧入螺钉,刀刃的尺寸 C 可以进行微量调整,因此,能补偿因磨耗而减少的尺

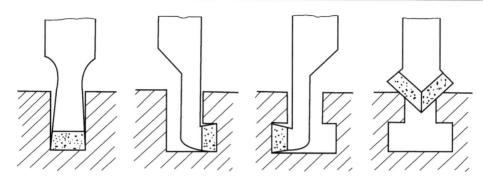

图 8-36 刨削 T 形槽

寸。当上部的直槽刨出后,使用这种刨刀可将左右面的 T 形槽一次刨出,然后再调头装夹该刨刀,还能刨出 T 形槽上面的倒角,使用起来很方便。龙门刨床上刨 T 形槽在回程时,同已加工表面摩擦是比较严重的,容易拉坏刨刀和工件,所以应注意使用自动抬刀装置。

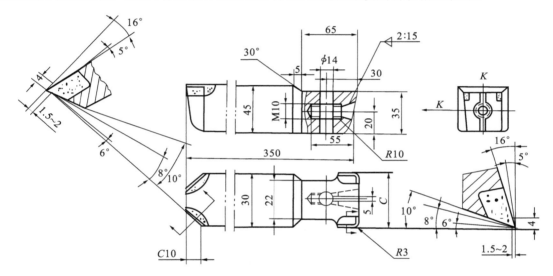

图 8-37 T 形槽专用刨刀

【知识链接】

刨刀磨损后,为了重新得到锋利的切削刃和正确的形状、角度,就需要进行刃磨。刃磨高速钢刨刀时,一般得用刚玉类砂轮;刃磨硬质合金刨刀时,一般使用碳化硅砂轮。

刃磨刨刀,一般分粗磨和精磨两个步骤:粗磨时,在掌握好主偏角和副主偏角情况下,先磨后刀面和副后刀面,然后磨前刀面;精磨时,也应先磨后刀面和副后刀面,接着修磨主偏角和副偏角,再精磨前刀面,得到所需要的前角和刃倾角,最后磨刀尖圆弧和倒棱等,完成后,用油石上机油研磨,使各刀面达到一定的表面粗糙度。

如图 8-38 所示,以高速钢宽刃精刨刀为例,其刃磨方法步骤如下。

(1) 根据加工情况,高速钢刀片长度可做成 120~250 mm。刃磨时,首先对宽刃精刨刀的毛坯进行粗磨。

(2) 粗磨后的刨刀安装在工具磨床夹具内,接着找平、找直,使刀刃平行于工具磨床的床

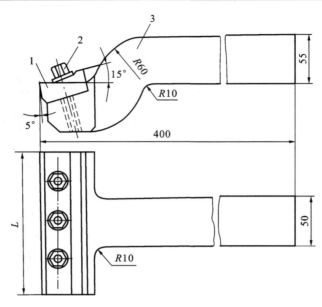

图 8-38　高速钢宽刃精刨刀
1—刀片；2—固定螺钉；3—刀体

面并与走刀方向一致。

（3）用预先修打好的砂轮圆弧部分，采取赶刀办法，把前面的月牙洼形磨出来，随后把工具磨床的磨头扳成与刀刃成 35°以上角度。

（4）下降砂轮中心，使之稍高于被刃磨刨刀的中心，以保证形成 3°～4°的后角，用砂轮磨出刨刀的后面形状呈弧形。

（5）在精磨时，要经常修打砂轮（最好在工具磨床上进行），以保证磨出平直刃口。

（6）由于砂轮主轴振摆、夹具刚性不足等原因，造成刀刃有凹心或凸肚现象。在精磨前，先用平直尺按透光法检测一下，如有凹凸现象，要加以消除。

刨床和插床两者很相似，所以刨床的工作原理、加工内容、刨刀及其切削原理、刨床夹具和工件的安装与定位，以及各种工件切削方法等，在插床上工作时也可以借鉴或选用。

本章的内容意在使读者掌握基本的操作技能，在此基础上进一步探索新的技术、新的工艺。

第 9 章 磨 工 实 训

【学习目标】

(1) 熟练掌握外圆、内孔与平面磨削的方式,了解磨具等磨削基本内容。

(2) 了解磨削原理、磨削液及安全生产知识。

(3) 熟悉磨床的结构、操作要领,掌握磨削用量的选用原则。

(4) 掌握外圆磨削和平面磨削的方法。

(5) 了解并掌握外圆、内孔与平面磨削常见缺陷及消除措施。

【能力目标】

(1) 掌握磨床的加工范围。

(2) 懂得磨料的选用及应用。

(3) 熟悉切削液的使用方法。

(4) 熟练操作各类型的磨床,并精确加工工件。

(5) 牢记磨削加工中的注意事项。

【内容概要】

用磨料来切除工件多余材料,使其在形状、精度和表面粗糙度等方面都达到预定要求的加工方法,称为磨削加工。它是一种高速、多刃、微量的切削加工过程,涉及多种复杂因素。随着工业的发展,磨削加工正不断向自动化方向发展。

9.1 磨床种类及加工范围

9.1.1 概述

按磨削工具的类型分类,分为固定磨粒加工和游离磨粒加工两大种。通常所谓"磨削",主要是指用砂轮进行磨削。砂轮磨削是应用广泛、高质量和高生产率的加工方法。

(1) 磨床 用磨料磨具(如砂轮、砂带、油石和研磨料等)作为工具对工件进行磨削加工的机床统称为磨床。磨床的种类很多,常用的有外圆磨床、内圆磨床和平面磨床等。

(2) 磨削余量 工件经粗加工、半精加工后需要在磨削工序中切除的金属层称为磨削余量,其大小为工件磨削前、后的尺寸差。对平面来说,余量是指单边的,对圆柱面则是指双边的,即按工件上的尺寸差计算。磨削余量分为粗磨余量、半精磨余量、精磨余量及研磨余量等。

(3) 磨削用量 磨削用量是砂轮磨削速度(也称砂轮线速度)、工件圆周进给速度、工件(或砂轮)轴向进给量和砂轮径向进给量的总称。

1. 磨床的种类

1) M1432A 型万能外圆磨床

(1) 机床的用途 主要用于磨削圆柱形或圆锥形的外圆和内孔,也能磨削阶梯轴的轴肩和端面,属于普通精度级,加工精度可达 IT6～IT7 级,表面粗糙度值可达 $Ra\ 0.8\sim0.2\ \mu m$。它的万能性较大,操作方便但磨削效率不高,自动化程度较低,适用于工具、机修车间和单件小批量生产。

（2）机床的组成　如图 9-1 所示是 M1432A 型万能外圆磨床外形图,它由下列主要部件组成。

图 9-1　M1432A 型万能外圆磨床外形图
1—床身;2—头架;3—工作台;4—内圆磨具;5—砂轮架;6—尾座;7—脚踏操纵板

① 头架。头架内有主轴和变速机构。在主轴的前端可安装顶尖,用于支承工件。调节传动机构,可以使拨盘获得几种不同的转速,拨盘通过拨杆带动工件作圆周运动。

② 尾座。尾座顶尖用以支承工件的另一端。尾座的后端装有弹簧,可调节顶尖对工件的预紧力。

③ 工作台。工作台分上、下两层。上工作台可相对下工作台回转一定角度,以便磨削圆锥;下工作台可沿床身的纵向导轨作纵向运动。工作台的行程位置由撞块控制。

④ 砂轮架和横向进给手轮砂轮架安装在床身的横向导轨上,操纵横向进给手轮,可以实现砂轮架的横向进给运动。砂轮架还可以由快速手柄控制,实现快速进退运动。砂轮安装在砂轮架的主轴端部,由电动机带动作高速旋转运动。砂轮架上方的切削液喷嘴可用来浇注切削液。

⑤ 内圆磨具。内圆磨具用于磨削工件的内孔,其主轴端部可安装内圆砂轮。内圆磨具装在可回转的支架上,使用时可向下翻转至工作位置。

⑥ 床身。床身是一个箱形铸件,装有横向进给机构和纵向进给机构等部件,其纵向导轨上安装有工作台,横向导轨上装有砂轮架。

2）M7120A 平面磨床

M7120A 平面磨床是卧轴矩台平面磨床中比较常用的磨床,如图 9-2 所示。它由工作台、磨具、滑座等主要部件组成。

2. 磨削余量和磨削用量

1）磨削余量的确定

合理确定磨削余量,对提高生产效率和保证加工质量有着重要的意义。具体确定磨削余量时,要考虑一系列因素,如零件的形状与尺寸、技术要求、工艺顺序、热处理方法、采用的加工方法、机床精度以及操作者的技术状况等。

一般来说,在下列情况下磨削余量应大些:工件形状复杂,技术要求高,工艺顺序长而复杂,如机床的主轴等;经热处理后变形较大的工件,如细长轴、薄片、薄壁类零件;工件尺寸较大或上道工序加工质量较差(切削残留面积较大);工件直径相同而长度不同,如长度较长的工件;磨床精度较低或操作者技能不熟练;工件是经过普通热处理的,如非渗碳、高频淬火等。

确定磨削余量的原则是:在保证不遗留上道工序加工痕迹和加工缺陷的前提下,磨削余量

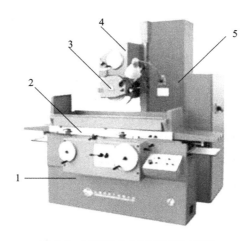

图 9-2 M7120A 平面磨床外形图
1—床身;2—工作台;3—磨具;4—滑座;5—立柱

应越小越好。有些精度要求较高的零件,工艺卡片上都规定了磨削余量的具体数值。

2) 工件的粗磨和精磨

粗磨是为精磨或热处理做准备的工序,它要求以最短的时间磨去余量的 9/10。精磨是工件的精加工,其目的是使工件达到图样规定的精度和表面粗糙度,通常,精磨余量为 0.02～0.06 mm。机械加工中,凡是大批量生产或较复杂的单件生产,均需划分粗磨和精磨。划分粗磨和精磨的好处是:能保证零件的加工精度和表面粗糙度;有利于提高生产效率;可合理使用机床,保证机床精度的稳定;可减少砂轮的磨耗,提高砂轮的使用寿命;可为其他工序做准备。

3) 磨削用量

磨削用量选择的原则是:在保证加工质量的前提下,以获得最高的生产效率和最低的生产成本。

(1) 磨削速度 v_s　砂轮最大直径处的切削速度即磨削速度,有

$$v_s = \pi D_s n_s / (1000 \times 60) \quad (\text{m/s})$$

式中:D_s 为砂轮直径(mm);n_s 为砂轮转速(r/min)。

外圆和平面的磨削速度一般为 30～35 m/s,内圆的磨削速度一般为 18～30 m/s。由此可见,当砂轮直径因磨损而减小时,磨削速度会降低,影响磨削质量和生产效率。因此,当砂轮直径减小到一定值时,应更换砂轮或提高砂轮转速,以保证合理的磨削速度。

砂轮磨削速度的选择主要是根据工件的材料、磨削方式及砂轮特性来确定,选择原则是在砂轮强度、机床刚度、功率及冷却措施允许的条件下,尽可能提高砂轮的圆周速度。

(2) 工件回转速度　其计算公式为

$$v_\omega = \pi D_\omega n_\omega / 1\,000 \quad (\text{m/min})$$

式中:D_ω 为砂轮直径(mm);n_ω 为砂轮转速(r/min)。

工件回转速度一般为 10～30 m/s。按加工要求来选择,加工精度高时可选择较低的速度;反之,选较高的速度。实际生产中,往往先计算出工件转速,以此调整机床转速。

工件回转速度的选择主要是根据直径、横向进给量、工件材料等确定。选择原则是在保证工件表面粗糙度符合要求的前提下,应使砂轮在单位时间内切除最多的金属且砂轮磨耗最少。

(3) 径向进给量　径向进给量是指砂轮相对于工件在工作台的每双(单)行程内径向移

动的距离,用 f_r(单位为毫米/单行程或毫米/双行程)表示。径向进给量的选择是根据磨削方式、工件刚度、磨削性质、工件材料、砂轮特性等确定。

被吃刀量 a_p 是指垂直于工件平面测量的砂轮吃刀量,所以

$$a_p = (D-d)/2 \quad (mm)$$

式中:D 为进给前工件直径(mm);d 为进给后工件直径(mm)

外圆磨削 a_p 一般取 0.005～0.04 mm,精磨取小值,粗磨取大值。

(4)轴向进给量 轴向进给量(纵向进给量)是指工件每转一转工作台相对于砂轮轴向的移动量,用 f_a(单位为毫米/转,符号为 mm/r)表示,有

$$f_a = (0.1-0.8)B \quad (mm/min)$$

式中:B 为砂轮宽度。

工作台轴向进给速度: $v_{fa} = n_{w*} \ f_a \quad (mm/min)$

轴向进给量的选择主要根据磨削方式、工件材料、磨削性质等确定。

9.1.2 基本磨削加工任务实施

1. 磨削加工的加工范围

磨削加工的工艺范围很广泛,如图 9-3 所示,可以磨削外圆、内圆、平面、成形面及齿轮等。由于砂轮磨粒硬度高,热稳定性好,不但可以加工未淬火钢、铸铁和有色金属等材料,还可加工淬火钢、各种切削刀具以及硬质合金等硬度很高的材料。

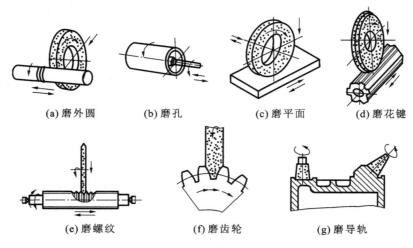

(a) 磨外圆   (b) 磨孔   (c) 磨平面   (d) 磨花键

(e) 磨螺纹   (f) 磨齿轮   (g) 磨导轨

图 9-3 磨削的主要内容

2. 磨削加工的特点

(1)磨削效率高 砂轮相对工件作高速旋转时一般砂轮线速度达 35m/s,为普通刀具的 20 倍以上,可获得较高的金属切除率。随着磨削新工艺的开发,磨削加工的效率进一步提高,在某些工序已取代车、铣、刨削,直接从毛坯上加工成形。同时,磨粒和工件产生强烈的摩擦、急剧的塑性变形,因而产生大量的磨削热。

(2)能获得很高的加工精度和很低的表面粗糙度 每颗磨粒切去切屑层很薄,一般只有几微米,因此,表面可获得较高的精度和较低的表面粗糙度。一般精度可达 IT6～IT7,表面粗糙度 Ra 为 0.08～0.05 μm;高精密磨削可达到更高精度,故磨削常用在精加工工序。

(3)切削功率大、消耗能量多 砂轮是由许许多多的磨粒组成的,磨粒在砂轮中的分布是

杂乱无章、参差不齐的,切削时多呈负前角($-15°\sim-85°$),并且尖端有一定的圆弧半径,因此切削功率大、消耗能量多。

【知识链接】

有关磨床维护和保养的知识简介如下。

(1)了解磨床的性能、规格、各操纵手柄的功用、操作要求,正确地使用磨床。

(2)机床开动前,应首先检查机床各部位有无故障,并润滑机床。

(3)对导轨、丝杠等关键部位,严防垃圾入内;调整头尾架位置时,必须将工作台等擦拭干净并涂上润滑油。

(4)装卸大工件时,要在工作台上垫放木板,防止碰伤工作台面。

(5)选用磨削用量时要考虑机床的刚度。

(6)经常注意砂轮主轴轴承的温度,发现温度过高应立即停车。

(7)工作完毕后,应清除磨床上的切削液和磨屑,将工作台及导轨等擦拭干净并涂上润滑油。

磨床除日常维护保养之外,还需要按一定期限进行全面的维护保养。磨床累计运转500 h后要进行一次"一级保养",即以操作工人为主、维修工人为辅,对磨床进行局部解体,清洗规定部位,疏通油路,调整各部位配合间隙等。磨床累计运转 2 500 h 后要进行一次"二级保养",以维修工人为主、操作工人为辅,对磨床进行部分解体、检查、修理,以便恢复精度。

9.2 磨具及磨削液

所谓磨具,即用不同的黏结剂,将磨料黏结成一定的几何形状或膏状,用于磨削、抛光、研磨和珩磨的工具。磨削时,除了正确地选择砂轮、磨削条件和修整条件以外,磨削液及其供给方法的选择对于磨削效果也有相当大的影响。

(1)磨具 磨具一般是由磨粒、黏结剂、气孔三要素组成。由于磨具的用途非常广泛,且因使用方法、加工对象、加工要求各不相同,所以磨具种类也很多。

(2)常用磨削液 磨削液主要分为水溶性和油性两大类。常用的水溶性磨削液有乳化液和合成液,油性磨削液有全损耗系统用油和煤油。

9.2.1 磨具

1.磨具的结构

如图 9-4 所示,磨粒是构成磨具的主体,是磨具产生切削作用的根本因素。黏结剂是用来黏结磨粒的材料,能使磨具具有一定几何形状和强度。磨粒和黏结剂之间的空隙,称为磨具的气孔。根据切削过程的需要,控制气孔的大小、多少及均匀性,能改善磨具的切削性,同时在磨削过程中气孔起到容屑、排屑和散热的作用。

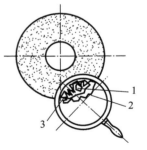

图 9-4 砂轮结构示意图
1—气孔;2—磨粒;3—黏结剂

2.磨具的分类

根据所用的磨料不同,磨具可分为普通磨具和超硬磨具两大类。

1)普通磨具

普通磨具是指用普通磨料制成的磨具,如刚玉类磨料、碳化硅类磨料和碳化硼类磨料制成的磨具。普通磨具按照磨料的结合形式分为固结磨具、涂附磨具和研磨膏。根据不同的使用方法,固结磨具可制成砂轮、油石、砂瓦、磨头、抛磨块等;涂附磨具可制成砂纸、砂布、砂带等。研磨膏可分为硬膏和软膏等。

2) 超硬磨具

超硬磨具是指硬度很高、耐磨性能好、有一定热稳定性的磨具,如立方氮化硼和人造金刚石。立方氮化硼主要用于加工硬质合金等,人造金刚石可进行纳米级稳定切削。

9.2.2　常用磨削液

1. 乳化液

乳化液又称肥皂水。它由乳化油加水稀释而成。乳化油有多种配方。使用时,取 2 %～5 %的乳化油和 95 %～98 %的水配制即可。低温季节,可先用少量的水将乳化油溶化,然后再加入冷水调匀。

2. 合成液

合成液是一种新型的磨削液,由添加剂、防锈剂、低泡油性剂和清洗剂配制而成。磨削的工件表面粗糙度值可达 Ra 0.025 μm,砂轮的寿命可提高 1.5 倍,使用期在 1 个月左右。

9.2.3　常用磨削液选用任务实施

1. 磨料的选用

磨料用于磨削加工主要分天然和人造两大类。一般来说,人造磨料比天然磨料(天然金刚石除外)品质纯、硬度高、性能好,因此,生产中主要采用人造磨料来制造各种磨具。

1) 粒度选用

粒度是指磨料颗粒尺寸的大小,即粗细程度。加工精度要求高时,可选用较细粒度,因为粒度越细,同时参加切削的磨粒数就越多,工件表面上残留的切痕就越小,表面质量就越高。当磨具和工件接触面积、磨削深度较大时或磨削软金属和韧性金属时,应选用粗粒度磨具。因为粗粒度的磨具与工具的摩擦小,发热也较小。例如磨平面时,用砂轮端面磨削时比用圆周面磨削时磨具粒度要粗些。

2) 磨具形状选用

磨具正确的几何形状和尺寸是保证磨削加工正常进行的必要条件。由于被加工零件的形状、加工方法和磨床类型的不同,磨具也应制成许多不同的形状和尺寸。常见的砂轮形状、代号、用途如表 9-1 所示。

表 9-1　常见的砂轮形状、代号及用途

砂 轮 名 称	代　号	断 面 形 状	主 要 用 途
平行砂轮	1		外圆磨、内圆磨、无心磨、工具磨
薄片砂轮	41		切断及切槽
筒形砂轮	2		端磨平面

续表

砂轮名称	代　号	断面形状	主要用途
碗形砂轮	11		刃磨刀具、磨导轨
碟形砂轮	12a		磨铣刀、铰刀、拉刀,磨齿轮
双斜边砂轮	4		磨齿轮及螺纹
杯形砂轮	6		磨平面、内圆,刃磨刀具

2. 磨削液的供给方法

（1）浇注法　这是最普通的使用方法。一般由齿轮泵或低压泵 0.1~0.2 MPa 将磨削液通过喷嘴供液,如图 9-5 所示。一般在普通磨削时只使用一个冷却泵即可,功率可根据机床规格选择。M1432A 的冷却泵为 0.125 kW,3 000 r/min,流速为 25 L/min。

（2）喷雾法　切削液在压缩空气作用下细化成雾状,随高速气流喷射到磨削区域,细小的滴液在磨削区的高温作用下很快汽化,汽化过程中吸收大量磨削热,从而达到磨削目的。

（3）内冷却法　内冷却法是采用特制的多孔砂轮,如图 9-6 所示。磨削液从中心通入,靠离心力的作用,通过砂轮内部的空隙从砂轮四周的边缘甩出,因此,切削液可直接进入磨削区,冷却效果很好。但此法要求磨削液需经过仔细过滤,以免堵塞砂轮内孔。同时,还要解决磨削液的飞溅和油雾处理等问题。故只适用于大气孔砂轮,而对树脂等磨料砂轮不适用。

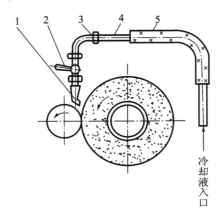

图 9-5　浇注法冷却

1—喷嘴;2—开关;3—接头;4—钢管;5—橡皮管

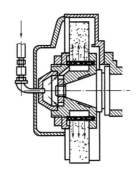

图 9-6　内冷却法

【知识链接】

磨削液主要作用是:降低磨削温度,改善加工表面质量,提高磨削效率,延长砂轮使用寿命。从提高磨削效果来看,磨削液应满足下列要求。

（1）冷却作用　通过切削液的热传导,能降低磨削区的温度,从而避免工件烧伤、变形,使测量工件的尺寸准确。

（2）润滑作用　切削液能渗入到磨粒与工件的接触面之间,并黏附在金属表面上形成润滑膜,减少磨粒与工件间的摩擦,有利于降低工件表面粗糙度和提高砂轮的耐用度。

（3）洗涤作用　可将磨屑和脱落的磨粒冲洗掉,避免工件表面烧伤。

（4）防锈作用　在切削液中加入防锈添加剂,能在金属表面形成保护膜,使工件、机床免受氧化,起到防锈作用。

除以上作用外,还要求磨削液无毒、无臭味、不刺激皮肤、化学稳定性好、不易腐烂变质、不产生泡沫和废液、易处理与再生,避免污染环境等。

9.3　磨削加工

磨削加工的范围很广,本章节仅以外圆磨削和平面磨削的加工为例。

1. 外圆磨削

外圆磨削是指对工件圆柱、圆锥和多台阶轴外表面及旋转体外曲面进行的磨削加工。

2. 平面磨削

平面磨削通常在平面磨床上进行。电磁吸盘为最常用的夹具之一,凡是由钢、铸铁等铁磁性材料制成的平面零件,都可用电磁吸盘装夹。对于较大的工件和非磁性材料的磨削,则需用压紧装置固定在工作台上。

9.3.1　外圆磨削

1. 外圆磨削的方法

根据工件的形状大小、精度要求、磨削余量的多少和工件的刚性等来选择磨削方法,常用外圆磨削的基本方法有纵向磨削法、横向磨削法、深度磨削法三种。

1）纵向磨削法

磨削时,砂轮作高速旋转运动和径向进给运动,工件作低速转动进给运动并和工作台一起作直线往复运动,当每一次轴向行程或往复行程终了时,砂轮按要求的磨削深度作一次径向进给运动。纵向磨削每次的进给量很小,但可获得较高的加工精度和较低的表面粗糙度,如图 9-7 所示。

2）横向磨削法

磨削时,砂轮高速旋转运动且以很慢的速度连续（或断续）向工件作横向进给运动切入磨削直至磨去全部余量为止,工作台作轴向往复运动,工件作旋转运动,如图 9-8 所示。此方法适用于磨削长度较短的外圆表面及两侧都有台阶的轴颈,工件有良好的刚性。

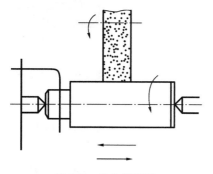

图 9-7　纵向磨削法

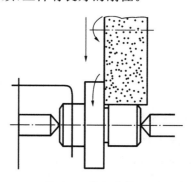

图 9-8　横向磨削法

3）深度磨削法

深度磨削法是在一次纵向进给运动中,将工件磨削余量全部切除而达到规定尺寸要求的一种高效率的磨削方法。其磨削方法与纵向磨削法相同,但砂轮需要修成阶梯形,如图 9-9 所示。磨削时砂轮各台阶的前端担负主要切削工作,各台阶的后部则起精磨、修光作用,前面各台阶完成粗磨,最后一个台阶完成精磨。台阶数量及深度按磨削余量的大小和工件的长度确定。

深度磨削法适用于磨削余量和刚度较大的工件以及批量生产。由于磨削力和磨削热很大,所以应选用刚度和功率大的机床。

2. 内圆磨削的方法

内圆磨削可在万能外圆磨床上利用内圆磨头来完成,多用于小批量生产,如图 9-10 所示。成批生产时,则应在内圆磨床上进行。

内圆磨削的砂轮直径受工件孔径的限制,一般较小,不宜采用较大的磨削深度和进给量,冷却液也不易进入磨削区域,磨屑不易排出。

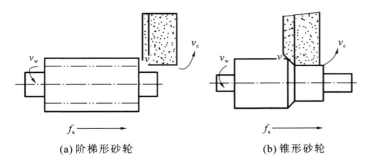

(a) 阶梯形砂轮　　　　　　　(b) 锥形砂轮

图 9-9　深度磨削法　　　　　　　　　**图 9-10　内圆磨削**

9.3.2　平面磨削的方法

1. 横向磨削法

横向磨削法是最常用的一种磨削方法,每当工作台纵向行程终了时,砂轮主轴作一次横向进给,待工件上第一层金属磨去后,砂轮再作垂直进给,直至切除全部余量为止,如图 9-11(a)所示。这种磨削方法适用于磨削长而宽的平面工件,其特点是磨削发热较小、排屑和冷却条件较好,因而容易保证工件的平行度和平面度要求,但生产效率较低。

2. 切入磨削法

当工件磨削面宽度小于砂轮宽度时,可采用切入磨削法,如图 9-11(b)所示。磨削时砂轮不作横向进给,故机动时间缩短,在磨削将结束时,作适当横向移动,可降低工件表面的粗糙度。

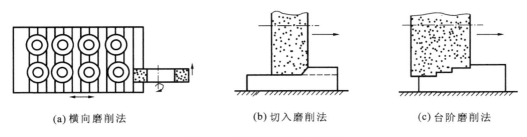

(a) 横向磨削法　　　　　　(b) 切入磨削法　　　　　　(c) 台阶磨削法

图 9-11　平行平面的磨削方法

3. 台阶砂轮磨削法

台阶砂轮磨削法是一种磨削效果较好的磨削方法。粗磨时,采用台阶砂轮可提高垂直进给量;精磨时,采用台阶砂轮可改善砂轮的受力情况,对减小工件表面粗糙度和平行度误差是有利的。根据工件的磨削余量,将砂轮修整成台阶形,并采用较小的横向进给量,一般台阶 $a=0.05$ mm,$K_1+K_2+K_3=0.5B$,如图 9-11(c)所示。采用台阶砂轮磨削法时,机床必须具有较高的刚度。

9.3.3 外圆磨削加工任务实施

1. 外圆磨工件的安装

在磨床上磨削工件时,工件的装夹包括定位和夹紧两个部分。工件定位要正确,夹紧要可靠有效,否则,会影响加工精度以及操作的安全。生产中工件一般用两顶尖装夹,但有时依据工件的形状和磨削要求也用卡盘。

1）顶尖装夹

顶尖装夹是外圆磨床最常用的方法,其安装方法与车床上所用方法基本相同,其特点是装夹迅速方便,定位精度高。工作时,把工件装夹在前、后顶尖间,由头架上的拨盘、拨销、尖头带动工件旋转,其旋转方向与砂轮旋转方向相同。磨床上的后顶尖不随工件旋转,俗称“死顶尖”,这样,可以提高工件的加工精度,如图 9-12 所示。

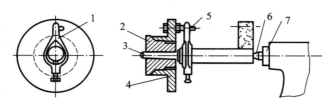

图 9-12 顶尖安装工件

1—夹头;2—头架主轴;3—前顶尖;4—拨盘;5—拨杆;6—后顶尖;7—尾架套筒

2）卡盘安装

两端无中心孔的轴类零件和盘形工件外圆可选用三爪卡盘装夹,外形不规则的工件可用四爪卡盘装夹,其装夹方法如图 9-13 所示。

用三爪卡盘时应检查卡盘与头架主轴的同轴度,有误差必须找正。用四爪卡盘必须用划针盘或百分表找正工件右端和左端两点,夹爪的夹紧力应均匀,并要将两夹爪对称调整。夹紧后要将 4 个卡爪拧紧一遍,再用百分表校正工件后方可开机磨削。

3）用心轴安装

盘套类空心工件常以内孔定位磨削外圆,此时常用心轴安装工件。

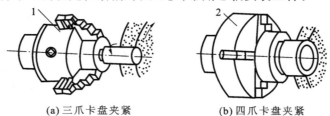

(a) 三爪卡盘夹紧   (b) 四爪卡盘夹紧

图 9-13 卡盘装夹磨削外圆

1—三爪卡盘;2—四爪卡盘

2. 平面磨磁性工作台使用时的注意事项

（1）关掉电磁吸盘的电源后，工件和电磁吸盘上仍会保留一部分磁性，这种现象称为剩磁。因此，工件不易取下，这时只要将开关转到退磁位置，多次改变线圈中的电流方向，把剩磁去掉，工件就容易取下。

（2）装夹工件时，工件定位表面盖住绝磁层条数应尽可能多，以充分利用磁性吸力。对小而薄的工件应放在绝磁层中间，如图 9-14（b）所示。

要避免放成如图 9-14（a）所示位置，并在其左右放置挡板，以防止工件松动，如图 9-14（c）所示。装夹高度较高而定位面较小的工件时，应在工件的四周放上面积较大的挡板。挡板的高度应略低于工件的高度，这样，可避免因吸力不够而造成工件翻倒使砂轮碎裂，如图 9-15所示。

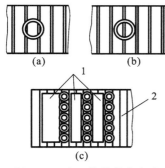

图 9-14　小工件的装夹方法

1—挡板；2—电磁吸盘

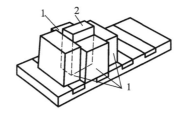

图 9-15　较高工件的装夹方法

1—挡板；2—工件

（3）电磁吸盘的台面要经常保持平整光洁，如果台面出现拉毛，可用三角油石或细砂纸修光，再用金相砂纸抛光。如果台面使用时间较长，表面上划纹和细麻点较多，或者有某些变形时，可以对电磁吸盘台面做一次修磨。修磨时，电磁吸盘应接通电源，使它处于工作状态。磨削量和进给量要小，冷却要充分，待磨光至无火花出现时即可。

（4）操作结束后，应将吸盘台面擦干净，以免电磁吸盘锈蚀损坏。

【知识链接】

珩磨是一种低速磨削，常用于内孔表面的光整、精加工。珩磨油石装在特制的珩磨头上，由珩磨机主轴带动珩磨头作旋转和往复运动，并通过其中的胀缩机构使油石伸出，向孔壁施加压力以作进给运动，从而切去工件上极薄的一层金属，形成交叉而不重复的网纹。为提高珩磨质量，珩磨头与主轴一般都采用浮动连接，或用刚性连接而配用浮动夹具，以减少珩磨机主轴回转中心与被加工孔的同轴度误差对珩磨质量的影响。珩磨加工的表面具有交叉网纹，有利于油膜的形成和保持，其使用寿命比其他加工方法高一倍以上。因珩磨是面接触加工，同时参加切削的磨粒多，所以切削效率高。

磨削是一种比较精密的金属加工方法，经过磨削的零件有很高的精度和很小的表面粗糙度。磨削加工的范围非常广泛，在掌握磨工操作的基本技能以后，要学会精密磨削和高速磨削等新工艺和新技术，在平时的训练中也要及时总结，把传统加工中一些不利于加工的方法加以修正，真正做到文明生产、安全生产。

第 10 章　数控加工实训

【学习目标】

（1）了解数控车床的组成。

（2）能看懂数控车床的坐标系统。

（3）掌握 G 代码指令和 M 辅助功能的应用。

（4）熟悉数控车床和数控铣床的种类。

（5）熟悉操作面板，会编制简单程序。

【能力目标】

（1）掌握机床坐标系选择指令（G53）、工件坐标系选择指令（G54、G55、G56、G57、G58、G59）、坐标平面指令（G17、G18、G19）、快速定位指令（G00）、直线插补指令（G01）的指令格式及功能。

（2）学会平面铣削的加工。

（3）熟悉刀具的选用、刀柄的选用、切削用量的选择。

（4）掌握平面铣削的程序编制。

（5）了解绝对坐标指令（G90）及相对坐标指令（G91）。

【内容概要】

数控机床是将普通机床加工过程中的各种动作（如主轴的变速、刀具的更换与进给、切削液的开关等）以数字代码的形式表示，并通过数控系统发出指令控制机床的伺服系统和其他执行元件，使机床自动完成零件的加工。简要介绍数控车床和数控铣床的组成、编程以及简单操作等内容。

10.1　数控车床编程与操作

现代数控机床是综合应用计算机、自动控制、自动检测以及精密机械等高新技术的产物，是典型的机电一体化产品，是完全新型的自动化机床。目前。数控技术已逐步普及，数控机床在各个工业部门得到了广泛应用，已成为机床自动化的一个重要发展方向。

（1）数控车床的组成　数控机床通常由程序载体、输入装置、数控装置、伺服系统、位置反馈系统和机床组成。数控技术在数控机床加工中的应用，成功地解决了某些形状复杂、一致性要求较高的中、小批零件的加工自动化问题，不仅大大提高了生产效率和加工精度，而且减轻了工人的劳动强度，缩短了生产周期，并推动了航空、航天、船舶、国防、机电等工业的发展。

（2）常用数控车床的分类　数控车床品种、规格繁多，目前应用最多的是中等规格的两坐标连续控制的数控车床。

（3）程序段格式及其代码指令　本小节主要介绍程序段格式、代码指令，并举例分析编程格式。

（4）SIEMENS 802D 系统数控车床的操作　本节要求熟悉 SINUMERIK 802D 系统数

控车床的操作面板和系统面板的操作、机床回参考点操作、加工程序的编辑操作、参数设置操作、加工操作等。

10.1.1 数控车床的组成

1. 数控车床的组成部分及作用

1) 数控车床的组成

数控车床本体的组成结构基本与普通车床的相同,其结构上仍然由床身、主轴箱、刀架、进给系统、尾座、液压系统、冷却系统、润滑系统、排屑器等组成。近年来,随着数控技术的发展,数控车床大都采用了机、电、液、气一体化布局,采取全封闭或半封闭防护,图 10-1 所示为数控车床外形图。

图 10-1　数控车床外形图

（1）床身　数控车床的床身结构和导轨有多种形式,主要有水平床身、倾斜床身、水平床身斜滑鞍等。中小规格的数控车床采用倾斜床身和水平床身斜滑鞍较多。倾斜床身多采用 $30°$、$45°$、$60°$、$75°$、$90°$ 角,常用的有 $45°$、$60°$、$75°$ 角。大型数控车床和小型精密数控车床采用水平床身较多。图 10-2 所示为数控车床的布局形式。

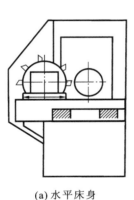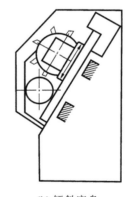

(a) 水平床身　　　　　　　(b) 倾斜床身

图 10-2　数控车床的布局形式

（2）主传动系统及主轴部件　数控车床的主传动系统一般采用直流或交流无级调速电动机。通过 V 带传动,带动主轴旋转,实现自动无级调速及恒切削速度控制。主轴电动机可以采用变频调速或采用伺服电动机。数控车床按主轴位置可以分为立式数控车床和卧式数控车床。

立式数控车床的主轴垂直于水平面,并有一个直径很大的圆形工作台,供装夹工件用。这类数控机床主要用于加工径向尺寸较大、轴向尺寸较小的大型复杂零件。卧式数控车床的主轴轴线处于水平位置,它的床身和导轨有多种布局形式,是应用最广泛的数控车床。图10-3所示为数控车床主轴部件。

(3)进给传动系统 进给传动系统如图10-4所示。横向进给传动是带动刀架作横向(X轴直径方向)移动的装置,它控制工件的径向尺寸。纵向进给装置是带动刀架作轴向(Z轴长度轴线方向)运动的装置,它控制工件的轴向尺寸。

(4)自动回转刀架 刀架是数控车床的重要部件,它安装各种切削加工刀具,其结构直接影响车床的切削性能和工作效率。

图 10-3　数控车床主轴部件 　　　　图 10-4　数控车床 X/Z 进给溜板

数控车床刀架分为转塔式和排式刀架两大类。转塔式刀架是普遍采用的刀架形式,它通过转塔头的旋转、分度、定位来实现机床的自动换刀工作,图10-5所示为转塔式刀架。普通数控车床也常采用四刀位卧式回转刀架,图10-6所示为四刀位卧式回转刀架。两坐标连续控制的数控车床,一般都采用6～12工位转塔刀架。排式刀架主要用于小型数控车床,适用于短轴或套类零件的加工。图10-7所示为排式刀架。

 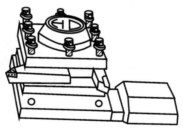 

图 10-5　转塔式刀架　　　图 10-6　四刀位卧式回转刀架　　　　图 10-7　排式刀架

2)数控车床的作用

数控车床又称 CNC(计算机数字控制)车床,其主要用于对轴类或盘类零件的内、外圆柱面,任意角度的圆锥面,圆弧面,复杂回转内、外曲面和圆柱,圆锥螺纹等的切削加工,并能进行切槽、钻孔,扩孔、铰孔及镗孔等工作。与普通车床相比,数控车床具有加工精度稳定性好、加工灵活、通用性强的特点,能适应多品种、小批生产自动化的要求,特别适合加工形状复杂的轴类或盘类零件。

2. 数控车床的主要技术参数

数控车床的主要技术参数有:最大回转直径,最大车削直径,最大车削长度,最大棒料尺寸,主轴转速范围,X、Z 轴快速移动速度,定位精度,重复定位精度,刀架行程,刀位数,刀具装夹尺寸,主轴头形式,主轴电动机功率,进给伺服电动机功率,尾座行程,卡盘尺寸,机床重量,轮廓尺寸(长×宽×高)等。

10.1.2　常用的数控车床的分类

1. 常用的数控系统

1）国外的数控系统

当今世界上数控系统的种类规格极为繁多,在我国使用较广泛的国外数控系统有:日本 FANUC(发那科)公司的 0T、0TC、0TD、0TE、160/180TC 等,德国 SIEMENS(西门子)公司的 802S/802C、802D、810D、840D、840Di、840C 等,以及美国 ACRAMATIC 数控系统,西班牙 FAGOR(法格)数控系统,日本的三菱数控系统等。

2）国产的数控系统

国产经济型数控产品有:南京大方股份有限公司的 JWK 系列,南京江南数控工程公司 JN 系列,上海开通数控公司的 KT-300 系列等。

普及型数控产品有:北京机床研究所的 1060 系列,北京凯恩帝数控公司的 KND-500 系列,北京航天数控集团的 CASNUC-901\902 系列,广州数控设备厂 GSK980T 系列,大连大森公司的 R2F6000 型等。

高档数控产品有:珠峰公司的 CME988(中华Ⅰ型)系列,北京航天数控集团的 CAS-NUC911MC(航天Ⅰ型),华中数控公司的世纪星 21T,以及中科院沈阳计算所 LT8520/30(蓝天Ⅰ型)等。

2. 常用的数控车床分类

1）按数控系统的功能分类

按数控系统功能数控车床可以分为经济型数控车床、全功能型数控车床及车削中心等。

2）按数控车床的主轴位置分类

（1）数控立式车床　数控立式车床主要用于加工径向尺寸大,轴向尺寸相对较小,且形状较复杂的大型或重型零件,适用于通用机械、冶金、军工、铁路等行业的直径较大的车轮、法兰盘、大型电动机座、箱体等回转体的粗、精车削加工,如图 10-8 所示。

图 10-8　数控立式车床

（2）数控卧式车床　数控卧式车床又称卧式数控水平导轨车床和卧式数控倾斜导轨车床。倾斜导轨可以使数控车床具有更大的刚性,并易于排除铁屑。车床的布局形式如图 10-1 所示。

3. 数控车床的工作原理

数控机床接收程序单,经过 CNC 装置进行处理、计算后,向机床各个坐标轴的伺服系统及辅助装置(一般指连接 PLC)发出指令,驱动机床各个运动部件及辅助装置进行有序的动作与操作,实现刀具与工件的相对运动,走出零件轮廓轨迹,最终加工出所要求的零件。

10.1.3　程序段格式及其代码指令

1. 程序段格式

一个程序段由一个或多个地址字组成。一个字由一个地址和其后的数值组成。程序段格式如下:

字＝地址＋数值

例 10.1 N__ G__ X__ Z__ F__ S__ T__M__

地址用字母 A～Z 中的一个，地址决定其后数值的意义。表 10-1 中所示为主要功能、可用地址及意义。

表 10-1 主要功能、可用地址及意义

功　　能	地　　址	意　　义
程序号	O	程序号
顺序号	N	顺序号
准备功能	G	指定运动方式(直线、圆弧等)
尺寸字	X、Z、U、W	坐标轴运动指令
	I、K	圆弧中心指令
	R	圆弧半径
进给功能	F	每分钟进给速度，每转进给速度
主轴速度功能	S	主轴速度
刀具功能	T	刀具号
辅助功能	M	机床上的开/关控制
暂停	P、X、U	暂停时间
程序号指定	P	子程序号
重复次数	L	子程序重复次数
参数	P、Q	固定循环参数

2. 模态代码和一般代码

模态代码的功能在它被执行后会继续维持，而一般代码仅仅在收到该命令时起作用。定义移动的代码通常是模态代码，像直线、圆弧和循环代码。向原点返回代码通常是一般代码。每一个代码都归属其各自的代码组。在模态代码里，当前的代码会被加载的同组代码替换。表 10-2 所示为 G 代码指令及其解释。

表 10-2 G 代码指令及其解释

G 代码	组　　别	功　　能
G00	01	快速定位
G01	01	直线插补
G02	01	顺时针圆弧插补
G03	01	逆时针圆弧插补
G04	00	暂时，准备停止
G20	06	英寸输入

G 代码	组　别	功　能
G21	06	毫米输入
G28	00	返回参考点
G33	01	螺纹切削
G54	14	选择工作坐标系 1
G84	10	纵向和横向车削循环
G86	10	车槽循环
G92	01	螺纹切削循环
G98	05	每分钟进给率
G99	05	每转进给率

3. 辅助功能(M 功能)

表 10-3 所示为辅助功能代码及含义。

表 10-3　辅助功能代码及含义

M 代码	功　能
M00	程序停止
M01	选择停止
M02	程序结束
M03	主轴正转
M04	主轴反转
M05	主轴停止
M08	切削液开
M09	切削液关
M30	程序结束(自动返回程序开始)
M98	子程序调用
M99	子程序结束

4. 编程格式及举例

1) 格式

(1) G00X_Z_　如图 10-9 所示,这个命令把刀具从当前位置移动到命令指定的位置(在绝对坐标方式下),或者移动到某个距离处(在增量坐标方式下)。

(2) G01 X(U)_ Z(W)_ F_　如图 10-10 所示,设定直线插补以直线方式和命令给定的移动速率从当前位置移动到命令位置。

X,Z:要求移动到的位置的绝对坐标值。

U,W:要求移动到的位置的增量坐标值。

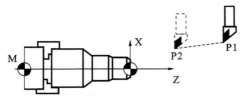

图 10-9　刀具的移动

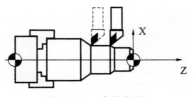

图 10-10　直线插补

例 10.2　如图 10-11 所示。

① 绝对坐标程序

G01　X50.Z75.F0.2；

X100.；

② 增量坐标程序

G01　U0.0　W—75.F0.2；　　U50.

2）G02/G03 圆弧插补

格式　如图 10-12 所示。

G02(G03)　X(U)＿Z(W)＿I＿K＿F＿；

G02(G03)　X(U)＿Z(W)＿R＿F＿；

G02——顺时针(CW)如图 10-12 所示。

G03 ——逆时针(CCW)。

X，Z ——在坐标系里的终点。

U，W ——起点与终点之间的距离。

I，K ——从起点到中心点的矢量(半径值)。

R ——圆弧范围(最大 180°)。

路径：A→B→C

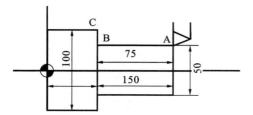

图 10-11　直线插补实例

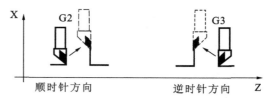

图 10-12　圆弧插补

例 10.3　如图 10-13 所示。

① 绝对坐标系程序

G02　X100.Z90.I50.K0.F0.2

或

G02　X100.Z90.R50.F0.2；

② 增量坐标系程序

G02　U20.W—30.I50.K0.F0.2；

或

G02　U20.W—30.R50.F0.2；

3）G32/G92 切螺纹

格式

路径：P1→P2

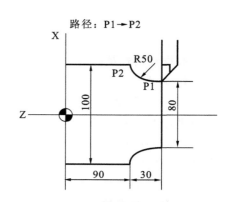

图 10-13　圆弧插补实例

G32/G92 X(U)＿Z(W)＿F＿；

G32/G92 X(U)＿Z(W)＿E＿；

F——螺纹导程设置。

E——螺距(mm)。

在编制切螺纹程序时应当带主轴转速 RPM 均匀控制的功能(G97)，并且要考虑螺纹部分的某些特性。在螺纹切削方式下移动速率控制和主轴速率控制功能将被忽略。而且在送进保持按钮起作用时，其移动进程在完成一个切削循环后就停止了。

例 10.4 如图 10-14 所示。

G00 X29.4；(1 循环切削)

G32 Z－23.F0.2；

G00 X32；

    Z4.；

    X29.；(2 循环切削)

G32 Z－23.F0.2；0

G00 X32.；

    Z4.

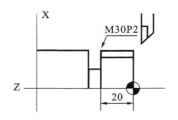

图 10-14 切螺纹

10.1.4 SIEMENS 802D 系统数控车床的操作任务实施

1. 机床操作面板

1) CNC 操作面板

SINUMERIK 802D 数控车床操作面板如图 10-15 所示。

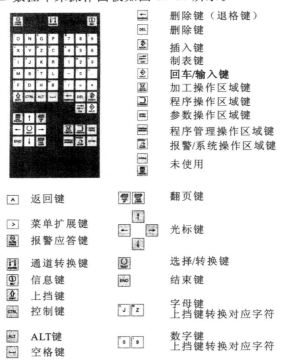

图 10-15 802D 数控车床的 CNC 操作面板及各按键功能说明

2）机床控制面板

SINUMERIK 802D 机床控制面板及各按键功能说明如图 10-16 所示。

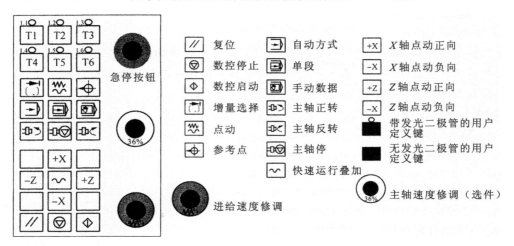

图 10-16 SINUMERIK 802D 机床控制面板及各按键功能说明

3）屏幕画面

SINUMERIK 802D 屏幕画面如图 10-17 所示。由图中可以看出，屏幕划分为以下几个区域：状态区、应用区和说明及软键区。

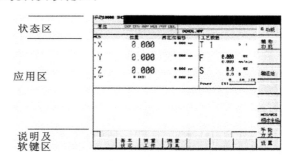

图 10-17 SINUMERIK 802D 屏幕画面

4）操作区域

操作区基本功能划分如表 10-4 所示。

表 10-4 操作区域

图　　标	功　　能	意　　义
M POSITION	加工	机床加工，机床加工状态显示
OFFSET PARAM	偏移量/参数	输入刀具补偿值和零点偏置设定值
PROGRAM	程序	生成零件程序、编辑修改程序

续表

图　标	功　能	意　义
PROGRAM MANAGEH	程序管理器	零件程序目录列表
SHIFT　SYSTEM ALARM	系统	诊断和调试
SYSTEM ALARM	报警	报警信息和信息表

　　西门子系统可以通过设定口令对系统数据的输入和修改进行保护。保护分为 3 级。用户级是最低级,但它可以对刀具补偿、零点偏置、设定数据、RS232 设定和程序编制/修改进行保护。

2. 开机和回参考点

　　打开电源开关,机床开机,开机后回参考点的操作步骤如下。

　　(1) 开机后机床会自动回到"回参考点"功能。如不在参考点画面,则按下机床控制面板上的手动键加回参考点键 ，这样,在其他功能中也可回到"回参考点"功能状态。图 10-18 所示为回参考点状态。

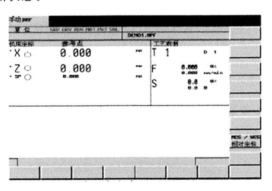

图 10-18　回参考点状态

　　(2) 按坐标轴方向键"+X、+Z",手动使每个坐标轴逐一回参考点,直到回参考点窗口中显示 ● 符号,表示各个坐标轴完成回参考点操作。如果选错了回参考点方向,则不会产生运动。○ 符号表示坐标轴未回参考点。

　　(3) 回到参考点后,通过选择另一种运行方式(如 MDA、AUTO 或 JOG 等)可以结束回参考点的功能。这里常常进行的操作是按下机床控制面板上的"JOG"键 ，进入手动运行方式,再分别按下方向键使各个坐标轴离开参考点位置,所按坐标轴的方向为"回参考点"方向的反方向。注意不能按错方向键,否则,机床会出现坐标轴超程报警信号。如出现超程报警则按坐标轴的反方向退出即可。

3. 手动控制(JOG)运行

(1) 在 JOG 运行方式中,可以使坐标轴出现三种方式运行,其速度可以通过进给速度修调按钮调节,JOG 方式的运行状态如图 10-19 所示。可通过机床控制面板上的 JOG 键 $\boxed{\text{WW}}$ 选择手动运行方式。

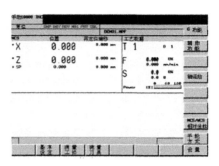

图 10-19　"JOG"状态图

(2) JOG 运行方式下的软功能键的功能介绍　在 JOG 运行方式下的界面中,按下软功能键 $\boxed{\substack{\text{基本}\\\text{设定}}}$ 出现基本设定菜单。在此菜单中相对坐标系中可以设定临时的参考点和基本零点偏置。

4. MDA 运行方式(手动输入)

在 MDA 运行方式下可以编制一个零件程序段加以执行。

(1) 通过控制面板上的"手动数据"键 $\boxed{\text{回}}$ 选择 MDA 运行方式。进入 MDA 功能界面。

(2) 通过操作面板输入加工程序段,可以单段也可多段。如:T1D1;S800M3。

(3) 按"程序启动"键 $\boxed{\Diamond}$ 执行输入的程序段,则系统换 1 号刀执行 1 号刀补值,主轴以 800 r/min 的转速正转,执行完毕后,输入区的内容仍保留,该程序段可以通过按数控启动键再次重新运行。

5. 参数设置

在 CNC 进行工作之前,必须在 CNC 上通过参数的输入和修改,对机床、刀具等进行调整。设置内容为:输入刀具参数及刀具补偿参数、输入/修改零点偏置和输入设定数据。

(1) 刀具的参数设定　刀具参数包括刀具几何参数、磨损量参数和刀具型号参数。

(2) 零点偏置参数设定　按下面板上的 $\boxed{\substack{\text{OFFSET}\\\text{PARAM}}}$ 键,进入参数设定菜单。选择其中的 $\boxed{\substack{\text{零点}\\\text{偏移}}}$ 软键,进入零点偏置窗口如图 10-20 所示。

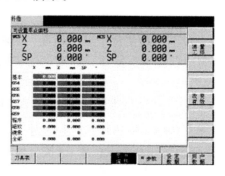

图 10-20　零点偏置

通过 ←|↑|↓|→ 键移动光标到待修改的范围输入数值。可以通过输入键输入零点偏置的大小。输入数值后，按下"输入确认"键 ⇨ ，再按下软键"改变有效"即可。

【知识链接】

数控车床的操作安全规程

（1）机床通电后，CNC 装置尚未出现位置显示或报警画面时，请不要碰 MDI 面板上的任何键，在开机时按下这些键，可能使机床产生数据丢失等误操作。

（2）当手动操作机床时，要确定刀具和工件的当前位置并保证正确指定运动轴、方向和进给速度。

（3）机床通电后，请务必先执行手动返回参考点。

（4）在手摇脉冲发生器进给时，一定要选择正确的进给率，过大的进给率易造成刀具和机床的损坏。

（5）手动干预、机床锁住或镜像操作都可能移动工件坐标系，用程序控制机床前，请先确认工件坐标系。

（6）机床空运行时通常把程序快速运行一下，空运行速度是编程速度的 50（机床厂家指定）倍。所以，一定不能用空运行方式自动加工工件；否则，会发生严重的撞车事故。

（7）机床在自动执行程序时，操作人员不得擅离岗位，要密切注意机床、刀具的工作状况，根据实际加工情况调整加工参数。一旦发现意外情况，应立即停止机床动作。

（8）关机时先取下刀具，要求先关系统电源再关机床总电源。

10.2　数控铣床编程与操作

数控铣床是在普通铣床的基础上发展起来的，两者的加工工艺基本相同，结构也有些相似，但数控铣床是靠程序控制的自动加工机床，是一种用途广泛的数控机床，特别适合加工凸轮、模具等复杂零件，同时还可以方便地进行钻、扩、铰孔和攻螺纹等。

（1）数控铣床的主要结构　数控铣床典型的结构主要由基础件、主传动系统、进给系统、回转工作台及其他机械功能附件等几部分组成。

（2）数控铣床的程序编制　为了描述点在平面和空间中的位置，首先需要定义一个确定方向和相对位置的坐标系，数控铣床的坐标系采用右手直角笛卡儿坐标系。它规定直角坐标 X、Y、Z 三个坐标轴的正方向用右手法则判定，围绕各坐标轴的旋转轴 A、B、C 的正方向用右手螺旋法则判定。数控加工采用的是空间三维坐标系，三维坐标系是在二维即平面坐标系的基础上增加了一个垂直方向的轴，通常称为 Z 轴，为平行于机床主轴的坐标轴，

（3）FANUC 0i Mate 数控铣床基本操作　数控铣床能完成各种平面、沟槽、螺旋槽、成形表面、平面曲线和空间曲线等复杂型面的加工。数控铣床主轴安装铣削刀具，在加工程序控制下，安装工件的工作台沿 X、Y、Z 坐标轴的方向运动，通过不断改变铣削刀具工件之间的相对位置，加工出符合图样要求的工件。

10.2.1　数控铣床简介

1. 数控铣床的特点

与普通铣床相比，数控铣床具有以下特点。

（1）半封闭或全封闭式防护　经济型数控铣床多采用半封闭式防护；全功能型数控铣床

会采用全封闭式防护,防止切削液、切屑溅出,保证安全。

（2）主轴无级变速且变速范围宽　主传动系统采用伺服电动机（高速时采用无传动方式即电主轴）来实现无级变速,且调速范围较宽,这既保证了良好的加工适应性,同时也为小直径铣刀工作形成了必要的切削速度。

（3）采用手动换刀,刀具装夹方便　数控铣床没有配备刀库,采用手动换刀,刀具安装方便。

（4）一般为三坐标联动　数控铣床多为三坐标（即 X、Y、Z 三个直线运动坐标）、三轴联动的机床,可以完成平面轮廓及曲面的加工。

（5）应用广泛　数控铣床种类很多,按其体积大小可分为小型、中型和大型数控铣床,其中规格较大的,其功能已向加工中心靠近,进而演变成柔性加工单元。

2. 数控铣床的分类

数控铣床按主轴布置形式可分为三类,如图 10-21 所示。

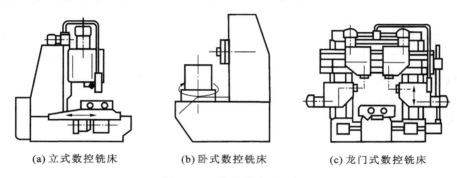

(a) 立式数控铣床　　　　(b) 卧式数控铣床　　　　(c) 龙门式数控铣床

图 10-21　数控铣床的分类

1）立式数控铣床

立式数控铣床的主轴轴线与工作台面垂直,是数控铣床中数量最多的一种,应用范围最广。立式数控铣床一般为三坐标（X、Y、Z）联动,结构简单,工件安装方便,加工时便于观察,但不便于排屑。其外形如图 10-22 所示。

图 10-22　立式数控铣床外形图

2）卧式数控铣床

卧式数控铣床的主轴轴线与工作台面平行,主要用来加工箱体类零件。一般配有数控回转工作台以实现四轴或五轴加工,从而扩大功能和加工范围,很容易做到对工件进行"四面加工",在许多方面胜过带数控转盘的立式数控铣床,所以目前已得到很多用户的重视。卧式数控铣床相比立式数控铣床,结构复杂,在加工时不便观察,但排屑顺畅。

3）龙门式数控铣床

工作台宽度在 630 mm 以上的数控铣床，多采用龙门式布局，在结构上采用对称的双立柱结构，以保证机床整体刚性、强度，主轴可在龙门架的横梁与溜板上运动，而纵向运动则由龙门架沿床身移动或由工作台移动来实现。龙门式数控铣床功能向加工中心靠近，用于大工件、大平面的加工，主要在汽车、航空航天、机床等行业使用。

3. 数控铣床的结构

数控铣床一般由机床本体、数控系统、进给伺服系统、冷却润滑系统等几大部分组成。机床本体是数控机床的主体，包括：床身、立柱等支承部件；主轴等运动部件；工作台、刀架以及进给运动执行部件、传动部件；此外，还有冷却、润滑、转位和夹紧等辅助装置。与传统机床相比，数控铣床的外部造型、整体布局、传动系统与刀具系统的部件结构以及操作机构等都发生了很大的变化，这种变化的目的是为了满足数控技术的要求和充分发挥数控机床的特点。图10-23所示为 XK5032 型立式数控铣床的外形结构图。

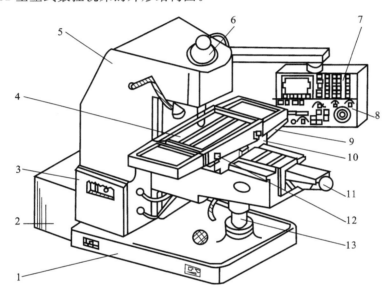

图 10-23　数控铣床的外形结构

1—底座；2—变压器箱；3—强电柜；4—纵向工作台；5—床身立柱；6—Z 轴伺服电动机；
7—数控操作面板；8—机械操作面板；9—纵向进给伺服电动机；10—横向溜板；
11—横向进给电动机；12—行程限位开关；13—工作台支配（可手动升降）

10.2.2　FANUC 0i mate-MC 系统数控铣床的程序编制

1. 常用 G 代码

数控铣床编程的程序基本格式与数控车床完全相同，常用的编程指令有一些不同。表10-5 所示为 FANUC 0i mate-MC 数控系统的常用 G 代码。

表 10-5　FANUC 0i mate 的常用 G 代码

G 代码	组　别	功　能
G00	01	快速定位
G01	01	直线插补

G 代码	组　别	功　能
G02	01	顺时针圆弧插补
G03	01	逆时针圆弧插补
G04	00	暂停,准备停止
G17	02	选择 XY 平面
G18	02	选择 ZX 平面
G19	02	选择 YZ 平面
G20	06	英寸输入
G21	06	毫米输入
G27	00	返回参考点检测
G28	00	返回参考点
G33	01	螺纹切削
G40	07	刀具半径补偿取消
G41	07	刀具半径补偿,左侧
G42	07	刀具半径补偿,右侧
G43	08	正向刀具长度补偿
G44	08	负向刀具长度补偿
G49	08	刀具长度补偿取消
G50	11	比例缩放取消
G51	11	比例缩放有效
G52	00	局部坐标系设定
G53	00	选择机床坐标系
G54	14	选择工作坐标系 1
G55	14	选择工作坐标系 2
G56	14	选择工作坐标系 3
G57	14	选择工作坐标系 4
G58	14	选择工作坐标系 5
G59	14	选择工作坐标系 6
G65	00	宏程序调用
G73	09	深孔钻循环

2. 辅助功能 M 代码

当指定地址 M 之后的参数时,代码信号和通信信号被送到机床,机床使用这些信号去接通或断开它的各种功能。在一个程序段中仅能指定一个 M 代码,表 10-6 所示为辅助功能 M 代码的功能及说明。

表 10-6　辅助功能 M 代码的功能及说明

代　　码	功　　能	说　　　　明
M00	程序停止	在包含 M00 的程序段执行之后,自动运行停止。当程序停止时,所有存在的模态信息保持不变。用循环启动使自动运行重新开始
M02,M30	程序结束	它们表示主程序的结束。自动运行停止。在指定程序结束的程序段执行之后,控制返回到程序的开头
M01	选择停止	与 M00 类似,在包含 M01 的程序段执行以后,自动运行停止。只是当机床操作面板上的任选停机的开关置 1 时,这个代码才有效
M03	主轴正转	从上往下看主轴,主轴顺时针方向转动
M04	主轴反转	从上往下看主轴,主轴逆时针方向转动
M05	主轴停止	该代码停止主轴转动。当主轴需要改变旋转方向时,要用 M05 代码先停止主轴转动,然后再规定 M03 或 M04 代码
M98	调用子程序	这个代码用于调用子程序
M99	子程序结束	这个代码表示子程序结束,使子程序返回到主程序
M198	调用子程序	这个代码用于外部输入/输出功能中调用文件的子程序
M08	切削液开	这个代码用于开切削液
M09	切削液关	这个代码用于关切削液

10.2.3　FANUC 0i Mate 数控铣床基本操作任务实施

1. 机床的手动操作

1) 机床回零

(1) 将〈方式选择〉旋钮转动到 ZERO 方式。

(2) 按住机床操作面板上 X 轴方向移动按钮 $\boxed{^{\circ}+X}$ (此时 X 轴将回原点),至 X 轴回零指示灯亮。同样,再分别按住 Y 轴、Z 轴方向移动按钮 $\boxed{^{\circ}+Y}$ 和 $\boxed{^{\circ}+Z}$ 至 Y 轴,Z 轴回零指示灯亮。

2) 手轮方式移动台面或刀具

(1) 将〈方式选择〉旋钮转动到 HANDLE 方式。

(2) 选择调整手轮脉冲发生器。

(3) 选择手轮进给轴。

(4) 顺时针/逆时针旋转手摇脉冲发生器。

3) 手动连续进给

(1) 将〈方式选择〉旋钮转动到 JOG 方式。

(2) 分别按下移动键 $\boxed{^{\circ}+X}$ 、 $\boxed{^{\circ}+Y}$ 、 $\boxed{^{\circ}+Z}$ 、 $\boxed{^{\circ}-X}$ 、 $\boxed{^{\circ}-Y}$ 、 $\boxed{^{\circ}-Z}$ 移动机床。释放开关,移动停止。

(3) JOG 进给速度可以通过 JOG 进给倍率旋钮进行调整。

(4) 按下移动键的同时,按下快速移动 $\boxed{^{\circ}\sim}$ 键,刀具会快速移动。在快速移动过程中,进给移动倍率有效。

4）增量进给

（1）将〈方式选择〉旋钮转动到 INC 方式。

（2）选择每一步将要移动的增量值。

增量进给的由 $\boxed{×1}$、$\boxed{×10}$、$\boxed{×100}$ 三个增量倍率按键控制。增量倍率按键与增量值的对应关系见表 10-7。

表 10-7　增量倍率按键与增量值的对应关系

增量倍率按键	×1	×10	×100
增量值/mm	0.001	0.01	0.1

（3）每按一下移动键 $\boxed{+X}$、$\boxed{+Y}$、$\boxed{+Z}$、$\boxed{-X}$、$\boxed{-Y}$、$\boxed{-Z}$，机床移动一个增量值。

5）MDI 方式

（1）将〈方式选择〉旋钮转动到 MDI 方式。

（2）按功能键 $\boxed{\text{PROG}}$ 。

（3）输入数据 S300M03，按 $\boxed{\text{EOB}_E}$ 和 $\boxed{\text{INSERT}}$ 键，按机床操作面板的循环启动按键 ，这时主轴正转。

6）主轴控制

（1）主轴正转　操作步骤如下。

① 在上述"MDI"，已输入主轴转速、M03，按 $\boxed{\text{EOB}_E}$ 和 $\boxed{\text{INSERT}}$ 键，按机床操作面板的循环启动按键 ，使主轴正转。

② 将〈方式选择〉旋钮转动到 JOG 方式，按一下 键，主电动机以在"MDI"方式设定的转速正转。

（2）主轴反转　操作步骤如下。

① 在上述"MDI"，已输入主轴转速、M04，按 $\boxed{\text{EOB}_E}$ 和 $\boxed{\text{INSERT}}$ 键，按机床操作面板的循环启动按键 ，使主轴反转。

② 将〈方式选择〉旋钮转动到 JOG 方式，按一下 键，主电动机以在"MDI"方式设定的转速反转。

2. 程序输入与调用

操作步骤如下。

1）输入程序

（1）将〈方式选择〉旋钮置于 EDIT 状态；

（2）按 $\boxed{\text{PROG}}$ 键出现 PROGRAM 画面；

（3）在操作面板上依次输入程序语句，每个字输完按 $\boxed{\text{INSERT}}$ 键，每个程序段连续输完按 $\boxed{\text{INSERT}}$ 键，再按 $\boxed{\text{EOB}_E}$ 键。

（4）按 $\boxed{\text{RESECT}}$ 键，光标返回程序的起始位置。

2）调用程序

例 10.5 调用已有的程序 O1001。

操作步骤如下。

（1）将〈方式选择〉旋钮置于 EDIT 状态；

（2）按 PROG 键出现 PROGRAM 画面；

（3）输入程序号 O1001,按光标下移键 ⬇ ,即可出现 O1001 程序。

3）字的修改

例 10.6 将 Z10 改为 Z15。

操作步骤如下。

（1）将光标移到 Z10 位置；

（2）输入改变后的字 Z15；

（3）按 ALTER 键,即可替换。

4）删除字

例 10.7 将 Z10 删除。

操作步骤如下。

（1）将光标移到 Z10 位置；

（2）按 DELETE 键,即可删除 Z10 字。

5）插入字

例 10.8 在"G17G90G40G49"语句中加入 G54 改为"G17G90G54G40G49"。

操作步骤如下。

（1）将光标移到要插入字的前一个字的位置（G90）；

（2）输入要插入的字（G54）；

（3）按 INSERT 键,出现 G17G90G54G40G49。

6）删除程序

例 10.9 要删除程序 O1001。

操作步骤如下。

（1）将〈方式选择〉旋钮置于 EDIT 状态；

（2）按 PROG 键；

（3）输入要删除的程序号（O1001）；

（4）确认是不是要删除的程序；

（5）按 DELETE 键,该程序即被删除。

7）删除一个程序段

例 10.10 O1000。

N10 G17 G90 G54 G40 G49；

N20 G55；

N30 G00 X−50 Y−80；（要删除这个程序段）

N40 S300 M03；

操作步骤如下。

（1）将光标移到要删除的程序段的第一个字 N30 位置；

（2）按 $\boxed{\text{EOB}_E}$ 键；

（3）按 $\boxed{\text{DELETE}}$ 键，该程序段即被删除。

3. 超程解除

在伺服轴行程的两端各有一个极限开关，其作用是防止伺服机构碰撞而损坏。当伺服机构碰到行程极限开关时，就会出现超程。当某轴出现超程时，系统会发出报警，必须使用超程解除，机床才能正常工作。

例如，"＋X"方向超程，超程解除的方法如下。

（1）松开"急停"按钮，置工作方式为 "JOG"方式。

（2）一直按压着 $\boxed{\text{超程释放}}$ 键，同时按移动键 $\boxed{\text{-X}}$，使超程轴向相反方向移动。在手动方式下，使该轴向相反方向退出超程状态。

（3）松开超程解除按键 $\boxed{\text{超程释放}}$ 。

注意：在操作机床退出超程状态时请务必注意移动方向及移动速率，以免发生撞机。

（4）置工作方式为 "ZERO"方式，分别按 $\boxed{\text{+X}}$ 、$\boxed{\text{+Y}}$ 、$\boxed{\text{+Z}}$ 至原点灯亮，重新回机床原点。

【知识链接】

关于数控机床坐标系统简介如下。

1. 机床坐标轴的命名

为了简化编制程序的方法和保证记录数据的互换性。对数控机床的坐标和方向的命名国际上很早就制定统一标准，在标准中统一规定采用右手直角笛卡儿坐标系对机床的坐标系进行命名。用 X、Y、Z 表示直线进给坐标轴，X、Y、Z 坐标轴的相互关系由右手法则决定，如图 10-24 所示，图中大拇指的指向为 X 轴的正方向，食指指向为 Y 轴的正方向，中指指向为 Z 轴的正方向。

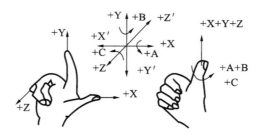

图 10-24　机床坐标轴

围绕 X、Y、Z 轴旋转的圆周进给坐标轴分别用 A、B、C 表示，根据右手螺旋定则，如图 10-24所示，以大拇指指向＋X、＋Y、＋Z 方向，则其余四指的指向就是圆周进给运动的＋A、＋B、＋C 方向。

2. 机床坐标轴确定方法

机床坐标轴的方向取决于机床的类型和各组成部分的布局。

数控车床坐标轴的确定，Z 轴与主轴轴线重合，沿着 Z 轴正方向移动将增大零件和刀具间的距离。X 轴垂直于 Z 轴，对应于转塔刀架的径向移动，沿着 X 轴正方向移动将增大零件和刀具间的距离，如图 10-25 所示。总之，把离开三爪卡盘的方向定义成 Z 轴和 X 轴的正方向。

相反,靠近三爪卡盘方向定义为 Z 轴和 X 轴的负方向。

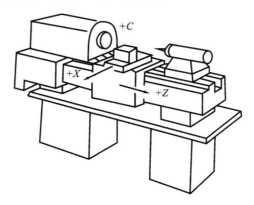

图 10-25　车床坐标轴及其方向

　　在以后的发展中,数控机床将不断采用最新技术,朝着高速化、高精度化、多功能化、智能化、系统化与可靠性等方向发展,由机械运动自动化向信息控制智能化方向发展。其发展速度和深度将取决于人才、科研、创新、合作四个方面。

第 11 章　特种加工和精密加工

【学习目标】

（1）了解电火花加工的原理。

（2）了解电解加工的特点。

（3）了解精密车削的应用及常用刀具。

（4）熟悉精密磨削的一般要求。

（5）分析高速精车切削用量的选择。

【能力目标】

（1）掌握电火花加工的方法。

（2）学会运用电解加工的基本方法。

（3）掌握超声加工和激光加工的应用。

（4）掌握高速精车和精密磨削的方法。

（5）熟悉其他精密加工的方法。

【内容概要】

随着生产的发展和科学技术的进步，很多工业部门，尤其是机械、电子行业的产品向着高精度、高速度、小型化、自动化等方向发展。它们所使用的材料越来越难加工，零件形状越来越复杂，表面精度越来越高，而特种加工和精密加工在现阶段，主要是当常规加工不易加工时，更能体现出它的优越性和经济性，并已成为一种不可缺少的重要加工方法。

11.1　特　种　加　工

特种加工主要不是靠机械能，而是利用电能、热能、光能、化学能、声能、电化学能等来进行材料去除加工。主要用于高强度、高硬度、高脆性、耐高温、耐磁性等难切削材料和形状复杂零件的加工。目前，在生产中用的比较多的，主要有以下几种。

（1）电火花加工　电火花加工是一种利用电、热能量进行加工的方法。在加工过程中，使工具和工件之间不断产生脉冲性的火花放电，靠放电时局部、瞬间产生的高温把金属蚀除下来。应用比较广泛的是电火花成形和电火花线切割两类。

（2）电解加工　电解加工是利用金属在电解液中可以产生阳极溶解的电化学原理来对工件进行尺寸加工成形的一种方法。

（3）超声波加工　超声波加工是利用生产超声振动的工具，带动工件和工具间的磨料悬浮液，冲击和抛磨工件的被加工部位，使其局部材料破坏而成粉末，以进行穿孔、切割和研磨等的加工方法。

（4）激光加工　激光加工是激光系统最常用的应用。根据激光束与材料相互作用的机理，大体可将激光加工分为激光热加工和光化学反应加工两类。激光热加工是指利用激光束投射到材料表面产生的热效应来完成加工过程，包括激光焊接、激光切割、表面改性、激光打标、激光钻孔和微加工等;光化学反应加工是指激光束照射到物体,借助高密度高能光子引发或控制光化学反应的加工过程。

11.1.1 电火花加工

1. 电火花加工的原理

电火花加工的原理是工件与工具分别与直流脉冲电源的两端相连接。工具电极与工件电极均浸泡在工作液中,工作时工具电极缓缓下降与工件电极保持一定的放电间隙,如图 11-1 所示。

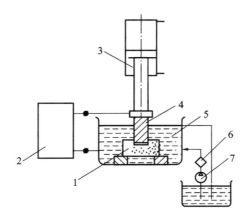

图 11-1 电火花加工原理图

1—工件;2—脉冲电源;3—自动进给调节装置;4—工具;5—工作液;6—过滤器;7—工作液泵

电火花腐蚀的主要原理是由于电火花放电时火花通道中瞬时产生大量的热,使金属材料局部熔化、气化而被蚀除掉,而由于电火花加工是脉冲放电,其加工表面由无数个脉冲放电小凹坑所组成。在脉冲放电过程中,由间隙自动调节器驱动工具电极自动进给,保持其与工件的间隙,以维持持续的放电,将工具电极的轮廓和截面形状拷贝在工件上。

2. 电火花加工的特点

(1) 加工时不产生切削力,有利于小孔、薄壁、窄缝及复杂型腔和曲线孔的加工,也适于精密细微加工。

(2) 由于是局部受热,因此可以加工硬、脆、软、韧的导电材料。在特定条件下,还可以加工硬、脆、韧、软、高熔点的导电材料。在特定条件下还可以加工半导体材料和非导电材料。

(3) 脉冲参数可以任意调节,加工中只要更换工具电极或采用阶梯形工具电极,就可以在同一台机床上进行粗、半精、精加工。

(4) 电火花加工机床的结构简单,直接使用电能来加工,以便于实现自动控制和计算机数控加工。

11.1.2 电解加工

1. 电解加工原理

图 11-2 所示为电解加工原理图。加工时,工件接直流电源的正极,工具接负极,两极间外加直流电压为 6~24 V,极间间隙保持为 0.1~1 mm,当电解液以较高流速(5~60 m/s)通过时,阳极工件的金属逐渐被电解腐蚀,以达到加工的目的。

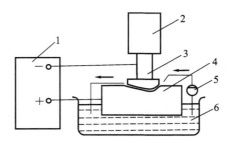

图 11-2　电解加工原理图

1—直流电源；2—进给机构；3—工具；4—工件；5—电解液泵；6—电解液

2. 电解加工的特点

（1）加工范围广，能加工各种高硬度、高强度及韧度金属材料，并能加工叶片、锻模等复杂型面。

（2）电解加工的生产效率较高，是特种加工中材料去除速度最快的方法之一。

（3）加工中无机械切削力和切削热，加工表面无残余应力和毛刺，能获得较低的表面粗糙度。

（4）工具电极在加工过程中基本无损耗，可长期使用。

（5）电解加工附属设备较多，设备初始投资大，而且应配备废水处理系统。

11.1.3　超声波加工

1. 超声波加工的原理

超声波加工主要是利用磨粒在超声振动作用下的撞击和抛磨，以及超声波空化作用。加工时，工具以一定的力压在工件上，由于工具的超声振动，使悬浮磨粒以很大的速度、加速度和超声频打击工件，致使表面破碎、裂纹，脱离而成微粒，这是磨粒的撞击和抛磨作用。而空化作用则是磨料悬浮液受端部超声振动，产生液压冲击和空化现象，促使液体渗入裂纹处，加强机械破坏作用，同时因液压冲击而使工件表面损坏而蚀除。为了减少工具材料损耗，一般采用45 钢作为工具材料。超声波加工原理如图 11-3 所示。

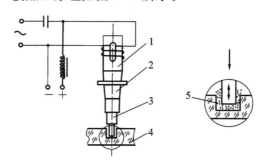

图 11-3　超声波加工原理图

1—换能器；2—变幅杆；3—工具；4—工件；5—磨料悬浮液

2. 超声波加工的特点

（1）主要适用于加工各种硬脆材料，如玻璃、石英、陶瓷、硅、玛瑙、宝石、金刚石等。对于导电的硬质金属材料如淬火钢、硬质合金等，也能进行加工，但加工生产率较低。

（2）加工过程中受力小，热影响小，可加工薄壁、薄片等易变形零件。

（3）能加工各种形状复杂的形孔、形腔、成形表面等。

（4）由于去除加工材料是靠极小磨料瞬时局部的撞击作用，故工具对工件的宏观作用力小，热影响小。

11.1.4　激光加工

1. 激光加工的原理

激光的方向性好，发射角很小，通过透镜聚焦后，可以得到直径很小的焦点；再加上它的单色性好，波长极为一致，亮度极高，当功率密度极高的激光束照射工件的被加工部位时，焦点处的能量高度集中，温度可以达到上万度。在此高温下，任何坚硬的材料都将瞬间被熔化和气化，产生很强的冲击波，在冲击波的作用下，将熔化物爆炸式喷射去除，达到对工件进行穿孔、蚀刻、切割等工作，如图 11-4 所示。

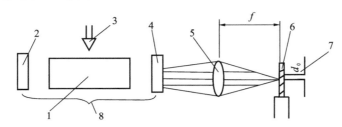

图 11-4　激光加工原理图

1—激光工作物质；2—全反射镜；3—激励能源；4—部分反射镜；5—透镜；
6—工件；7—激光焦点直径；8—光谐振腔

2. 激光加工特点

（1）激光加工范围很广，几乎能加工所有材料，不论是金属还是非金属材料。

（2）激光加工的速度很快，效率很高，操作简便，工件热变形小。

（3）激光加工属于非接触加工，无切削加工的受力变形。

（4）对于表面光泽或透明材料的加工，必须先进行色化或打毛处理。

（5）激光加工可控性好，激光束调制方便，易于实现数字控制和自动化加工。

11.1.5　激光加工任务实施

1. 电火花加工的应用

1）电火花成形加工机床

如图 11-5 所示，电火花成形加工机床主要由电源箱和机床两部分组成。机床由床身、液压油箱、工作液槽、主轴头、立柱、工作液箱等组成。电源箱则由直流脉冲电源和进给驱动系统等组成。

电火花成形加工过程中工具电极与工件电极之间的脉冲放电保持一定间隙。随着材料的不断被蚀除，工具也会有一定的损耗，同时间隙不断增大，必须使电极及时进给补偿；否则，放电过程会因间隙过大而停止或间隙过小而引起电弧放电和短路。常用步进电动机装置和宽调速直流力矩电动机装置组成自动调节进给系统。

电火花成形加工常用来加工冷冲模、粉末冶金模、挤压模、拉丝模、压铸模、塑料模等。

2）电火花线切割机床

电火花线切割加工是利用一根连续移动的细金属导线作为电极对工件进行脉冲火花放

电、切割成形的,电火花线切割加工机床如图 11-6 所示。

图 11-5 电火花成形加工机床

图 11-6 电火花线切割加工机床

2. 电解加工的应用

电解加工的基本设备由直流电源、机床及电解液系统三大部分组成。由于其生产率高,表面加工质量好,故广泛应用于加工各种型腔模具(如锻模、压模等),各种形孔小孔,汽轮机的叶片和整体式叶轮,还成功应用于枪、炮管的来复线,航空发动机和火箭等的制造工业,智能化数控电解加工机床如图 11-7 所示。

3. 超声波加工的应用

(1)超声波切割加工 主要用于切割脆硬的半导体材料。

(2)超声波焊接 用于焊接尼龙、塑料以及表面易生成氧化膜的铝制品等。此外,还可用于陶瓷等非金属表面挂锡、挂银和涂熔化的金属薄层,超声波加工焊接机如图 11-8 所示。

(3)超声波清洗 利用超声振荡产生的空化作用来清洗零件,近来多用于清洗衣物等。另外,超声波还可用于测距和探伤等工作。

(4)超声波复合加工 在加工难切削材料时,常将超声振动与其他加工方法配合进行复合加工,如超声车削、超声磨削、超声电解加工等,对提高生产率,降低表面粗糙度都有较好的效果。

图 11-7 智能化数控电解加工机床

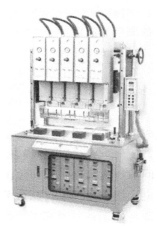

图 11-8 超声波加工焊接机

4. 激光加工的应用

1）激光打孔

激光打孔时,采用吹气或吸气装置,以帮助排除锈蚀物,适于在硬脆材料上打微孔、小孔、异形孔或盲孔。目前,多用于柴油机燃料喷嘴小孔加工、化纤喷丝头打孔、钟表和仪表中的宝石轴承打孔、金刚石拉丝模加工等。

2）激光切割

激光切割时,工件相对于激光束要有移动,为了提高生产率,一般切割金属时,可在激光照射部位同时吹氧气,这样,既可吹去熔化物,又可以使氧与高温金属发生反应,促进照射点的熔化。可以进行不锈钢、陶瓷、布匹、半导体硅片的切割及精密零件的窄缝切割、刻线、雕刻等。

3）激光焊接

激光焊接主要用于高熔点材料和快速氧化材料及异种材料的焊接。一般脉冲输出的激光器适合于点焊,连续输出的二氧化碳激光器适合于缝焊。

4）激光表面处理

激光表面处理是利用激光束对金属工件表面照射,使金属迅速加热,熔化或气化,从而使工件表层改性。主要包括激光淬火、激光表面合金化、激光上釉、表面复合和激光冲击硬化等多种工艺。

激光加工因其加热快,不需淬火介质,硬度高而均匀,可实现局部热处理,节省能源,工作环境清洁,因此得以迅速发展,如图 11-9 所示。

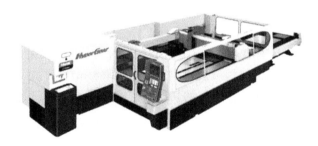

图 11-9　激光加工机床

【知识链接】

当前生产的电火花线切割加工机床,绝大多数是数控的,电火花线切割与电火花成形加工相比,线切割不需要专门的工具电极,工具电极的金属丝在加工中不断移动,基本上无损耗,加工精度高,生产效率高,机床所需的功率也小得多。

电火花线切割机床广泛用于加工各种硬质合金和淬硬钢的冲模、样板及细小工件等。目前,数控电火花线切割机床还可实现多维切割、重复切割、移位、图形缩放等功能。

11.2　精　密　加　工

精密加工技术是指在一定的发展时期,加工精度和表面质量比传统的加工方法达到更高程度的加工工艺。根据我国目前的工艺水平,一般加工精度在 $10 \sim 0.1\ \mu m$ 以内,相当于 IT5 以上,表面粗糙度 Ra 值小于 $0.1\ \mu m$ 的加工,称为精密加工。精密加工的方法有很多种,常用的有高速精车和精密磨削等。

（1）高速精车　加工外圆表面时，用很小刃口圆弧半径的车刀进行高速、微量切削而获得高精度的工艺方法称为高速精密车削。

（2）精密磨削　在精密磨床上通过细粒度砂轮的微量磨削和修整，得到高精度和很小表面粗糙度值的磨削，称为精密磨削。

11.2.1　高速精车

1. 高速精车的常用刀具

1）硬质合金车刀

高速精车所使用的刀具材料一般采用硬质合金，如 YG6X、YG6A、YG3X 等，其加工表面粗糙度值 Ra 为 0.05 μm 左右，用超细颗粒的硬质合金，如 YH1、YH2、YG10H 等，可以达到的表面粗糙度 Ra 为 0.03 μm。

2）金刚石车刀

金刚石刀具材料有天然单晶金刚石和人造聚晶金刚石两种。金刚石具有硬度高、耐磨性好、刃口锋利和摩擦系数小等优点，但韧度较低，刃磨困难。金刚石刀具适用于有色金属及其合金和非金属材料的精密车削，由于与铁的亲和力很强，故不适于加工黑色金属。

（1）天然单晶金刚石的硬度高达 11 000 HV，比硬质合金高 5 倍以上，耐磨度为硬质合金的数千倍，所加工的表面粗糙度 Ra 为 0.025～0.008 μm。

（2）人造聚晶金刚石其硬度低于天然金刚石，但仍在 5 000 HV 以上，刃口也没天然金刚石锋利，但价格便宜。

2. 切削用量的选择

用金刚石车刀进行精密车削，可采用很高的切削速度，也可以采用低速进行切削。如在 CGM6125 车床上加工 H62 黄铜时，可选切削速度 $v_c \geqslant 68$ m/min 或 $v_c \leqslant 17$ m/min。进给量一般选 $f=0.01～0.04$ mm/r，半精加工的切削深度 $a_p=0.05～0.1$ mm，精加工的切削深度 $a_p=0.02～0.05$ mm

用硬质合金精密车刀进行精密车削时，一般采用高的切削速度。如镁合金材料，最高切削速度可达 $v_c=1$ 000 m/min。切削速度越高，工件表面粗糙度越低，但刀具磨损加剧，所以应根据实际情况合理选择。一般进给量 $f=0.02～0.04$ mm/r，切削深度 $a_p=0.2～0.3$ mm。

11.2.2　精密磨削

1. 精密磨削用的机床及砂轮

1）机床的选择

精密磨床的选用要求是，砂轮主轴的回转精度高于 1 μm，内圆磨具采用静压，传动部分由减振措施，工作台运动平稳，刻度值不得大于 0.005 mm，最好选用数控磨床，以提高加工质量。

2）砂轮的选用

砂轮应选用粒度号为 60 或更细的刚玉砂轮，单晶刚玉最佳。高精度、低表面粗糙度值磨削是靠砂轮工作面上修整出大量等高微刃而进行精密加工的，砂轮的修整很重要，因此用金刚石笔来定时修整砂轮，如图 11-10 所示。修整后，砂轮表面用切削液来冲洗干净，防止脱落的磨粒碎粒附着在砂轮工作表面。

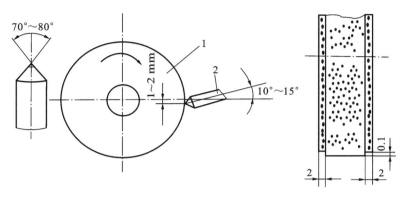

图 11-10　用金刚石笔修整砂轮
1—砂轮；2—金刚石笔

2. 精密磨削的特点

（1）精密磨削在磨床上进行，其加工精度主要取决于机床。由于对精密磨削的精度要求越来越高，磨床精度将进入纳米量级。

（2）精密磨削是微量切除加工，去除的余量可能与工件所要求的精度数量级相当，甚至小于公差要求，因此在加工机理上与一般磨削加工是不同的。在超精密磨削时一般多采用人造金刚石、立方氮化硼等超硬磨料砂轮。

（3）精密磨削是一个系统工程。影响精密磨削的因素很多，各因素之间相互关联，需要一个稳定的工艺系统，对力、热、振动、材料组织、工作环境的温度和净化等都有稳定性要求，并有较强的抗击来自系统内、外干扰的能力，有了高稳定性，才能保证加工的质量。

11.2.3　精密磨削任务实施

1. 高速精车的应用

高速精车主要用于铜、铝及其合金制件的最终加工，也可用于如塑料、玻璃纤维、合成树脂及石墨等不宜采用磨削而要求又高的零件。对于表面粗糙度值很小的铜、铝合金制件的外圆表面或反射镜的曲面，使用金刚石车刀进行镜面车削，其 Ra 值可小于 $0.05\ \mu m$。此外，还用做黑色金属或其他表面硬度高的精密零件光整加工前的预加工工序。

2. 精密磨削的应用

精密磨削的 Ra 值为 $0.16\sim0.04\ \mu m$，主要用于机床主轴、高精度轴承、液压滑阀、标准量具量仪，以及宇航工业中的精密零件、计算机磁盘等元件的制造。

【知识链接】

精密研磨也可达到很高的尺寸精度和形状精度，表面粗糙度 Ra 为 $0.4\sim0.04\ \mu m$，多用于精密偶件、精密量规、精密量块等的最终加工。具体方法是将研磨剂涂抹在研具上，以研磨剂中磨粒的滚动切削为主；还可以通过化学作用对工件进行抛光研磨，从而进一步降低加工表面的粗糙度值。

特种加工是除了常规加工、磨削、刨削以外的一些新的机械加工方法的总称，主要不依靠切削力来对工件进行加工，而是通过光、电、声、化、热等其他的能量，来加工高硬度、高强度、耐高温、耐磁性和非金属难加工的材料。特种加工对提高工件质量有很大的帮助，特种加工必将广泛应用于企业的生产实践中去。

综合实训

综合实训 1　机械制造入门

一、选择题

1.材料在使用中,如(　　)不足,则会由于发生过大的弹性变形和失效。

A.韧度　　　　　　B.强度　　　　　　C.刚度　　　　　　D.塑性

2.机床传动用齿轮应选用的材料是(　　)。

A.40Cr 或 45 钢　　　　　　　　　　B.HT150

C.1Cr18Ni9　　　　　　　　　　　　D.W18Cr4V

3.主要依据(　　)指标来判定材料能否顺利经受变形加工。

A.R_e　　　　　B.R_m　　　　　C.$R_{p0.2}$　　　　　D.σ_{-1}(疲劳强度)

4.适合用布氏硬度计测定硬度值的材料是(　　),其硬度值用 HBW 表示。

A.退火、正火及调质钢　　　　　　　B.淬火钢

C.硬质合金　　　　　　　　　　　　D.陶瓷

5.最适合用 HRC 来表示其硬度值的材料是(　　)。

A.铝合金　　　　　B.铜合金　　　　　C.淬火钢　　　　　D.调质钢

6.在图样上出现以下几种硬度技术条件的标注,其中(　　)是正确的。

A.500 HBS　　　　B.799 HV　　　　C.12~15 HRC　　　D.180~230 HBW

7.α—Fe 和 γ—Fe 分别属于(　　)晶格类型。

A.面心立方晶格和体心立方晶格　　　B.体心立方晶格和面心立方晶格

C.均为面心立方晶格　　　　　　　　D.均为体心立方晶格

8.钢的回火处理是在(　　)后进行的。

A.退火　　　　　B.正火　　　　　C.淬火　　　　　D.回火

9.灰铸铁可用于制造(　　)。

A.机床床身　　　　B.曲轴　　　　　C.管接头　　　　　D.钻头

10.HMn58-2 中 Mn 的质量分数为(　　)。

A.0　　　　　　　B.2 %　　　　　　C.58 %　　　　　　D.40 %

二、判断题(正确的打√,错误的打×)

1.正火后钢的强度和硬度比退火后的高。　　　　　　　　　　　　　　　　　(　　)

2.低碳钢或高碳钢件为便于进行机械加工,可预先进行球化退火。　　　　　　(　　)

3.表面淬火和化学热处理都能改变钢的表面成分和组织。　　　　　　　　　　(　　)

4.制造切削刀具常采用的热处理工艺是淬火后低温回火。　　　　　　　　　　(　　)

5.可锻铸铁在高温时可以进行锻造加工。　　　　　　　　　　　　　　　　　(　　)

6.塑料是一种应用很广的有机高分子化合物。　　　　　　　　　　　　　　　(　　)

7.淬火件的中温回火主要用于各种弹簧、锻模的处理。　　　　　　　　　　　(　　)

8.玻璃钢是以石墨纤维为增强剂,以合成树脂为基体的复合材料。　　　　　（　　）

三、简答题

1.机械制造的方法有哪些？

2.常用的工程材料有哪些？简述铸铁与碳钢的牌号及各自性能和用途。

3.常用的热处理方法有哪些？

4.简述游标卡尺的结构和读数原理？

5.何谓刀具磨损？刀具磨损分哪三个阶段？

6.以车削加工为例简述"切削三要素"的定义。

综合实训 2　铸　　　造

一、选择题

1.浇注温度越高,则（　　　）收缩越大。

A.凝固　　　　　　　　B.液态　　　　　　　　C.固态　　　　　　　　D.凝固和固态

2.在下列铸造合金中,缩孔倾向最小的是（　　　）。

A.白口铸铁　　　　　　B.铸钢　　　　　　　　C.灰铸铁　　　　　　　D.球墨铸铁

3.铸件应力的产生主要是因为铸件各部分冷却不一致,以及（　　　）的结果。

A.壁厚差太大　　　　　B.型芯阻碍收缩　　　　C.铸件温度不足　　　　D.浇速快

4.芯头是型芯的重要组成部分,芯头一般（　　　）形成铸件的形状。

A.直接　　　　　　　　B.不直接　　　　　　　C.相对直接　　　　　　D.有时不直接

5.植物油砂芯的烘干温度为（　　　）。

A.150～175 ℃　　　　B.160～180 ℃　　　　C.200～220 ℃　　　　D.250～300 ℃

6.铸铁件浇注系统的计算,首先应确定（　　　）,然后根据经验比例,确定其他部分截面积。

A.浇口坯截面积　　　　B.包分截面积　　　　　C.直浇道截面积　　　　D.内浇道截面积

7.冒口能对铸件进行补缩的必要条件是（　　　）。

A.冒口体积足够大　　　　　　　　　　　　　　B.冒口中的合金液比铸件被补缩处后凝固

C.冒口模数大　　　　　　　　　　　　　　　　D.冒口模位置高

8.对一些尺寸要求不高,但又难以起模,带有凹面的铸件,如单件生产,可采用（　　　）以缩短生产周期,节省模样。

A.活砂造型　　　　　　B.实物造型　　　　　　C.劈模造型　　　　　　D.劈箱造型

9.浇口位置的选择,不应妨碍铸件（　　　）。

A.收缩　　　　　　　　B.凝固　　　　　　　　C.清理　　　　　　　　D.落砂

10.可锻铸铁件浇注系统多采用（　　　）浇注系统。

A.封闭式　　　　　　　B.开放式　　　　　　　C.楔形浇口　　　　　　D.压边浇口

二、判断题（正确的打√,错误的打×）

1. 铸钢与铸铁相比较,具有较好的流动性,较小的收缩性,较差的焊接性。（　　）

2. 流动性较好的合金,能防止铸件浇不足、冷隔等缺陷,能获得轮廓清晰的铸件。（　　）

3. 合金的铸造性能,是选择凝固原则的定性因素,如收缩较大的铸钢,球墨铸铁等铸件,应选择顺序凝固的原则。（　　）

4. 砂芯复数是在制造大型黏土砂芯时,为防止舂砂时芯盒外涨,烘干时膨胀以及表面刷、涂料等因素而导致砂芯尺寸增大而预留的减少量。（　　）

5. 对中、小型铸件通常只设一个直浇道,而大型或薄壁复杂的铸件,常设几个直浇道,同时进行浇注。（　　）

6. 采用发热保温冒口,可使铸钢件的工艺出口率提高。（　　）

7. 大型砂芯一般需进烘干炉烘干。（　　）

8. 偏心振动落砂机适用于生产批量小,砂箱类别的中、小件铸型。（　　）

三、简答题

1. 什么是铸造？铸造加工有何特点？

2. 铸件的清理包括哪些方面？常用的清理方法有哪些？

3. 在实训操作中手工造型的方法有哪些？分别适合于哪种铸造？

4. 试画出砂型铸造工艺流程图。

5. 金属的加热过程可能产生的铸造缺陷是什么？如何防止？

6. 铸造合金的收缩可分为哪几个阶段？缩孔、缩松、铸造应力及铸件变形各出现在哪个阶段。

综合实训 3　　锻　　　压

一、选择题

1. 在零件尺寸加上粗加工和精加工余量后的尺寸称为锻件（　　）。

    A. 最大尺寸　　　　　　B. 最小尺寸　　　　　　C. 平均尺寸　　　　　　D. 基本尺寸

2. 锻件图有冷热之分,通常冷锻件图是生产检验时的主要依据,热锻件图是（　　）的依据。

    A. 坯料尺寸确定　　　　　　　　　　　　B. 模具设计制造

    C. 机械加工　　　　　　　　　　　　　　D. 热处理

3. 锻压件在下列冷却方法中冷却速度最慢的是（　　）。

    A. 堆冷　　　　　　　B. 灰砂冷　　　　　　C. 炉冷　　　　　　　D. 坑冷

4. 热模锻压力机实际上是一种使坯料在热态下模具成形而使用的（　　）。

    A. 螺旋压力机　　　　B. 曲柄压力机　　　　C. 高能锻压机　　　　D. 摩擦压力机

5. 始锻温度主要受（　　）温度的限制。

A.过烧　　　　　　　B.过热　　　　　　　C.终锻　　　　　　　D.氧化

6.进行胎膜锻造时,若锻件飞边发黑或有刚性冲击时应(　　)锻造。

A.重击　　　　　　　B.连打　　　　　　　C.停止　　　　　　　D.轻击

7.锻件内部横向裂纹产生的原因可能是冷锭加热速度过快形成的加热裂纹,也可能是拔长低塑性材料时相对送进量(　　)造成的。

A.过大　　　　　　　B.过小　　　　　　　C.过快　　　　　　　D.过慢

8.模锻通常按所用(　　)和锻模结构进行分类。

A.模锻设备　　　　　B.模锻工具　　　　　C.模锻材料　　　　　D.加热温度

9.模锻件上凡是(　　)的部位都应留有机械加工余量,余量的大小取决于机械加工的要求和模锻工艺所能达到的锻件公差大小。

A.黑皮　　　　　　　B.机械加工　　　　　C.注有公差　　　　　D.零件尺寸

10.热模锻压力机工艺适用于单模膛模锻以及配合(　　)的多模膛模锻。此外,还可以进行挤压和多项模锻等。

A.制坯工艺　　　　　B.单模膛　　　　　　C.滚压　　　　　　　D.顶锻

二、判断题(正确的打√,错误的打╳)

1.金属塑性变形时只产生形状的变化,基本上不发生体积的变化。　　　　　　　(　　)

2.塑性是金属固有的一种属性,它不随着压力加工方式的变化而变化。　　　　　(　　)

3.绘制自由锻的锻件图时,应考虑在零件图上增加敷料、加工余量和锻件。　　　(　　)

4.金属的塑性越好,变形抗力越大,金属可锻性越好;反之,则越差。　　　　　(　　)

5.热模锻压力机停车时要让滑块停在行程中间,以利于模具冷却。　　　　　　　(　　)

6.锻件的形状是各种几何形状的组合体,根据锻件图和计算体积的公式,可算出锻件体积,再乘以材料密度则为锻件的质量。　　　　　　　　　　　　　　　　　　　　(　　)

7.畸形锻件由于形状奇特,故可以不必按基准进行划线即可加工。　　　　　　　(　　)

8.在制作某些板料制件时,必须先要按图样在板料上画成展开图形,才能进行落料和弯曲成形。(　　)

三、简答题

1.锻造加工的目的是什么? 锻造对坯料有何要求?

2.模锻与自由锻相比有哪些优、缺点?

3.锻造前对坯料加热的目的是什么?

4.自由锻的工序有哪些?

5.空气锤由哪几个部分组成? 各部分的作用是什么?

6.镦粗和冲孔的操作要领分别是什么?

综合实训 4　焊　　工

一、选择题

1.我国目前生产的弧焊电源,其空载电压一般在(　　)V 之间。

A. 20～30　　　　　　　B. 40～50　　　　　　　C. 55～90　　　　　　　D. 65～100

2.表示焊缝截面形状特征的符号为(　　)。

A. 基本符号　　　　　　B. 辅助符号　　　　　　C.补充符号　　　　　　D. 尺寸代号

3.属于交流弧焊电源的是(　　)。

A. 弧焊变压器　　　　　B. 弧焊整流器　　　　　C. 逆变电源　　　　　　D. 弧焊发电机

4.两焊件部分重叠构成的焊接接头为(　　)。

A. 对接接头　　　　　　B. 角接接头　　　　　　C. T 形接头　　　　　　D. 搭接接头

5.当钢板厚度在 12～60 mm 之间时,一般采用(　　)形坡口。

A. I　　　　　　　　　　B. V　　　　　　　　　　C. U　　　　　　　　　　D. X

6.单道焊缝中,焊缝表面两焊趾之间的距离称为(　　)。

A. 余高　　　　　　　　B. 有效厚度　　　　　　C.焊脚尺寸　　　　　　D. 焊缝宽度

7.(　　)是指焊接时熔池中的气泡在凝固时未能及时逸出而残留下来形成的孔穴。

A. 裂纹　　　　　　　　B. 气孔　　　　　　　　C. 夹渣　　　　　　　　D. 未熔合

8.多层焊时,为保证第一层焊道根部焊透,打底焊应选用直径较(　　)的焊条进行焊接。

A. 大　　　　　　　　　B. 小　　　　　　　　　C. 长　　　　　　　　　D. 一样

9.电弧太长、运条速度太快易导致(　　)缺陷的产生。

A. 焊瘤　　　　　　　　B. 裂纹　　　　　　　　C.气孔　　　　　　　　D. 烧穿

10.乙炔瓶的外表应涂(　　)色。

A. 黄　　　　　　　　　B. 白　　　　　　　　　C. 灰　　　　　　　　　D. 天蓝

二、判断题(正确的打√,错误的打×)

1.焊接热裂纹总是发生在焊缝内部。　　　　　　　　　　　　　　　　　　　　(　　)

2.焊接过程中,熔化金属自坡口背面流出,形成穿孔的缺陷称为裂纹。　　　　　(　　)

3.在焊接结构中,夹渣是不允许存在的。　　　　　　　　　　　　　　　　　　(　　)

4.焊接电流过大,可能形成烧穿。　　　　　　　　　　　　　　　　　　　　　(　　)

5.气焊主要适宜于厚板结构的焊接。　　　　　　　　　　　　　　　　　　　　(　　)

6.焊接接头质量检验分为破坏性和非破坏性检验两大类。　　　　　　　　　　　(　　)

7.为了防止产生热裂纹和冷裂纹,应该使用酸性焊条。　　　　　　　　　　　　(　　)

8.焊接处的铁锈、水分和油污对电弧稳定性不会有影响。　　　　　　　　　　　(　　)

三、简答题

1.焊条选择的原则是什么?

2.对压力容器的焊缝为什么要进行探伤检测?

3.手工电弧焊对焊条的工艺性能有哪些要求?

4. 焊缝代号有什么作用,包括哪些内容?

5. 什么是焊接电弧,通常的引弧方法有哪两种?

6. 焊接残余应力对结构的使用有何影响?

综合实训 5 钳 工

一、选择题

1. 毛坯件通过找正后划线,可使加工面与不加工面之间保持( )。
A. 尺寸的均匀　　　　B. 形状变化　　　　C. 位置偏移　　　　D. 相互垂直

2. 对于一些复杂的粗体工件为提高划线精度和效率有条件时可使用( )。
A. 划针与直角尺　　B. 划线盘　　　　C. 高度游标尺　　　D. 三坐标划线机

3. 薄板群钻的刀尖是指( )的交点。
A. 横刃与内刃　　　　　　　　　　B. 内刃与圆弧刃
C. 圆弧刃与副切削刃　　　　　　　　D. 横刃与副切削刃

4. 装夹小直径钻头时,为加强刚度,其装夹部分( )。
A. 要尽量长些　　　B. 要短些　　　　C. 不能过紧　　　　D. 要紧些

5. 在工件的一个表面上钻多个平行孔的要求是( )。
A. 孔径尺寸精度　　　　　　　　　　B. 孔中心距和孔径
C. 孔径、孔中心距、孔中心线的平行度　　D. 孔中心线的垂直度

6. 钻孔钻头一般应磨出第二顶角 $2\Phi \leqslant$ ( )以减小轴向力,保证钻孔质量。
A. 75°　　　　　　B. 85°　　　　　　C. 90°　　　　　　D. 120°

7. 在钻床工作中若变换不同的进给量( )。
A. 必须在手动进给时进行　　　　　B. 必须在停车后进行
C. 可在不停车状态下进行　　　　　D. 停车或不停车都可以

8. 0.02 mm游标卡尺副尺上的刻线间距是( )。
A. 1 mm　　　　　B. 0.98 mm　　　　C. 0.95 mm　　　　D. 0.02 mm

9. 在螺旋机构中单螺母消隙机构适于( )场合。
A. 单向负载　　　　　　　　　　　B. 双向负载
C. 单向或双向负载　　　　　　　　　D. 传递大扭矩的

10. 当齿轮装配后产生异向偏接触,其原因是( )。
A. 两轴线不平行　　　　　　　　　B. 两轴线歪斜
C. 两轴线中心距过大　　　　　　　　D. 两轴线中心距过小

二、判断题(正确的打√,错误的打×)

1. 钻削多孔工件时,在钻孔前应做好基准,先用 0.5 倍孔径的钻头按划线钻孔,然后边扩边测量,直至达到要求。　　　　　　　　　　　　　　　　　　　　　　( )

2. 电钻在使用前,须空转 1 min,以便检查传动部分是否正常。　　　　　　　( )

3. 杠杆千分尺的活动套管上的刻度值为 0.001 mm。　　　　　　　　　　　( )

4. 复杂样板的工作型面主要由直线或圆弧组成。　　　　　　　　　　　　( )

5. 对于各种型面曲线比较复杂的样板,可利用光学自准直仪检验。　　　　　（　　）

6. 在垂直于螺纹轴线方向的视图中,外螺纹的牙底画成约 3/4 圆的细实线。　　（　　）

7. 刮刀的精磨须在细砂轮上进行。　　　　　　　　　　　　　　　　　　　（　　）

8. 生产中,只有限制工件的六个自由度才能进行正确加工。　　　　　　　　（　　）

三、简答题

1. 钳工工作的主要任务是什么?

2. 使用台虎钳时的注意事项是什么?

3. 锉削的方法是什么? 有哪几种锉削方式?

4. 麻花钻的优、缺点有哪些?

5. 钻孔时的注意事项有哪些?

6. 在装配双头螺柱时,如何保证与机体螺孔连接的紧固性?

综合实训 6　车　　　工

一、选择题

1. 用百分表分线法车削多线螺纹时,分线齿距一般在(　　　)mm 之内。

A. 5　　　　　　　　　B. 10　　　　　　　　　C. 20

2. 法向直廓蜗杆的齿形在蜗杆的轴平面内为(　　　)。

A. 阿基米德螺旋线　　　B. 曲线　　　　　　　C. 渐开线

3. 梯形螺纹粗、精车刀(　　　)不一样大。

A. 仅刀尖角　　　　　　B. 仅纵向前角　　　　C. 刀尖角和纵向前角

4. 标准梯形螺纹的牙形为(　　　)。

A. 20°　　　　　　　　 B. 30°　　　　　　　　C. 60°

5. 用四爪单动卡盘加工偏心套时,若测的偏心距时,可将(　　　)偏心孔轴线的卡爪再紧一些。

A. 远离　　　　　　　　B. 靠近　　　　　　　C. 对称于

6. 用丝杠把偏心卡盘上的两测量头调到相接触后,偏心卡盘的偏心距为(　　　)。

A. 最大值　　　　　　　B. 中间值　　　　　　C. 零

7. 车削细长轴时,应选择(　　　)刃倾角。

A. 正的　　　　　　　　B. 负的　　　　　　　C. 零度

8. 车削薄壁工件的外圆精车刀的前角 γ 应(　　　)。

A. 适当增大　　　　　　B. 适当减小　　　　　C. 和一般车刀同样大

9. 在角铁上选择工件装夹方法时,(　　　)考虑件数的多少。

A. 不必　　　　　　　　B. 应当　　　　　　　C. 可以

10. 多片式摩擦离合器的(　　　)摩擦片空套在花键轴上。

A. 外　　　　　　　　B. 内　　　　　　　　C. 内、外

二、判断题（正确的打√,错误的打×）

1. 精车多线螺纹时,必须依次将同一方向上各线螺纹的牙侧面车好后,再依次车另一个方向上各线螺纹的牙侧面。　　　　　　　　　　　　　　　　　　　　　　（　　）

2. 在国家标准中,对梯形内螺纹的大径、中径和小径都规定了一种公差带位置。　（　　）

3. 在四爪单动卡盘上,用划线找正偏心圆的方法只适用于加工精度要求较高的偏心工件。　　　　　　　　　　　　　　　　　　　　　　　　　　　　　　　　　　　（　　）

4. 用百分表检查偏心轴时,应防止偏心外圆突然撞击百分表。　　　　　　　　（　　）

5. 车削细长轴时,最好采用有两个支撑爪的跟刀架。　　　　　　　　　　　（　　）

6. 薄壁工件受切削力的作用,容易产生振动和变形,影响工件的加工精度。　（　　）

7. 薄壁工件受切削力的作用,容易产生弯曲和变形,但不影响工件的加工精度。　（　　）

8. 制动器的作用是在车床停机过程中,克服主轴箱中各运动件的旋转惯性,使主轴迅速停止转动。　　　　　　　　　　　　　　　　　　　　　　　　　　　　　　　　　（　　）

三、简答题

1. 什么类型的工件适合在角铁、花盘上加工?

2. 车削细长轴时,发生振动的原因是什么? 怎样解决?

3. 加工薄壁工件时,为防止变形,常采取哪些车削方法? 防止和减少薄壁类工件变形的措施有哪些?

4. 车削薄壁类工件时,可以采用哪些装夹方法?

5. 偏移尾座法车圆锥面有哪些优、缺点? 适用在什么场合 ?

6. 车螺纹时,产生扎刀的原因是什么?

综合实训 7　铣　　　工

一、选择题

1. 铣削齿轮时,切削深度应根据被加工齿轮的全齿高及(　　　)进行调整。

A. 齿距　　　　　　B. 齿厚　　　　　　C. 齿宽　　　　　　D. 齿长

2. 铣削凸轮时,应根据凸轮从动件滚子直径选择(　　　)的直径,否则,凸轮的工作曲线将会产生一定的误差。

A. 立铣刀　　　　　B. 键槽铣刀　　　　C. 双角铣刀　　　　D. 三面刃铣刀

3. 铣刀的(　　　)由前刀面和后刀面相交而成,它直接切入金属,担负着切除加工余量和形成加工表面的任务。

A. 前角　　　　　　B. 后角　　　　　　C. 刀尖　　　　　　D. 主切削刃

4. 圆柱铣刀的螺旋角是指主切削刃与(　　　)之间的夹角。

A. 切削平面　　　　B. 基面　　　　　　C. 主剖面　　　　　D. 法剖面

5.圆柱铣刀(　　)的主要作用是减小后刀面与切削平面之间的摩擦。

A. 前角　　　　　　　B. 后角　　　　　　　C. 螺旋角　　　　　　　D. 楔角

6.端铣刀的刃倾角为主切削刃与(　　)之间的夹角。

A. 基面　　　　　　　B. 主切削平面　　　　C. 副切削平面　　　　　D. 主剖面

7.加工窄的沟槽时,在沟槽结构形状合适的情况下,应采用(　　)加工。

A. 端铣刀　　　　　　B. 立铣刀　　　　　　C. 盘形铣刀　　　　　　D. 成形铣刀

8.加工各种工具、夹具和模具等小型复杂的零件时应采用(　　)铣床,其操作灵活方便。

A. 万能工具　　　　　　　　　　　　　　　B. 半自动平面仿形

C. 卧式升降台　　　　　　　　　　　　　　D. 立式升降台

二、判断题(正确的打√,错误的打×)

1.在立式铣床上铣削曲线轮廓时,立铣刀的直径应大于工件上最小凹圆弧的直径。

　　　　　　　　　　　　　　　　　　　　　　　　　　　　　　(　　)

2.精铣时,限制进给量的主要因素是加工精度、表面粗糙度和工件在切削力作用下的变

形。　　　　　　　　　　　　　　　　　　　　　　　　　　　(　　)

3.合理的铣削速度是在保证加工质量和铣刀寿命的条件下确定的。　(　　)

4.在铣床上铣削斜面时,有工件倾斜铣斜面和铣刀倾斜铣斜面两种方法。　(　　)

5.铣削斜度很大的斜面时,一般都采用按划线加工或在工件两端垫不同高度的垫铁来加

工。　　　　　　　　　　　　　　　　　　　　　　　　　　　(　　)

6.加工直角沟槽的铣刀有两大类,一类是盘形铣刀,另一类是指形铣刀。　(　　)

7.在轴上铣削半圆键槽时,不论使用哪一种夹具进行装夹,都必须将工件的轴线找正到与

机床进给方向一致。　　　　　　　　　　　　　　　　　　　　(　　)

8.铣削 T 形槽时,应先铣 T 形槽底,再铣直角槽。　　　　　　　(　　)

三、简答题

1.铣刀的种类有哪些?

2.分析如何对报废的铣刀进行再利用?

3.螺旋槽铣削的加工步骤有哪些?

4.滚齿加工的特点是什么?

5.提高滚齿生产率的途径是什么?

6.试分析顺铣和逆铣对加工的影响。

综合实训 8　刨　　　工

一、选择题

1.工件材料的强度、硬度越高,切削力(　　)。

A.越大　　　　　　　　　　　B.越小　　　　　　　　　　C.不影响

2.( )方法加工只能在成批生产的情况下才使用。

A.按划线　　　　　　　B.用附加装置　　　　　　C.用成形

3.对普通蜗杆传动,主要应当计算( )内的几何尺寸。

A.主平面　　　　　　　B.法面　　　　　　　　　C.端面

4.在刨床上装夹一些形体较小、厚度较薄的工件时,应在( )上装夹,其效果较好。

A.平口虎钳　　　　　　B.磁性工作台　　　　　　C.专用夹具

5.刨削薄形工件的刀具材料,一般采用( )。

A.高碳素工具钢　　　　B.硬质合金钢　　　　　　C.高速钢

6.单件、小批生产选择夹具时,应尽量使用( )的。

A.通用　　　　　　　　B.组合　　　　　　　　　C.专用

7.切削用量中对切削温度影响最大的是( )。

A.切削深度　　　　　　B.进给量　　　　　　　　C.切削速度

8.刨削适合于( )。

A.成批生产　　　　　　B.大量生产　　　　　　　C.单件、小批生产

9.刨削槽或切断工件应选用( )。

A.偏刀　　　　　　　　B.切刀　　　　　　　　　C.成形刀

10.刨削时的切削速度和退刀速度( )。

A.相等　　　　　　　　B.前者大于后者　　　　　C.后者大于前者

二、判断题(正确的打√,错误的打×)

1.精刨代刮应采用较大的切削速度和切削深度。　　　　　　　　　　　（　　）

2.精刨代刮前,机床要有较高的精度和足够的刚度。　　　　　　　　　（　　）

3.企业的时间定额管理是企业管理的重要基础工作之一。　　　　　　　（　　）

4.机床的制造、安装误差及长期使用后的磨损是造成加工误差的主要原因。（　　）

5.在夹具中对工件进行定位,就是限制工件的自由度。　　　　　　　　（　　）

6.产生加工硬化的主要原因是刀具刃口太钝。　　　　　　　　　　　　（　　）

7.采用基准统一原则,可简化工艺过程的制定。　　　　　　　　　　　（　　）

8.用展成法刨削直齿锥齿轮时,工件只需绕自身轴线选择。　　　　　　（　　）

三、思考题

1.选择精刨刀的原则是什么?

2.刨削斜面的方法是什么?

3.提高刀具寿命的方法是什么?

4.高速钢宽刃精刨刀的刃磨方法是什么?

5.试述刨削平面加工中出现的问题及解决方法。

6.刨刀与车刀相比,有何异同?

综合实训 9　磨　　工

一、选择题

1. 用百分表测量平面时,测量杆要与被测表面(　　　)。

A. 成 45°夹角　　　B. 垂直　　　　　C. 平行　　　　　　D. 成 60°夹角

2. 常用金刚砂轮磨削(　　　)。

A. 40Cr　　　　　　B. 硬质合金　　　C. 45 钢　　　　　　D. Q235

3. 外圆磨削时横向进给量一般取(　　　)mm。

A. 0.001~0.004　B. 0.005~1　　　C. 0.05~1　　　　D. 0.005~0.05

4. 机床设备上,照明灯使用的电压为(　　　)V。

A. 24　　　　　　　B. 220　　　　　C. 36　　　　　　D. 110

5. 尺寸偏差是(　　　)。

A. 绝对值　　　　　B. 负值　　　　　C. 正值　　　　　D. 代数值

6. 为了保证千分尺的使用精度,必须对其施行(　　　)检测。

A. 现场　　　　　　B. 交还　　　　　C. 定期　　　　　D. 不定期

7. 减少(　　　)可缩减基本时间。

A. 工件安装次数　　　　　　　　　B. 刀具的更换次数

C. 工件走刀次数　　　　　　　　　D. 工件测量次数

8. 在 M7120A 型磨床上磨削平面时,当工作台每次纵向行程终了时,磨头作一次(　　　),等到工件表面上第一层全部磨削完毕,砂轮按预选磨削深度作一次垂直进给,接着按上述过程逐层磨削,直至把全部余量磨去,使工件达到所需尺寸为止。

A. 横向进给　　　　　　　　　　　B. 纵向进给

C. 垂直进给　　　　　　　　　　　D. 横向和垂直同时进给

9. 在 M7120A 型磨床上采用阶梯磨削法磨削平面,是按工件余量的大小,将砂轮修整成阶梯形,使其在一次垂直进给中磨去全部余量,用于粗磨的各阶梯宽度和磨削深度都应相同,而精磨阶梯的宽度则应大于砂轮宽度的 1/2,磨削深度等于精磨余量为(　　　)mm。

A. 0.01~0.02　　　　　　　　　　B. 0.02~0.03

C. 0.03~0.05　　　　　　　　　　D. 0.04~0.06

10. 砂轮机的搁架与砂轮间的距离,一般应保持在(　　　)mm 以外,否则,容易造成磨削件被轧入的事故。

A. 2　　　　　　　　B. 3　　　　　　C. 4　　　　　　D. 5

二、判断题(正确的打√,错误的打×)

1. 粒度是表示网状空隙大小的参数。　　　　　　　　　　　　　　　　(　　)

2. 砂轮的粒度对工件的表面粗糙度和磨削效率没有影响。　　　　　　　(　　)

3. 无机黏结剂中最常用的是陶瓷黏结剂。　　　　　　　　　　　　　　(　　)

4. 使用杠杆百分表时,应避免振动撞击或使用强力。　　　　　　　　　(　　)

5. 调质后的零件,其塑性、韧度都比正火后零件的高。　　　　　　　　(　　)

6. 标准圆锥只能在圆内通用,所以只要符合圆锥标准就能互换。　　　　(　　)

7. 当中心架的支承中心与卡盘回旋轴线不一致时,往往会造成工件的轴向窜逃现象。
( )

8. 磨削薄壁套时,砂轮粒度应粗些,硬度应软些,以减少磨削力与磨削热。 ( )

三、思考题

1. 如何防止磨削时产生的振动?

2. 试分析外圆磨床工作台移动的直线误差对加工精度影响?

3. 平面磨削形式有哪几种?各有什么特点?

4. 试述电磁吸盘装夹工件的优点及使用注意事项。

5. 试述竖直面、斜面、阶台和直角槽的磨削方法。

6. 如何检验工作的平行度、垂直度?

综合实训 10 数 控 加 工

一、选择题

1. 调整数控机床的进给速度直接影响到( )。
A. 加工零件的粗糙度和精度、刀具和机床的寿命、生产效率
B. 加工零件的粗糙度和精度、刀具和机床的寿命
C. 刀具和机床的寿命、生产效率
D. 生产效率

2. 回零操作就是使运动部件回到( )。
A. 机床坐标系原点　　　　　　　B. 机床的机械零点
B. 工件坐标的原点　　　　　　　D. 刀具原点

3. 如果在对某一零件外轮廓进行粗铣加工时,所用的刀具半径补偿值设定为 15 mm,精加工余量为 1 mm,则在用同一加工程序对它进行精加工时,应将上述刀具半径补偿值调整为( )。
　A. 14 mm　　　　　B. 13 mm　　　　　B. 16 mm　　　　　D. 17 mm

4. 数控系统所规定的最小设定单位就是( )。
A. 数控机床的运动精度　　　　　B. 机床的加工精度
C. 脉冲当量　　　　　　　　　　D. 数控机床的传动精度

5. 数控机床加工依赖于各种( )。
A. 位置数据　　　　　　　　　　B. 模拟量信息
C. 准备功能　　　　　　　　　　D. 数字化信息

6. 切断时防止产生振动的措施是( )。
A. 适当增大前角　　　　　　　　B. 减小前角

C.增加刀头宽度　　　　　　　　　　　D.减小进给量

7.可以把加工程序读入 NC 控制机,并对编入程序进行插入、删除和修改,这个状态是(　　　)。

A.编辑　　　　　　B.自动　　　　　　C.手动数据输入　　　　　　D.点动

8.G1 AP＝__ RP＝__ Z __ F __,此坐标表示为(　　　)。

A.直角坐标系　　　　　　　　　　　B.机床坐标系

C.柱面坐标系(三维)　　　　　　　　D.极坐标系

9.数控系统所规定的最小设定单位就是(　　　)。

A.数控机床的运动精度　　　　　　　B.机床的加工精度

C.脉冲当量　　　　　　　　　　　　D.数控机床的传动精度

10.既可以检验程序编制的正误,又可以避免发生机床加工时碰撞,这个操作是(　　　)。

A.程序段选择执行　　　　　　　　　B.空运行校验

C.返回参考点　　　　　　　　　　　D.手工输入程序

二、判断题(正确的打√,错误的打×)

1.每当数控装置发出一个指令脉冲,就使步进电动机的转子旋转一个固定的角度,该角度称为步距角。　　　　　　　　　　　　　　　　　　　　　　　　　　　　(　　)

2.开环控制系统中,工作台位移量与进给指令脉冲的数量成反比。　　　　(　　)

3.伺服机构的性能决定了数控机床的精度和快速性。　　　　　　　　　　(　　)

4.轮廓控制的数控机床只要控制起点和终点位置,对加工过程的轨迹没有严格要求。　　　　　　　　　　　　　　　　　　　　　　　　　　　　　　　　　　(　　)

5.开环控制系统一般适用于经济型数控机床和旧机床数控化改造。　　　　(　　)

6.半闭环控制系统通常在机床的运动部件上直接安装位移测量装置。　　　(　　)

7.数控钻床和数控冲床都属于轮廓控制机床。　　　　　　　　　　　　　(　　)

8.进入自动加工状态,屏幕上显示的是加工刀具刀尖在编程坐标系中的绝对坐标值。　　　　　　　　　　　　　　　　　　　　　　　　　　　　　　　　　　(　　)

三、简答题

1.简述数控机床的各组成部分及其功能。

2.数控机床坐标系如何确定? 试绘出数控机床坐标图。

3.数控机床启动后为何要回零?

4.简述数控车削刀具的对刀步骤。

5.简述数控铣削刀具的对刀步骤。

6.数控铣削的刀具半径补偿一般在什么情况下使用? 如何进行补偿?

综合实训 11   特 种 加 工

一、选择题

1.电火花加工,可以加工的材料有(　　)。

A. 硬质合金　　　　B.不锈钢　　　　C.淬火钢　　　　D.任何导电的金属材料

2.电极丝的直径决定了切缝宽度和(　　),最大切割速度一般都是用较粗的丝来实现的。

A. 脉冲宽度　　　　　　　　　　B.脉冲峰值电流

C. 脉冲峰值电压　　　　　　　　D.切缝宽度

3.电火花加工采用脉冲电源的作用是将工频交流电流转换成一定频率的(　　)脉冲电流,以供给电极放电间隙所需的能量来蚀除金属。

A. 低频　　　　　B.高频　　　　　C.单向　　　　　D.双向

4.数控线切割是利用工具对工件进行(　　)去除金属的。

A. 切削加工　　　B.脉冲放电　　　C.锯割

5.数控线切割的工具电极是(　　)的。

A. 丝状　　　　　B.柱状　　　　　C.片状　　　　　D.整块

6.进行线切割加工编程时,计数长度应(　　)。

A. 以 μm 为单位　　　　　　　　B.以 mm 为单位

C. 以 cm 为单位　　　　　　　　D.以 m 为单位

7.电火花成形加工的符号是(　　)。

A. EDM　　　　　B. WEDM　　　　C. ECDM　　　　D. ECAM

8.D7132 代表电火花成形机床工作台的宽度是(　　)。

A. 32 mm　　　　B. 320 mm　　　　C. 3 200 mm　　　D. 32 000 mm

9.快走丝线切割加工广泛使用(　　)作为电极丝。

A. 钨丝　　　　　B.紫铜丝　　　　C.钼丝　　　　　D.黄铜丝

10.若线切割机床的单边放电间隙为 0.02 mm,钼丝直径为 0.18 mm,则加工圆孔时的补偿量为(　　)。

A. 0.10 mm　　　B. 0.11 mm　　　C. 0.20mm　　　D. 0.21 mm

二、判断题(正确的打√,错误的打×)

1.特种加工的难易程度与工件硬度无关。　　　　　　　　　　　　　　　　　(　　)

2.电火花加工在实际中可以加工通孔和盲孔。　　　　　　　　　　　　　　　(　　)

3.试进行电火花成形加工时,采用的手动侧壁修光方法可以修整圆形轮廓的型腔。

(　　)

4.冲油的排屑效果不如抽油的好。　　　　　　　　　　　　　　　　　　　(　　)

5.线切割加工时的加工速度随着脉冲间隔的增大而增大。　　　　　　　　　　(　　)

6.特种加工适合于加工微细表面。　　　　　　　　　　　　　　　　　　　(　　)

7.电火花加工中工作液可用煤油。　　　　　　　　　　　　　　　　　　　(　　)

8.电解加工中常用的电解液是 NaCl。　　　　　　　　　　　　　　　　　　(　　)

三、简答题

1. 试述电火花加工的特点。

2. 试述电解加工的原理。

3. 试分析超声波加工的应用。

4. 试分析激光加工的应用。

5. 高速精车的常用刀具有哪些?

6. 试分析精密磨削时机床和砂轮的选用方法。

参 考 文 献

[1] 蒋增福.钳工工艺与技能训练[M].北京:中国劳动社会保障出版社,2003.

[2] 周继烈.机械制造工程实训[M].北京:科学技术出版社,2005.

[3] 陈健.车工技能实训[M].北京:人民邮电出版社,2006.

[4] 何建民.刨工操作技术与窍门[M].北京:机械工业出版社,2006.

[5] 王季琨.机械制造工艺学[M].天津:天津大学出版社,1997.

[6] 刘新佳.金属工艺学实习教材[M].北京:高等教育出版社,2008.

[7] 袁梁梁.钳工快速入门[M].北京:北京理工大学出版社,2008.

[8] 袁梁梁.车工快速入门[M].北京:北京理工大学出版社,2008.

[9] 邵刚.金工实训[M].北京:电子工业出版社,2004.

[10] 陈文.磨工操作技术要领图解[M].济南:山东科学技术出版社,2005.

[11] 张连凯.机械制造工程实践[M].北京:化学工业出版社,2004.

[12] 刘新佳.金属工艺学实习教材[M].北京:高等教育出版社,2008.